海关“12个必”之国门生物安全关口“必把牢”系列
进出境动植物检疫业务指导丛书

进出境动植物检疫实务

水果篇

总策划◎韩　钢
总主编◎顾忠盈
主　编◎李伟丰　副主编◎陈仲兵　王书平　郑万里　吕学农

中国海关出版社有限公司
中国·北京

图书在版编目（CIP）数据

进出境动植物检疫实务. 水果篇 / 李伟丰主编. 北京：中国海关出版社有限公司，2024. -- ISBN 978-7-5175-0842-7

Ⅰ. S851. 34；S41

中国国家版本馆 CIP 数据核字第 2024HG4737 号

进出境动植物检疫实务：水果篇

JINCHUJING DONGZHIWU JIANYI SHIWU：SHUIGUO PIAN

总 策 划：韩　钢
主　　编：李伟丰
责任编辑：孙　倩
责任印制：王怡莎
出版发行：中国海关出版社有限公司
社　　址：北京市朝阳区东四环南路甲 1 号　　邮政编码：100023
网　　址：www. hgcbs. com. cn
编 辑 部：01065194242-7506（电话）
发 行 部：01065194221/4238/4246/5127（电话）
社办书店：01065195616（电话）
https：//weidian. com/？userid = 319526934（网址）
印　　刷：北京联兴盛业印刷股份有限公司　　经　　销：新华书店
开　　本：710mm×1000mm　1/16
印　　张：29. 75　　字　　数：458 千字
版　　次：2024 年 12 月第 1 版
印　　次：2024 年 12 月第 1 次印刷
书　　号：ISBN 978 - 7 - 5175 - 0842 - 7
定　　价：68. 00 元

本书编委会

前言

生物安全关乎人民生命健康，关乎国家长治久安，关乎中华民族永续发展，是国家总体安全的重要组成部分。党的二十大报告中明确指出，“加强生物安全管理，防治外来物种侵害”。党的十八大以来，党中央把加强生物安全建设摆在更加突出的位置，纳入国家安全战略；颁布施行生物安全法，出台国家生物安全政策和国家生物安全战略，健全国家生物安全工作组织领导体制机制，积极应对生物安全重大风险；加强生物资源保护利用，使我国生物安全防范意识和防护能力不断增强，维护生物安全基础不断巩固，生物安全建设取得历史性成就。

国门生物安全是指通过动植物检疫等综合性的风险管理措施，使一个国家（地区）减少或避免管制性生物通过出入境口岸进出境而对本国（地区）的生物、人体生命健康、生态系统或生态环境、物种资源、农业生产等产生危险的客观状态，涉及农林业生产安全、人身安全、生态安全、经济安全以及社会安全等，是国家安全的重要组成部分。国门生物安全风险指生物（动物、植物、微生物）对本国（地区）社会、经济、人类健康及生态环境所产生的危害或潜在风险。当前，传统生物安全问题和新型生物安全风险相互叠加，境外生物威胁和内部生物风险交织并存，生物安全风险呈现出许多新特点，我国生物安全风险防控和治理体系还存在短板弱项，必须科学分析我国生物安全形势，把握面临的风险挑战，明确加强生物安全建设的思路和举措。海关处于国门一线，肩负着维护国门生物安全的神圣职责。随着经济全球化深入发展，全人类同属一个命运共同体。人员流动和贸易往来大规模提升，全球疫情、疫病呈现存量多、增速快、传播广、危害重等趋势，人类和动植物健康面临前所未有的威胁，保障国门生物安全任重道远。

海关总署不断完善国门生物安全治理体系，取得巨大成效。一是坚持加强专业科学技术基础，强化相关协调机制，加强战略性、前瞻性研究，加强专业技术队伍建设，重点加强基层动植检能力提升工程建设。二是坚持强化全链条防控，坚持系统思维，科学施策，统筹谋划。三是坚持预防为主，织牢织密国门生物安全风险监测预警网络，健全监测预警体系，提升末端发现能力；加强重大动植物疫情检疫及管控，做到早发现、早预警、早应对；建立健全重大生物安全突发事件的应急预案，完善快速应急响应机制；加强应急物资和能力储备，既要储备实物，也要储备技术；立足更精准更有效地防，提升基层动植物检疫专业能力，夯实基层基础。四是坚持法治和落实责任，加强入境检疫，强化潜在风险分析和违规违法行为处罚，坚决守牢国门关口；把国门生物安全工作责任落到实处，做到守土有责、守土尽责。

水果是国际农产品贸易的重要组成部分，由此产生的有害生物跨境传播风险不容忽视。我国是水果生产、进出口和消费大国。随着人民生活水平不断提高，大量境外水果进入境内市场，外来入侵生物和检疫性有害生物的传入、扩散风险也随之增加，国门生物安全面临巨大挑战。中国水果产量占全球的28%，居全球首位（2019年）；水果是中国最重要的出口农产品之一，年出口额超过70亿美元，仅次于美国、西班牙、荷兰和墨西哥，居全球第五（2020年）；中国水果年进口额超过120亿美元（2020年），仅次于美国、德国，居全球第三。水果是最容易携带植物有害生物的产品之一，一些检疫性有害生物一旦传入、定殖和扩散，将对我国农林牧渔业生产、生态安全、自然环境和人民健康造成不可挽回的负面影响，对我国进出口贸易产生难以承受的损失。

为了适应新形势，海关总署动植物检疫司联合中国海关出版社，组织全国专家编写了本书。本书对水果的概念，世界及中国水果生产与贸易状况，水果有害生物与国门生物安全，进出境水果检疫风险及管控，进出境水果检疫与技术性贸易措施，中外进出境水果检疫法律法规、规范、标准比较相关理论进行简要论述；对进境水果检疫工作程序、进境水果检疫常用标准、主要贸易国家（地区）进境水果检疫要求、有害生物鉴定和安全风险监控常用技术方法、进出境水果检疫除害处理技术等实践内容进行了介绍。本书适用于海关、高校、科研单位、生物安全相关部门以及水果生产经销从业者阅读，也可作为大众读者的科普参考书。

CONTENTS
目录

理论篇

第一章

水果概论

CHAPTER 1

改革开放以来，进入我国市场的进口水果十分常见，其中包含一些我国没有的品种，极大地丰富和满足了我国消费升级需求。本章主要介绍水果的概念、分类和常见进出口水果种类。

第一节
水果简介

一、水果的定义

植物学上关于水果是没有明确定义的，在通常情况下我们把可以吃且含水分较多的植物果实统称为水果。水果一般是由植物的花发育而来的。水果蕴含丰富的营养物质，如多种维生素、无机盐、糖类、蛋白质、脂肪、有机酸、芳香物质等，能够满足人体多种营养需求，是平衡膳食必不可少的食用农产品。

二、水果的功能

除含有丰富的维生素、促进消化外，水果还具有众多特殊功能，如降低心血管疾病风险、减缓衰老、减肥瘦身、平衡血糖血压、保护视力等。

许多水果及种子可以入药，具有治疗作用，是重要的中药材，如杏仁、桃仁、橘络等。

水果可加工成果脯、果汁、果酱、罐头、果酒、果醋等，水果加工业已成为农产品加工业中具有明显优势和竞争力的产业。

水果还是化学工业的重要原料，有些水果的硬壳可制活性炭；有些水果的果皮可提炼颜料、染料、鞣料或香精油等。此外，许多水果的果壳是雕刻加工业的优良材料。

水果在民间文化中也具有很多美好的寓意，如苹果寓意平安，石榴寓意团结和多子多福，桃寓意长寿，橘子寓意吉利，柿子寓意生意红火，葡萄寓意丰收等。

三、水果贸易

水果是国际贸易大宗农产品之一，种类繁多，市场巨大。1990 年以来，全球主要水果产量、产值均呈增长态势。

在我国，水果产业目前是种植业中位列粮食、蔬菜之后的第三大产业，不但给农民带来了可观的经济效益，也是出口创汇的重要来源，在解决“三农”问题和实施乡村振兴战略中发挥重要作用。我国水果出口主要品类包括苹果、梨、葡萄、柑橘类（包含柑、橘、橙、柠檬、柚等）、桃、甜瓜、柿子、西瓜、李、香蕉、木瓜、猕猴桃、菠萝等。

由于水果具有地域互补性和季节互补性，随着全球经济的快速发展和贸易流通，许多国家（地区）的水果也被端上了各国（地区）人们的餐桌。一些国家（地区）的特色水果形成了一定的比较优势，如泰国的山竹、榴莲，波兰的小浆果，新西兰的猕猴桃，墨西哥的美洲山核桃，智利的车厘子，中东地区的海枣，菲律宾、厄瓜多尔的香蕉，以色列的葡萄柚等，在世界上都享有一定的声誉。

四、水果保鲜技术

采收后的水果仍是一个活的生命有机体，仍然进行休眠、水分蒸发、呼吸等生命活动，影响和制约着水果的贮藏，也制约着水果远距离贸易。影响水果新陈代谢活动及贮藏的外界因素主要是温度、气体成分和湿度等。目前，国内外在水果保鲜领域采用的技术手段主要有物理、化学和生物三大类，通过技术手段调节外界温度、湿度和气体成分等，对影响水果品质的关键要素进行调控。原理包括通过抑制呼吸作用来实现，延缓细胞衰老过程；控制腐败菌的产生，控制微生物生长繁殖；调控环境湿度和细胞间水分结构化，降低水分蒸发。在实际应用中往往联合使用几种技术，以达到最佳保鲜效果。

物理保鲜水果行业普遍采用的是低温保鲜，主要是通过较低的温度来降低呼吸作用中所需酶的活性，并抑制微生物的生长繁殖，以此延缓细胞衰老和果实腐烂。通常冷藏温度范围为 0℃ ~ 5℃。另一种常用的保鲜方式是气调包装保鲜，主要是降低氧气浓度，提高二氧化碳浓度来抑制细胞的呼吸作用。此外，还有辐照保鲜、热处理保鲜和减压保鲜等。

化学保鲜就是利用化学药物使水果保持新鲜的状态，因价格低廉、操作方便、效果明显而被广泛使用。常用的水果保鲜剂有涂膜保鲜剂、乙烯处理剂、植物生长调节剂以及杀菌防腐保鲜剂等。

生物技术保鲜是指从动植物和微生物中提取或利用生物工程技术改造而获得的对人体安全的保鲜剂。作用机理主要有三种：一种是利用微生物及其代谢产物实现保鲜，二是利用天然提取物实现保鲜，三是通过基因工程技术实现保鲜。

随着人们对高品质水果需求的不断提升以及全球跨境水果贸易的高速发展，水果保鲜技术有着非常广阔的发展空间，高效、安全、环保的新型水果保鲜技术势必是未来的研究重点。

小贴士　所有水果都需要冷藏吗？

不是每种水果都需要冷藏，不同水果有不同的适宜储藏温度。一般亚热带水果和温带水果都适宜低温冷藏，而热带水果中有很大一部分不适宜冷藏，冷藏之后非但不能保鲜，反而容易变质。苹果、橙、山竹需要冷藏保鲜，温度控制在4℃；龙眼、樱桃、葡萄、猕猴桃需要冷藏保鲜，温度控制在0℃～2℃；香蕉一般不需要冷藏，适宜温度是10℃～14℃。

第二节
水果的分类

水果种类繁多，形态各异，营养丰富，其分类方法多种多样，通常可以根据其植物学特性、生长环境、果实性味、营养成分等进行分类。

一、根据果实植物学特性分类

在植物学中，植物果实的类型有多种分类。按照果实的来源可以分为真果和假果；按照心皮与花部的关系可以分为单果、聚合果和聚花果；根据果实成熟果皮性质的不同可以分为肉果和干果。而以上提到的果实大类下还可以继续细分，并会存在一些交叉，因此针对水果这一大类，通常根据植物学特性，分为核果类、仁果类、浆果类、柑果类和瓠果类等。

（一）核果类

核果是指由单心皮上位子房发育形成的果实。属于单果，特点是外果皮薄，中果皮肉质，内果皮坚硬形成果核，常见于蔷薇科、鼠李科植物。食用部分是中果皮，如桃、杏、李、樱桃、梅、枣等。

（二）仁果类

仁果也称为梨果，是指由合生心皮下位子房与花托、萼筒共同发育形成的果实。属于假果，特点是外果皮与中果皮界限不明显，内果皮坚韧致密，常见于蔷薇科植物。食用部分主要是由花托和萼筒共同发育而来，如苹果、梨、山楂、枇杷等。

（三）浆果类

浆果是指由单心皮或多心皮合生雌蕊，上位或下位子房发育形成的果实。它属于肉果，特点是外果皮薄，中果皮和内果皮肉质多浆，三层果皮区分不明显，内有一枚或多枚种子。如葡萄、蓝莓、猕猴桃、石榴、柿子、越橘、蓝莓、西番莲等。

（四）柑果类

柑果，也称柑橘类，是芸香科柑橘属植物特有的果实类型，由多心皮的子房发育形成。它属于真果，特点是外果皮革质，上有油囊，中果皮疏松，内果皮膜质，并分成若干室，室内生有许多肉质多浆的汁囊。柑果类的食用部分就是其内果皮，如柑、橘、橙、柠檬、柚、葡萄柚、佛手柑、酸橙等。

（五）瓠果类

瓠果，也称瓜果类，是葫芦科植物特有的果实类型，由子房和被丝托共同发育形成。它属于假果，特点是外果皮坚韧，中果皮与内果皮界限不明显，如西瓜、甜瓜。

二、根据果树栽培气候分类

根据果树所适宜的栽培气候分类一般可分为三种：热带水果、亚热带水果和温带水果。

（一）热带水果

热带水果指生长在热带地区的水果。热带地区全年气温较高，四季界限不明显，因此热带水果具有呼吸代谢高、蒸腾作用强的特点，易失水、易产生冷害和二氧化碳伤害，种类包括菠萝、香蕉、椰子、山竹、红毛丹、榴莲、菠萝蜜、椰色果、番荔枝、番石榴、番木瓜、荔枝、莲雾、火龙果和芒果等。

（二）亚热带水果

亚热带水果指生长在亚热带地区的水果。亚热带是热带与温带之间的过渡带，兼具两者的气候特点，畏寒性常绿果树、耐寒性常绿果树和落叶性亚热带果树均可生长。种类包括龙眼、橙、橘、柚、葡萄柚、柠檬、石榴等。

（三）温带水果

温带水果指生长在温带地区的水果。包括苹果、桃、杏、李、草莓、柿子、葡萄、西梅、梨等。

三、根据中医的性味分类

（一）寒凉性水果

特点为味甘，酸涩，性寒凉，水分高，糖分少。包括西瓜、猕猴桃、甜瓜、山竹、梨、火龙果、柿子等。

（二）平性水果

特点为味甘酸，性平。包括苹果、芒果、木瓜、莲雾、菠萝等。

（三）温热性水果

特点为味甘，性温，水分少，糖分高。包括龙眼、榴莲、樱桃等。

四、根据植株类型分类

大致可分成四种，包括乔木水果，如苹果、梨；灌木水果，如蓝莓；藤本水果，如葡萄、猕猴桃；草本水果，如草莓。

五、进境水果常见分类方法

根据我国现有准入的进境水果种类，通常以植物学特性分类为基础，结合原产国（地）等重新进行分类，以便更好地针对水果特点实施进境植物检疫和安全风险监控，通常分为狭义的核果类、仁果类、浆果类、柑橘类、瓠果类以及热带和亚热带水果。

小贴士 为什么说柑橘属水果很复杂?

在自然界中不同物种之间存在生殖隔离，但柑橘属是个例外，它们不同的种间均可进行杂交，再加上嫁接等人为干预，柑橘家族的家谱极其复杂。目前认为，柑橘家族起源于喜马拉雅山的东南山麓地区，包括印度阿萨姆邦东部、缅甸北部和中国云南西部。

第三节 常见进出境水果介绍

一、核果类水果

（一）桃

拉丁学名：*Prunus persica*（L.）Batsch（见图 1-1）

英文名：Peach

图 1-1　桃

（图片来源：上海海关）

分类系统：Rosaceae 科，*Prunus* 属

世界分布：主要分布在暖温带地区。

准入国家（地区）：中国台湾、西班牙、澳大利亚。

栽培历史：原产于中国，根据在浙江省最新发现的化石，可以确定早在公元前 6000 年就已种植。《诗经·国风·周南·桃夭》中有记载，“桃之夭夭，灼灼其华”。

（二）油桃

拉丁学名：*Prunus persica* var. *nucipersica*

英文名：Nectarine

分类系统：Rosaceae 科，*Prunus* 属

世界分布：广泛种植。

准入国家（地区）：美国、智利、澳大利亚等。

栽培历史：又名桃驳李，是普通桃（果皮外被茸毛）的变种，果面光滑无毛。油桃在亚洲及北美洲皆有分布，其源于中国，但在生产上，中国反而起步较晚，早期的品种多引自欧美，味道较酸，由于不太符合东方人

的消费习惯，在生产上的影响有限，也给人们留下了“油桃是酸的”的印象。20 世纪 70 年代，河南省农业科学院果树研究所、北京市农林科学院等科研单位先后从欧美、日本等地引入油桃品种进行试栽。目前国内甘肃河西的紫桃、新疆的黄肉李光桃为典型代表。

（三）李

拉丁学名：*Prunus domestica* L.、*Prunus salicina* Lindl.（见图 1–2）

英文名：Plum

别名：欧洲李、洋李、西洋李、西梅、嘉应子、嘉庆子、山李子

图 1–2　李

（图片来源：上海海关）

分类系统：Rosaceae 科，*Prunus* 属

世界分布：俄罗斯、中国、中南半岛、中亚、日本、韩国、美国、澳大利亚和新西兰等。

准入国家（地区）：中国台湾、西班牙、美国、智利、澳大利亚、新西兰。

栽培历史：李属植物的起源可分为三大中心，即东亚中心（中国）、欧亚中心（亚洲西部及欧洲东南部）和北美中心。中国李（*Prunus salicina*

Lindl.）原产于我国长江流域，从广东、广西至黑龙江哈尔滨都有种植，栽培历史悠久。欧洲李（*Prunus domestica* L.）则原产自西亚和欧洲。

（四）杏

拉丁学名：*Prunus armeniaca* L.

英文名：Apricot

分类系统：Rosaceae 科，*Prunus* 属

世界分布：广泛种植。

准入国家（地区）：澳大利亚。

栽培历史：杏树原产于中国新疆，是中国最古老的栽培果树之一。在新疆伊犁一带野生成纯林或与新疆野苹果林混生，生长地带海拔可达 3000 米。世界各地也均有栽培。在中国，以华北、西北和华东地区种植较多。

（五）樱桃

拉丁学名：*Prunus avium*（L.）Moench

英文名：Cherry

别名：欧洲甜樱桃、欧洲樱桃、西洋实樱、大樱桃、车厘子

分类系统：Rosaceae 科，*Prunus* 属

世界分布：主要分布在温带地区。

准入国家（地区）：吉尔吉斯斯坦、塔吉克斯坦、乌兹别克斯坦、加拿大、美国、阿根廷、智利、澳大利亚、新西兰等。

栽培历史：樱桃是蔷薇科樱属几种植物的统称。世界上作为栽培的樱桃有 4 种，即樱桃［*Cerasus pseudocerasus*（Lindl.）G. Don］、欧洲甜樱桃［*C. avium*（L.）Moench.］、欧洲酸樱桃（*C. vulgaris* Mill.）和毛樱桃［*C. tomentosa*（Thunb.）Wall.］。其中在生产上起重要作用的是樱桃、欧洲甜樱桃和欧洲酸樱桃。樱桃，中国古籍上常见的品种，分布于中国黑龙江、吉林、辽宁、河北、陕西、甘肃、山东、河南、江苏、浙江、江西、四川等省。欧洲甜樱桃原产于欧洲及亚洲西部，在欧亚及北美久经栽培，目前中国辽宁、山东、河北、江苏等地果园有引种。

（六）枣

拉丁学名：*Ziziphus jujuba* Miller（见图 1-3）

英文名：jujube、Chinese date

图 1-3　枣

（图片来源：厦门海关马克争）

分类系统：Rhamnaceae 科，*Ziziphus* 属

世界分布：中亚、西亚、印度、斯里兰卡、日本、美国、中美洲、加勒比地区、南美洲等。

栽培历史：原产自中国。

二、仁果类水果

（一）苹果

拉丁学名：*Malus domestica*（Suckow）Borkh.（见图 1-4）

英文名：Apple

别名：西洋苹果、柰

图 1-4　苹果

（图片来源：上海海关）

分类系统：Rosaceae 科，*Malus* 属

世界分布：广泛种植。

准入国家（地区）：日本、南非、波兰、法国、美国、阿根廷、智利、澳大利亚、新西兰等。

栽培历史：原产于欧洲及亚洲中部，栽培历史悠久，全世界温带地区均有种植。

（二）梨

拉丁学名：*Pyrus pyrifolia*（Burman）Nakai、*Pyrus communis* L.（见图1-5）

英文名：Pear

图 1-5　啤梨

（图片来源：上海海关）

分类系统：Rosaceae 科，*Pyrus* 属

世界分布：中国、日本、韩国、中南半岛、欧洲和地中海地区。

准入国家（地区）：日本、中国台湾、比利时、荷兰、美国、阿根廷、智利、新西兰等。

栽培历史：梨的发源有多个中心，中国是梨属植物的中心发源地之一。生产上主要栽培的白梨、沙梨和秋子梨都原产于中国。关于梨树在中国的栽培历史，多见于古书记载。根据古代文献《诗经》（周朝）、《夏小正》（春秋）记载和近代考古资料分析，梨在我国的栽培至少应在 3000 年以前。《齐民要术》中，对梨树嫁接、栽植、采收、贮藏等均有较详尽的记载，充分说明我国古代对栽培技术的重视和达到的水平。而中国栽培的西洋梨则原产于地中海沿岸至小亚细亚的亚热带地区，1870 年前后，美国传教士倪氏自美国带入山东烟台之后，在各地得到传播种植，由于我国气候、品种适应性和市场等原因，至今尚未广泛形成规模栽培。

三、浆果类水果

（一）蓝靛果

拉丁学名：*Lonicera caerulea* L. var. *edulis* Turcz. ex Herd.

英文名：Sweetberry honeysuckle

别名：蓝果忍冬、阿尔泰忍冬

分类系统：Caprifoliaceae 科，*Lonicera* 属

世界分布：欧洲、高加索地区、西伯利亚、中亚、中国等。

准入国家（地区）：朝鲜。

栽培历史：野生蓝靛果广泛分布于欧亚大陆，其自然生长在海拔2600~3500米的落叶林下或林缘荫处灌丛中。中国从云南西北部到东北大兴安岭、小兴安岭、长白山等森林地区均有分布。朝鲜、日本和俄罗斯也有分布。蓝靛果富含多种人体必需的氨基酸，近年来成为世界公认的保健型水果，因而开始有人工种植。蓝靛果对土壤要求不严，在沙壤土、壤土上均可正常生长。

（二）葡萄

拉丁学名：*Vitis vinifera* L.（见图 1-6）

英文名：Grape

别名：蒲陶、草龙珠、赐紫樱桃、菩提子、山葫芦

图 1-6　葡萄

（图片来源：上海海关）

分类系统：Vitaceae 科，*Vitis* 属

世界分布：地中海地区、中欧和中亚。

准入国家（地区）：韩国、印度、中国台湾、埃及、南非、葡萄牙、西班牙、美国、墨西哥、阿根廷、秘鲁、智利、澳大利亚、新西兰等。

栽培历史：葡萄是世界最古老的果树之一，据考古生物学家考证，在距今650多万年前的新生代第三地层内曾发现葡萄叶和种子的化石。主要多分布于温带至亚热带地区，其原产于亚洲西部，现世界各地均有栽培。品种以欧洲种、美洲种，以及两者杂交种为主。

（三）蓝莓

拉丁学名：*Vaccinium* spp.

英文名：Blueberry

别名：越橘、蓝浆果

分类系统：Ericaceae 科，*Vaccinium* 属

世界分布：欧洲、西伯利亚、俄罗斯和中国等。

准入国家（地区）：赞比亚、加拿大、美国、墨西哥、阿根廷、秘鲁、乌拉圭、智利等。

栽培历史：原产自美国，中国自1983年从美国和日本引进。

（四）猕猴桃

拉丁学名：*Actinidia chinensis* Planch.、*A. deliciosa*、*A. deliciosa* × *A. chinensis*

英文名：Kiwi fruit

别名：藤梨、羊桃藤、羊桃、阳桃、奇异果、几维果

分类系统：Actinidiaceae 科，*Actinidia* 属

世界分布：广泛种植。

准入国家（地区）：法国、希腊、意大利、智利、新西兰等。

栽培历史：猕猴桃原产自中国，栽培历史至少有1200多年，早在先秦时期的《诗经》中就有了猕猴桃的记载：“隰有苌楚（猕猴桃的古名），猗傩其枝。”李时珍在《本草纲目》中也描绘了猕猴桃的形色：“其形如梨，其色如桃，而猕猴喜食，故有诸名。”

四、柑橘类水果

（一）橘

拉丁学名：*Citrus reticulata* Blanco.

英文名：Mandarin

别名：番橘、橘仔、桔子、橘子、立花橘

分类系统：Rutaceae 科，*Citrus* 属

世界分布：在亚热带国家（地区）广泛种植，包括地中海、中国、安哥拉、埃塞俄比亚、中美洲、加勒比地区以及南美洲大部分地区等。

准入国家（地区）：巴基斯坦、泰国、以色列、中国台湾、摩洛哥、南非、西班牙、阿根廷、秘鲁、智利、澳大利亚、新西兰、乌拉圭。

栽培历史：中国的柑橘栽培，《广东新语》有记载，“汉武帝时，交趾有橘官长一人，……岁以甘橘进御”，可见广东的柑橘种植至少也有约2100年的历史了。

（二）橙

拉丁学名：*Citrus sinensis*（L.）Osbeck.

英文名：Orange

别名：广柑、橙、脐橙、香橙

分类系统：Rutaceae 科，*Citrus* 属

世界分布：主要分布在暖温带和热带地区。

准入国家（地区）：巴基斯坦、泰国、以色列、中国台湾、摩洛哥、南非、塞浦路斯、西班牙、意大利、阿根廷、秘鲁、智利、澳大利亚、新西兰、乌拉圭、美国等。

栽培历史：中国橙的栽培史可追溯到公元2世纪至公元4世纪《东观汉记》及《南方草木状》中的记载。大约在1520年，葡萄牙人将橙从中国引入欧洲，大约1565年又从欧洲转引至美洲，同一时期又转引入北非和澳大利亚。

（三）柚

拉丁学名：*Citrus maxima*（见图1-7）

英文名：Pomelo

别名：文旦、抛、大麦柑、文旦柚

图 1-7　柚

（图片来源：上海海关）

分类系统：Rutaceae 科，*Citrus* 属

世界分布：主要分布在东南亚地区。

准入国家（地区）：泰国、以色列、中国台湾、乌拉圭等。

栽培历史：柚的栽培历史悠久，品种品系繁多，早在秦汉以前的中国古书就已有柚的记载了（见公元前 3 世纪的作品《韩非子》和《吕氏春秋》）。但并不是所有柚子的品种都原产于我国，如我国台湾的晚白柚则原产于马来西亚，属印度尼西亚柚群，在世界上生产分散，零星栽培于印度尼西亚、印度、马来西亚，有经济栽培地区则以日本鹿儿岛较为出名，我国台湾于 1920 年引进栽培，因果肉似白柚且晚生，1926 年始命名为“晚生白柚”，目前在我国台湾栽培不多。

（四）葡萄柚

拉丁学名：*Citrus paradisi*（见图 1-8）

英文名：Grapefruit

别名：胡柚

图 1-8　葡萄柚

（图片来源：上海海关）

分类系统：Rutaceae 科，*Citrus* 属

世界分布：主要分布在热带地区。

准入国家（地区）：以色列、中国台湾、摩洛哥、南非、塞浦路斯、西班牙、阿根廷、秘鲁、智利、澳大利亚、乌拉圭、泰国等。

栽培历史：葡萄柚的英文名称虽然叫 Grapefruit，但是和葡萄并没有亲缘关系，它的名字来源于果实在枝头生长得过于密集，远看就像一串串葡萄。1750 年首先发现于南美巴巴多斯岛，威尔士人格里菲斯・休斯首次记载并描述了葡萄柚，1823 年被引入美国佛罗里达，约 1940 年前后引入中国。

（五）柠檬

拉丁学名：*Citrus limon*、*Citrus meyeri*（见图 1-9）

英文名：Lemon

别名：西柠檬、洋柠檬

图 1-9　柠檬

（图片来源：上海海关）

分类系统：Rutaceae 科，*Citrus* 属

世界分布：原产于东南亚，后引入地中海地区、印度、马来西亚、中美洲、加勒比地区、南美洲和大洋洲等。

准入国家（地区）：塔吉克斯坦、以色列、中国台湾、南非、塞浦路斯、西班牙、意大利、阿根廷、智利、澳大利亚、新西兰。

栽培历史：柠檬原产于东南亚，15 世纪时由阿拉伯人带往欧洲，现主要产地为美国、意大利、西班牙和希腊。我国台湾、福建、广东、广西等地也有栽培。

五、瓠果类水果

（一）西瓜

拉丁学名：*Citrullus lanatus*

英文名：Watermelon

别名：寒瓜

分类系统：Cucurbitaceae 科，*Citrullus* 属

世界分布：中亚、西亚、印度、孟加拉国、越南、老挝、马来西亚、缅甸、中国、非洲、美国、墨西哥、加勒比地区、南美洲、澳大利亚、新

西兰等。

准入国家（地区）：老挝、马来西亚、缅甸、越南等。

（二）甜瓜

拉丁学名：*Cucumis melo* L.

英文名：Melon

别名：白兰瓜、哈密瓜、香瓜

分类系统：Cucurbitaceae 科，*Cucumis* 属

世界分布：中亚、西亚、印度、马来西亚、文莱、缅甸、中国、日本、韩国、斯里兰卡、东非、地中海地区、加拿大、美国、中美洲、加勒比地区、南美洲、澳大利亚等

准入国家（地区）：吉尔吉斯斯坦、缅甸、文莱、乌兹别克斯坦、巴西等。

六、热带和亚热带水果

（一）椰子

拉丁学名：*Cocos nucifera* L.（见图 1-10）

英文名：Fresh Young Coconut

别名：可可椰子

图 1-10　椰子

（图片来源：上海海关）

分类系统：Arecaceae 科，*Cocos* 属

世界分布：菲律宾、印度、斯里兰卡、孟加拉国、马来西亚、中国、塞内加尔、喀麦隆、中非、东非、中美洲、加勒比地区、南美洲、巴布亚新几内亚和澳大利亚等。

准入国家（地区）：菲律宾、马来西亚、泰国、中国台湾。

栽培历史：椰子属大型热带常绿乔木，为热带重要果树之一，一般认为其原产于热带亚洲。椰子在世界各热带地区均有栽培，而在东南亚一带出产最多，其中以印度尼西亚、菲律宾、印度、泰国、斯里兰卡、马来西亚最为普遍。

（二）芒果

拉丁学名：*Mangifera indica* L.

英文名：Mango

别名：檬果、杧果、莽果、蜜望子、蜜望、望果、抹猛果、马蒙

分类系统：Anacardiaceae 科，*Mangifera* 属

世界分布：西亚、印度、斯里兰卡、孟加拉国、马来西亚、中国、苏丹、几内亚、布基纳法索、喀麦隆、扎伊尔、东非、安哥拉、莫桑比克、南非、中美洲、加勒比地区和南美洲等。

准入国家（地区）：巴基斯坦、菲律宾、柬埔寨、缅甸、泰国、印度、越南、中国台湾、秘鲁、厄瓜多尔、澳大利亚。

栽培历史：芒果由英文 Mango 音译而来，原产于印度，至今已有 4000 多年的栽培历史。因其适应性强、生长快、品质优、产量高、易于管理且寿命长，目前马来群岛、美国、中东、澳大利亚、东非、南非、拉丁美洲等国家和地区均有商业性栽培。

（三）菠萝

拉丁学名：*Ananas comosus*（L.）Merr.

英文名：Pineapple

别名：凤梨、露兜子

分类系统：Bromeliaceae 科，*Ananas* 属

世界分布：主要分布在热带地区。

准入国家（地区）：菲律宾、马来西亚、泰国、巴拿马、哥斯达黎加。

栽培历史：菠萝原产于热带南美洲，16 世纪末传至中国、爪哇、菲律宾。

（四）香蕉

拉丁学名：*Musa* sp.

英文名：Banana

别名：弓蕉、甘蕉

分类系统：Musaceae 科，*Musa* 属

世界分布：印度、斯里兰卡、孟加拉国、中南半岛、中国、地中海地区、塞内加尔、坦桑尼亚、美国、加勒比地区和厄瓜多尔等。

准入国家（地区）：菲律宾、柬埔寨、老挝、斯里兰卡、泰国、印度尼西亚、越南、中国台湾、巴拿马、哥斯达黎加、墨西哥、厄瓜多尔、哥伦比亚。

栽培历史：香蕉原产于中国及东南亚一带，种类繁多，可供食用、药用及观赏等。香蕉是人们喜爱的水果之一，欧洲人因它能解除忧郁而称之为“快乐水果”，4000 多年前希腊人就已经开始拿香蕉来当食物。目前中南美洲、非洲、东南亚及亚太地区均为主要产区。

（五）番木瓜

拉丁学名：*Carica papaya* L.

英文名：Papaya

别名：番瓜、万寿果、木瓜

分类系统：Caricaceae 科，*Carica* 属

世界分布：印度、斯里兰卡、菲律宾、泰国、柬埔寨、越南、中国、乍得、埃塞俄比亚、塞内加尔、科特迪瓦、喀麦隆、扎伊尔、安哥拉、美国、中美洲、加勒比地区和南美洲等。

准入国家（地区）：菲律宾、泰国、中国台湾。

栽培历史：番木瓜是半草热带果树，原产于热带美洲，番木瓜因果实长在树上，又有瓜的形状，因而被称为木瓜。番木瓜于 17 世纪由西印度群岛引入亚洲。

（六）番荔枝

拉丁学名：*Annona squamosa* L.

英文名：Sugarapple

别名：唛螺陀、洋波罗

分类系统：Annonaceae 科，*Annona* 属

世界分布：西亚、印度、斯里兰卡、老挝、泰国、柬埔寨、越南、塞内加尔、几内亚、苏丹、埃塞俄比亚、坦桑尼亚、美国、中美洲、加勒比地区、哥伦比亚、委内瑞拉、厄瓜多尔、玻利维亚和巴西。

准入国家（地区）：泰国、中国台湾。

栽培历史：番荔枝原产于热带美洲，因幼果外观很像荔枝，且从国外引入，故名为番荔枝。

（七）番石榴

拉丁学名：*Psidium guajava* L.

英文名：Guava

分类系统：Myrtaceae 科，*Psidium* 属

世界分布：印度、斯里兰卡、孟加拉国、马来西亚、泰国、中国、毛里塔尼亚、几内亚、科特迪瓦、埃塞俄比亚、美国、中美洲和加勒比地区等。

准入国家（地区）：泰国、中国台湾。

栽培历史：番石榴果形如石榴，种子多，故名为番石榴。原产于热带美洲，世界上热带及亚热带地区均有栽培。

（八）榴莲

拉丁学名：*Durio zibethinus* Murray

英文名：Durian

别名：榴梿

分类系统：Malvaceae 科，*Durio* 属

世界分布：主要分布于东南亚地区。

准入国家（地区）：泰国。

栽培历史：榴莲是热带著名水果之一，原产于马来西亚。东南亚一些国家种植较多，其中以泰国最多。我国广东、海南也有种植。

(九) 龙眼

拉丁学名：*Dimocarpus longan* Lour.

英文名：Longan

别名：羊眼果树、桂圆、圆眼

分类系统：Sapindaceae 科，*Dimocarpus* 属

世界分布：主要分布在东南亚、南亚、中国和巴布亚新几内亚等。

准入国家（地区）：马来西亚、缅甸、泰国、印度尼西亚、越南。

栽培历史：龙眼原产于我国南部地区，分布于福建、台湾、海南、广东、广西、云南、贵州、四川等地，主产于福建、台湾、广西，是我国南部和东南部著名果树之一，古代文献《神农本草经》和《南方草木状》都有关于龙眼的记述。

(十) 荔枝

拉丁学名：*Litchi chinensis*（见图 1-11）

英文名：Litchi

别名：离枝

图 1-11　荔枝

（图片来源：厦门海关马克争）

分类系统：Sapindaceae 科，*Litchi* 属

世界分布：中国、马来西亚、缅甸、泰国、越南、印度、孟加拉国等。

准入国家（地区）：马来西亚、缅甸、泰国、越南。

（十一）山竹

拉丁学名：*Garcinia mangostana* L.

英文名：Mangosteen

别名：倒捻子、风果、山竹子、莽吉柿、山竺、山竺子

分类系统：Clusiaceae 科，*Garcinia* 属

世界分布：马来群岛、中南半岛、孟加拉国、中国和澳大利亚等。

准入国家（地区）：马来西亚、缅甸、泰国、印度尼西亚、越南等。

栽培历史：原产于马鲁古，亚洲和非洲热带地区广泛栽培；我国台湾、福建、广东和云南也有引种或试种。

（十二）红毛丹

拉丁学名：*Nephelium lappaceum* L.

英文名：Rambutan

分类系统：Sapindaceae 科，*Nephelium* 属

世界分布：泰国、苏门答腊、斯里兰卡、缅甸、老挝、越南、菲律宾和安哥拉等。

准入国家（地区）：马来西亚、缅甸、泰国、越南等。

栽培历史：原产于马来半岛。东南亚各国，如泰国、马来西亚、印度尼西亚、新加坡、菲律宾有生产，美国夏威夷、澳大利亚以及中国台湾和海南也有种植，云南西双版纳有野生红毛丹。

（十三）鳄梨

拉丁学名：*Persea americana* Mill.（见图 1-12）

英文名：Avocado

别名：樟梨、油梨、牛油果、酪梨

图 1-12　成熟的鳄梨

（图片来源：上海海关）

分类系统：Lauraceae 科，*Persea* 属

世界分布：孟加拉国、中国、中南半岛、中非、美国、中美洲、加勒比地区和南美洲等。

准入国家（地区）：菲律宾、美国、墨西哥、秘鲁、哥伦比亚、智利、新西兰。

栽培历史：原产于热带美洲，菲律宾、欧洲中部等地亦有栽培。世界鳄梨品种通常分为墨西哥系、危地马拉系、西印度系三大种群。中国现已引进商业品种 70 余个，在海南、广东、广西、福建、云南、四川等地有少量栽培。

（十四）火龙果

拉丁学名：*Hylocereus costaricensis*、*Hylocereus polyrhizus*、*Hylocereus undatus*

英文名：Dragon Fruit

别名：量天尺、三棱箭、三角柱、霸王鞭、龙骨花、霸王花

分类系统：Cactaceae 科，*Hylocereus* 属

世界分布：孟加拉国、中国、中南半岛、南非、美国、中美洲、加勒比地区、哥伦比亚和巴西等。

准入国家（地区）：印度尼西亚、越南、中国台湾。

栽培历史：火龙果植株为多年生肉质、蔓性、攀缘性仙人掌，原产于墨西哥等中美洲国家和地区，西印度群岛、东南亚国家均有栽培或分布。我国台湾约于1745年由南洋引入，近年来经品种改良取得较大成功，并引向海南、广西、广东等地栽培。

小贴士 车厘子和樱桃是同一种水果吗？

通常我们说的“樱桃”指的是中国樱桃，即 *Cerasus pseudocerasus* (Lindl.) G. Don，在我国栽培时间已有上千年，自古有“莺桃”“荆桃”等别称，果实红色，皮薄肉软，不易存储及长途运输。而进口的樱桃，即 *C. avium* (L.) Moench，也就是“车厘子”，来自樱桃英文Cherries的音译，通常指的是欧洲甜樱桃，原产于欧洲及亚洲西部，果实红色至紫黑色，个头大，果肉紧实，适合长途运输。20世纪80年代起欧洲甜樱桃引种至山东、辽宁等地栽培，目前在国内也逐渐扩大种植，现在很多被称为“大樱桃”的就是欧洲甜樱桃。

第二章
进出境水果贸易情况

CHAPTER 2

本章主要统计分析了2012—2021年世界和我国水果的生产与贸易状况，并对水果贸易的特点和发展趋势进行了简要阐述。

第一节 世界水果生产与贸易状况

一、世界水果生产情况

根据联合国粮农组织（Food and Agriculture Organization of the United Nations，FAO）统计数据，2021年全球水果种植面积达6648万公顷，总产量达9.10亿吨。

（一）2021年世界水果生产分国别概况

从水果产量来看，2021年中国（不包括港澳台地区，下同）水果总产量位居世界第一，占2021年全球水果总产量的27.91%；排在第二位的是印度，占全球水果总产量的11.86%；产量排在全球第三至第十位的国家依次为巴西、土耳其、墨西哥、印度尼西亚、美国、西班牙、意大利和菲律宾（见图2-1）。

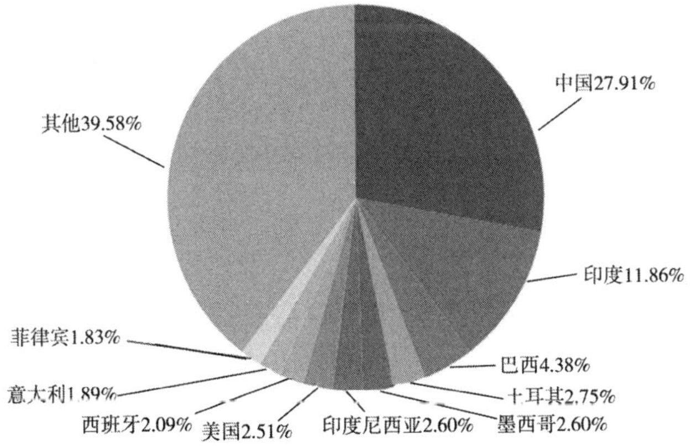

图2-1 2021年世界水果产量分国别概况

（数据来源：FAO统计数据）

从水果种植面积来看，2021 年排在第一位的是中国，占 2021 年全球水果总种植面积的 22.94%；其次是印度，占 2021 年全球水果总种植面积的 11.09%；种植面积排在全球第三到第十位的国家依次为巴西、乌干达、尼日利亚、墨西哥、西班牙、刚果（金）、土耳其和菲律宾（见图 2-2）。

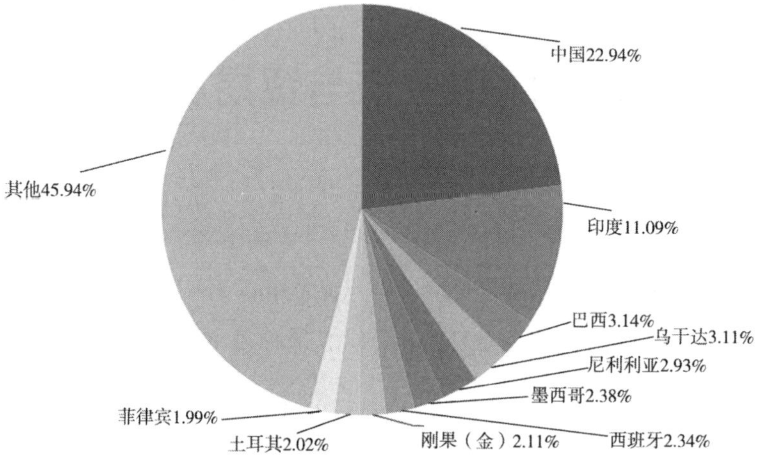

图 2-2　2021 年世界水果种植面积分国别概况

（数据来源：FAO 统计数据）

（二）世界水果生产的种类结构

从世界水果种植面积并结合水果种类来看，以 2021 年为例，香蕉种植面积最大，占世界水果总种植面积的 18.24%；其次是柑橘类，种植面积占世界水果总种植面积的 15.38%（见图 2-3）。从种植面积变化趋势来看，2012—2021 年十年间，香蕉、柑橘类、枣以及芒果、山竹和番石榴种植面积有较为明显的增长，其他水果种植面积相对比较稳定（见表 2-1）。

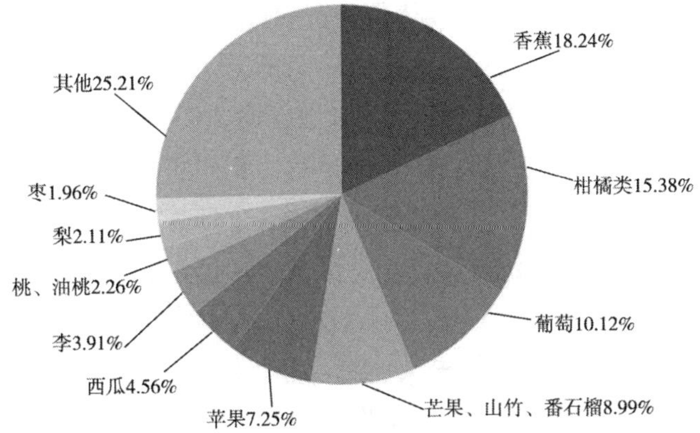

图 2-3　2021 年世界种植面积前十位水果概况

（数据来源：FAO 统计数据）

表 2-1　2012—2021 年世界种植面积前十位的水果

单位：万公顷

年份	香蕉	柑橘类	葡萄	芒果、山竹、番石榴	苹果	西瓜	李	桃、油桃	梨	枣
2012	1000.77	890.17	691.69	534.39	503.69	312.99	256.67	154.18	156.41	111.32
2013	1028.01	919.26	702.39	552.46	511.87	315.36	266.97	156.24	158.79	115.59
2014	1093.24	928.03	702.27	561.26	509.07	316.66	252.58	153.30	157.15	115.21
2015	1110.70	937.36	710.73	522.36	518.05	317.70	259.24	163.16	158.33	112.32
2016	1084.87	935.38	690.00	525.57	486.33	320.34	260.41	155.46	140.54	118.30
2017	1067.96	938.99	683.68	554.82	462.06	309.85	254.55	149.61	135.33	118.69
2018	1039.24	947.18	687.27	552.18	463.93	311.04	262.87	147.86	138.26	122.68
2019	1188.18	1002.97	691.24	569.53	471.12	307.23	256.48	147.70	138.22	124.39
2020	1214.23	1004.58	692.41	590.91	478.27	300.24	259.94	146.63	138.75	125.84
2021	1212.92	1022.24	672.92	597.44	482.22	303.15	260.24	150.47	139.95	130.20

数据来源：FAO 统计数据。

从水果产量来看，以 2021 年为例，产量排在前四位的依次是香蕉、柑橘类、西瓜和苹果，分别占世界水果总产量的 18.72%、17.79%、11.17%和 10.24%（见图 2-4）。根据 FAO 统计数据库 2021 年数据统计，香蕉产量排在世界前十位的是印度、中国、乌干达、菲律宾、印度尼西亚、厄瓜多尔、巴西、喀麦隆、刚果（金）和加纳，占全球香蕉总产量的 60.31%；柑橘类产量排在世界前十位的是中国、巴西、印度、墨西哥、西班牙、美国、土耳其、埃及、尼日利亚和伊朗，占全球柑橘类总产量的 73.49%；西瓜产量排在世界前十位的是中国、土耳其、印度、巴西、阿尔及利亚、俄罗斯、塞内加尔、美国、越南和哈萨克斯坦，占全球西瓜总产量的 78.49%；苹果产量排在世界前十位的是中国、土耳其、美国、波兰、印度、伊朗、俄罗斯、意大利、法国和智利，占全球苹果总产量的 76.38%。

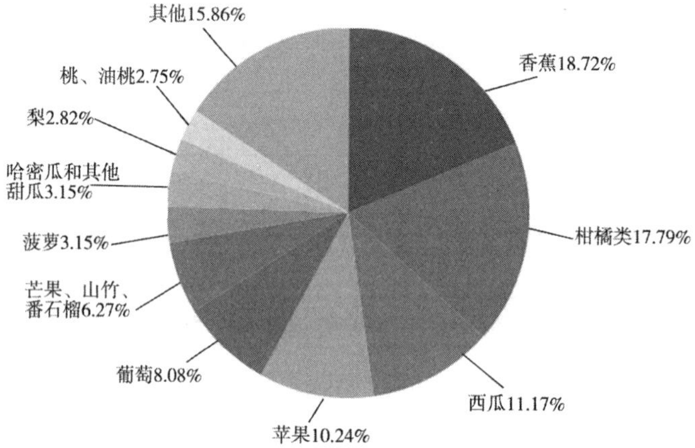

图 2-4　2021 年世界产量前十位水果概况

（数据来源：FAO 统计数据）

从总产量变化趋势来看，2012—2021 年十年间，各类水果的产量均有不同程度的上升，其中香蕉、柑橘类、苹果和热带水果（芒果、山竹、番石榴）等水果的上升比例较高（见表 2-2）。

表 2-2　2012—2021 年世界总产量前十位的水果

单位：万吨

年份	香蕉	柑橘类	西瓜	苹果	葡萄	芒果、山竹、番石榴	菠萝	哈密瓜和其他甜瓜	梨	桃、油桃
2012	13967. 66	13414. 82	9615. 58	7859. 81	6890. 64	4186. 79	2398. 00	2590. 26	2430. 64	2128. 62
2013	14431. 24	13856. 71	9753. 18	8283. 02	7644. 06	4488. 97	2450. 78	2672. 31	2531. 45	2179. 03
2014	15100. 93	14067. 11	9921. 76	8534. 63	7383. 25	4611. 85	2543. 36	2623. 41	2587. 32	2252. 54
2015	15450. 67	14490. 63	10099. 14	8236. 83	7652. 16	4677. 10	2583. 08	2571. 48	2436. 41	2390. 00
2016	15079. 33	14533. 05	10239. 50	8509. 54	7443. 70	4732. 80	2595. 91	2662. 00	2321. 68	2325. 29
2017	15147. 00	14650. 34	10094. 93	8308. 57	7354. 93	5262. 03	2741. 57	2662. 78	2382. 24	2373. 21
2018	15512. 81	15044. 89	10095. 98	8590. 30	8001. 59	5430. 71	2829. 57	2697. 74	2372. 13	2389. 53
2019	16221. 26	15857. 19	10184. 15	8750. 91	7708. 74	5653. 22	2816. 73	2724. 13	2426. 68	2461. 09
2020	16678. 37	15931. 81	10191. 68	9049. 03	7699. 73	5668. 55	2724. 46	2818. 66	2498. 63	2426. 75
2021	17030. 02	16180. 09	10163. 47	9314. 44	7352. 42	5701. 13	2864. 79	2861. 76	2565. 87	2499. 44

数据来源：FAO 统计数据。

二、世界水果贸易情况

（一）世界水果贸易种类结构

2021 年，世界水果贸易以出口金额计算位于前十位的水果分别是柑橘类、香蕉、葡萄、苹果、猕猴桃、樱桃、热带水果（芒果、山竹、番石榴）、草莓、梨和蓝莓（见表 2-3），其中占据主导地位的种类——柑橘类、香蕉、葡萄和苹果也是 2012—2021 年总产量较大的四种水果。以 2021 年为例，各国（地区）共计出口香蕉、柑橘类、苹果和葡萄 5851. 20 万吨，仅这四类水果出口量就占世界鲜果总出口量的 49. 88%（见表 2-4）。2021 年，各国（地区）柑橘类、香蕉、葡萄和苹果共计出口额达 477. 41 亿美元，这四类水果出口总额占世界鲜果总出口额的 33. 02%。

表 2-3　2012—2021 年总贸易额位于世界前十位的水果

单位：亿美元

年份	柑橘类	香蕉	葡萄	苹果	猕猴桃	樱桃	芒果、山竹、番石榴	草莓	梨	蓝莓
2012	119.81	89.38	72.11	71.82	20.83	16.66	14.64	23.24	25.43	5.68
2013	128.94	101.38	78.94	80.28	20.53	15.65	16.90	23.30	28.04	6.16
2014	129.81	111.53	79.13	76.32	22.89	19.53	20.12	23.50	26.82	6.39
2015	125.37	101.51	77.87	70.72	23.07	17.59	20.01	21.52	24.65	7.37
2016	135.71	110.87	78.46	73.85	25.01	24.13	21.83	23.08	24.33	12.17
2017	141.62	124.04	86.03	77.91	27.21	22.60	28.17	25.88	26.98	12.64
2018	150.80	128.25	87.48	77.27	31.00	30.70	28.82	26.24	26.96	16.10
2019	142.01	140.18	89.13	72.52	29.24	35.76	32.47	27.15	25.35	20.50
2020	165.68	142.87	94.93	75.67	32.86	38.15	31.82	29.16	28.00	24.03
2021	164.56	136.29	96.02	80.53	44.52	41.97	36.78	35.25	28.22	27.72

数据来源：FAO 统计数据。

表 2-4　2012—2021 年总贸易量位于世界前十位的水果

单位：万吨

年份	香蕉	柑橘类	苹果	葡萄	西瓜	菠萝	梨	芒果、山竹、番石榴	甜瓜	桃、油桃
2012	1969.57	1526.19	828.01	405.10	297.33	336.47	259.10	148.36	219.73	188.15
2013	2095.69	1576.92	858.48	428.13	281.54	341.06	248.84	164.82	214.32	188.39
2014	2217.32	1583.65	883.13	412.05	364.55	353.16	269.88	168.10	236.38	200.63
2015	2086.86	1623.07	955.64	425.66	331.63	315.79	273.94	160.83	229.97	224.50
2016	2246.13	1686.85	938.41	448.02	459.36	365.73	269.25	178.59	251.00	214.78
2017	2552.25	1707.12	965.57	491.10	461.61	378.70	288.73	213.63	241.67	236.20
2018	2583.30	1782.83	835.57	484.43	431.70	396.32	274.12	216.46	230.52	195.96

续表

年份	香蕉	柑橘类	苹果	葡萄	西瓜	菠萝	梨	芒果、山竹、番石榴	甜瓜	桃、油桃
2019	2881. 78	1811. 93	879. 67	493. 97	444. 64	406. 28	270. 16	242. 50	230. 52	207. 18
2020	2902. 67	1886. 29	820. 16	494. 46	437. 48	365. 55	272. 60	234. 43	216. 28	181. 13
2021	2648. 71	1851. 73	837. 81	512. 96	452. 94	363. 69	277. 59	259. 76	204. 57	172. 24

数据来源：FAO 统计数据。

从贸易量位于世界前十位的水果和贸易额位于世界前十位的水果的不一致情况来看，猕猴桃、樱桃、草莓、蓝莓等水果虽然进出口量不是太大，但是由于其货值较高，其贸易额也相应较高。

（二）世界水果贸易国家（地区）分布

据 FAO 2021 年统计数据，全球有近 200 个国家（地区）参与水果贸易，但分布不均。从国别（地区）角度分析，美国、德国、荷兰、中国、俄罗斯、法国、英国、加拿大、比利时和意大利在世界水果进口中占有主导地位（见图 2-5）。

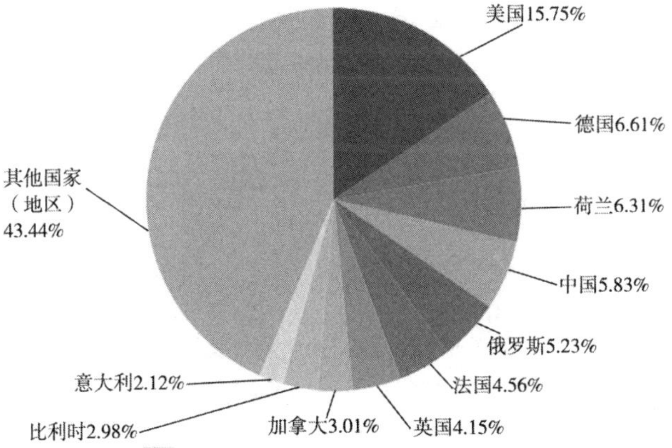

图 2-5　2021 年世界水果进口量分国别概况

（数据来源：FAO 统计数据）

从各主要国家 2021 年进口水果种类看，香蕉和柑橘类是各国（地区）进口的大宗水果。此外，美国进口较多的水果种类还包括菠萝、西瓜和葡萄；德国还包括苹果、西瓜和葡萄；荷兰还包括葡萄、苹果和热带水果（芒果、山竹和番石榴）；中国还包括樱桃、菠萝和葡萄；俄罗斯还包括苹果、葡萄和梨等（见表 2-5）。另外据 FAO 数据统计，美国是世界香蕉、菠萝和葡萄最大的进口国，2021 年美国进口香蕉 503.65 万吨、菠萝 119.32 万吨、葡萄 65.52 万吨，分别占 2021 年香蕉、菠萝和葡萄世界各国（地区）进口总量的 20.32%、34.00%和 12.99%。俄罗斯是世界柑橘类和苹果最大的进口国，2021 年俄罗斯进口柑橘类 170.07 万吨、苹果 61.60 万吨，分别占 2021 年该两类水果世界各国（地区）进口总量的 9.41%和 7.36%。

表 2-5　2021 年世界水果主要进口国家进口水果种类

国家	2021 年主要进口水果种类
美国	香蕉、柑橘类、菠萝、西瓜、葡萄
德国	香蕉、柑橘类、苹果、西瓜、葡萄
荷兰	香蕉、柑橘类、葡萄、苹果、热带水果（芒果、山竹和番石榴）
中国	香蕉、柑橘类、樱桃、菠萝、葡萄
俄罗斯	柑橘类、香蕉、苹果、葡萄、梨

2021 年，出口水果总贸易量排在前十位的是西班牙、厄瓜多尔、荷兰、哥斯达黎加、中国、美国、土耳其、南非、墨西哥和菲律宾（见图 2-6）。

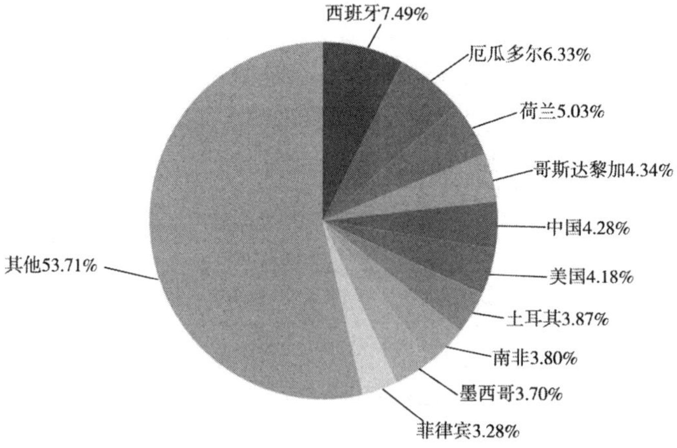

图 2-6　2021 年世界水果出口量前十位国家概况

（数据来源：FAO 统计数据）

从2021年各出口水果大国主要出口水果种类看，厄瓜多尔和哥斯达黎加主要出口香蕉和菠萝；西班牙主要出口柑橘类、西瓜、桃和油桃、哈密瓜和其他甜瓜以及草莓；荷兰主要出口香蕉、柑橘类、梨、葡萄和热带水果（芒果、山竹和番石榴）；中国主要出口苹果、柑橘类、梨、葡萄和柿子（见表2-6）。

表2-6　2021年世界水果主要出口国家出口水果种类

国家	2021年主要出口水果种类
西班牙	柑橘类、西瓜、桃和油桃、哈密瓜和其他甜瓜、草莓
厄瓜多尔	香蕉、菠萝
荷兰	香蕉、柑橘类、梨、葡萄、热带水果（芒果、山竹和番石榴）
哥斯达黎加	香蕉、菠萝
中国	苹果、柑橘类、梨、葡萄、柿子

数据来源：FAO统计数据。

另据FAO数据统计，厄瓜多尔是世界香蕉的最大出口国，2021年出口702.65万吨，占全球香蕉出口总量的26.53%。西班牙是世界柑橘的最大出口国，2021年出口355.49万吨，占全球柑橘出口总量的19.20%。中国是世界苹果和梨的最大出口国，2021年出口苹果107.84万吨、梨51.01万吨，分别占全球苹果和梨出口总量的12.87%和18.38%。智利是世界葡萄的最大出口国，2021年出口54.13万吨，占全球葡萄出口总量的10.55%。哥斯达黎加是世界菠萝的最大出口国，2021年出口206.95万吨，占全球菠萝出口总量的56.90%。

（三）世界水果贸易综合分析

综合以上水果贸易数据分析，香蕉、柑橘类、苹果和葡萄为世界四大贸易水果。2012—2021年十年期间，香蕉是世界新鲜水果贸易量最大、贸易额全球排名第二的水果。香蕉的主要出口国（地区）包括厄瓜多尔、菲律宾、危地马拉、哥斯达黎加和哥伦比亚等，主要进口国（地区）包括美国、俄罗斯、德国、比利时和中国等。柑橘类水果主要包括橙、橘、柠檬和柚等，是世界新鲜水果贸易额最大、贸易量排在全球第二的水果，主要出口国（地区）包括西班牙、南非、土耳其、埃及和中国等，进口国（地区）主要包括俄罗斯、荷兰、美国、德国和法国等。苹果是世界新鲜水果贸易量全球第三、贸易额全球排名第四的水果，主要出口国（地区）包括中国、波兰、意大利、美国和智利等，进口国（地区）主要包括俄罗斯、德国、英国、白俄罗斯和荷兰等。葡萄是世界新鲜水果贸易额第三、贸易量第四的水果，主要出口国（地区）包括智利、意大利、美国、荷兰和南非等，进口国（地区）主要包括美国、荷兰、德国、俄罗斯和英国等。

2012—2021年，全球水果贸易总体呈稳步上升状态，从水果贸易种类来看，世界各国（地区）对水果贸易的需求在不断增长，除香蕉、柑橘类、苹果和葡萄等传统水果外，对猕猴桃、樱桃、草莓、蓝莓等高价值水果的需求也在增长。从水果贸易地理来看，水果出口国（地区）主要集中在拉丁美洲、欧洲国家，主要进口国（地区）以北半球国家为主，多数为欧美国家。从水果种植面积、产量、出口量和进口量四个方面世界排名来看，只有中国和美国始终保持在全球前列。

小贴士

联合国粮农组织

联合国粮农组织一般指联合国粮食及农业组织，简称“粮农组织”，于1945年10月16日正式成立，是联合国系统内最早的常设专门机构，是各成员间讨论粮食和农业问题的国际组织。其宗旨是提高人们的营养水平和生活标准，改进农产品的生产和分配，改善农村和农民的经济状况，促进世界经济的发展并保证人类免于饥饿。组织总部在意大利罗马，现成员共有194个成员国、1个成员组织（欧洲联盟）和2个准成员（法罗群岛、托克劳群岛）。

第二节
中国水果生产与国际贸易状况

一、种植面积与产量

中国有着悠久的果树种植历史，是世界上果树起源最早、种类最多的国家之一。近年来，中国的水果产业发展迅速，水果种植面积和产量稳步上升。据 FAO 数据统计，1990—1999 年间，中国水果产量年平均增速达 13.40%；2000—2020 年间，年平均增速为 2.60%，也正是这两个阶段的快速发展，使中国一跃成为世界水果生产大国。农业农村部统计数据显示（见表 2-7、图 2-7），2021 年果园面积 12807.99 千公顷，水果总产量 29970.20 万吨，栽培面积和总产量稳居世界第一。2012—2021 年水果种植面积和产量呈较平稳增长，种植面积年平均增速达 1.76%，产量年平均增速达 3.47%。

表 2-7　2012—2021 年中国水果生产情况表

年度	种植面积（千公顷）	总产量（万吨）
2012	10989.70	22091.50
2013	11043.33	22748.10
2014	11607.66	23302.63
2015	11212.20	24524.62
2016	10916.64	24405.24
2017	11148.62	25241.90
2018	11874.85	25688.35
2019	12276.68	27400.84
2020	12646.28	28692.36
2021	12807.99	29970.20

数据来源：农业农村部信息中心。

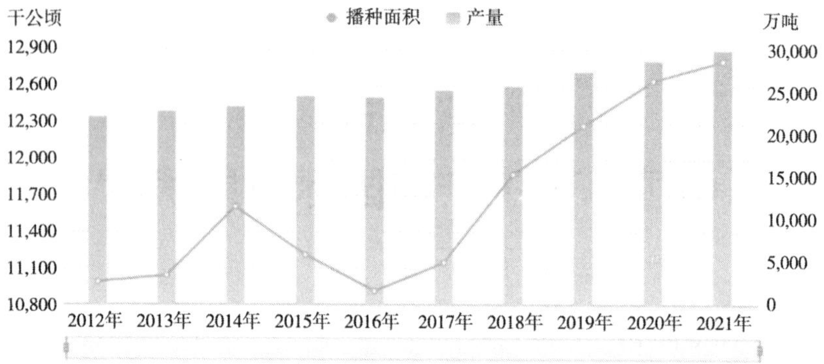

图 2-7　2012—2021 年中国水果生产走势图

（数据来源：农业农村部信息中心）

二、各省（自治区、直辖市）水果种植情况

从 2021 年各省（自治区、直辖市）水果种植面积看（见表 2-8），面积在 500 千公顷以上的省（自治区、直辖市）有 9 个，分别是广西、陕西、广东、新疆、四川、贵州、云南、山东和湖南，2021 年这 9 个省（自治区、直辖市）种植面积之和为 8086.99 千公顷，占全国总种植面积的 63.14%。其中广西水果种植面积位居全国第一，2021 年达 1389.32 千公顷，占全国水果总种植面积的 10.85%。

表 2-8　2021 年各省（自治区、直辖市）水果种植面积

排名	省（自治区、直辖市）	水果种植面积（千公顷）
1	广西	1389.32
2	陕西	1169.70
3	广东	1050.76
4	新疆	950.05
5	四川	837.45
6	贵州	802.14
7	云南	708.41
8	山东	610.55

续表

排名	省（自治区、直辖市）	水果种植面积（千公顷）
9	湖南	568.61
10	河北	472.49
11	江西	427.32
12	湖北	410.30
13	河南	404.22
14	山西	387.66
15	福建	368.36
16	重庆	355.12
17	辽宁	347.04
18	甘肃	328.30
19	浙江	301.24
20	海南	191.01
21	江苏	190.65
22	安徽	168.49
23	内蒙古	104.63
24	宁夏	104.04
25	黑龙江	45.00
26	北京	39.55
27	吉林	28.71
28	天津	22.41
29	上海	12.59
30	青海	6.72
31	西藏	5.15

数据来源：农业农村部信息中心。

种植面积在100千公顷~500千公顷的省（自治区、直辖市）有15个，分别是河北、江西、湖北、河南、山西、福建、重庆、辽宁、甘肃、浙江、海南、江苏、安徽、内蒙古、宁夏，2021年种植面积之和为4560.87千公顷，占全国总种植面积的35.61%。

种植面积在100千公顷以下的省（自治区、直辖市）有7个，分别是黑龙江、北京、吉林、天津、上海、青海、西藏，种植面积之和占全国总种植面积的1.25%。

从2021年各省（自治区、直辖市）水果产量看（见表2-9），产量在1000万吨以上的省（自治区、直辖市）有11个，分别是广西、山东、河南、陕西、广东、新疆、河北、四川、湖南、云南和湖北，2021年产量之和是20559.09万吨，占全国总产量的68.60%。其中广西水果产量位居全国第一，2021年水果产量达3121.13万吨，占全国水果总产量的10.41%。

表2-9　2021年各省（自治区、直辖市）水果产量表

排名	省（自治区、直辖市）	水果产量（万吨）
1	广西	3121.13
2	山东	3032.59
3	河南	2455.34
4	陕西	2141.13
5	广东	1957.79
6	新疆	1659.51
7	河北	1445.08
8	四川	1290.90
9	湖南	1193.64
10	云南	1142.60
11	湖北	1119.38
12	山西	974.87
13	江苏	969.13
14	甘肃	883.77
15	辽宁	856.42
16	福建	810.29
17	安徽	778.10
18	江西	744.64
19	浙江	722.55

续表

排名	省（自治区、直辖市）	水果产量（万吨）
20	贵州	653.66
21	重庆	553.18
22	海南	525.67
23	宁夏	262.77
24	内蒙古	190.82
25	黑龙江	184.29
26	吉林	164.09
27	天津	49.43
28	北京	48.84
29	上海	32.62
30	西藏	3.01
31	青海	2.96

数据来源：农业农村部信息中心。

产量在500万~1000万吨的省（自治区、直辖市）有11个，分别是山西、江苏、甘肃、辽宁、福建、安徽、江西、浙江、贵州、重庆、海南，2021年产量之和为8472.28万吨，占全国总产量的28.27%。

产量在500万吨以下的省（自治区、直辖市）有9个，分别是宁夏、内蒙古、黑龙江、吉林、天津、北京、上海、西藏、青海，产量之和占全国总产量的3.13%。

三、水果进出口贸易

（一）水果进出口概况

与世界水果生产贸易发展趋势相似，随着我国水果种植面积和产量的不断增加，以及人们对水果消费需求的不断扩大，我国水果进出口贸易也得到了快速发展。表2-10、表2-11分别列出了2012—2021年我国水果进出口数量与金额，两项均呈加快增长趋势。据FAO农产品贸易年鉴统计，我国各类水果进出口贸易额已超过玉米、棉花、小麦等农产品。

表 2-10　2012—2021 年我国水果进出口数量表

年份	进口量（万吨）	出口量（万吨）	进口同比（%）	出口同比（%）
2012	342. 49	486. 42	0. 19	1. 44
2013	328. 98	483. 74	-3. 95	-0. 55
2014	400. 86	436. 05	21. 85	-9. 86
2015	448. 45	450. 27	11. 87	3. 26
2016	417. 89	512. 35	-6. 81	13. 79
2017	474. 68	520. 11	13. 59	1. 51
2018	592. 48	509. 69	24. 82	-2. 00
2019	729. 33	492. 09	23. 10	-3. 45
2020 *	612. 06	534. 90	-16. 08	8. 70
2021 *	672. 65	502. 05	9. 90	-6. 14

数据来源：海关总署，农业农村部信息中心。

注：* FAO 统计数据。

表 2-11　2012—2021 年我国水果进出口金额表

年份	进口额（万美元）	出口额（万美元）	进口同比（%）	出口同比（%）
2012	376178. 69	618340. 18	21. 03	12. 00
2013	415736. 45	632370. 65	10. 52	2. 27
2014	511800. 95	617866. 15	23. 11	-2. 29
2015	587233. 53	688861. 78	14. 74	11. 49
2016	581336. 83	713922. 16	-1. 00	3. 64
2017	625737. 45	707563. 60	7. 64	-0. 89
2018	841590. 49	715707. 79	34. 50	1. 15
2019	1036429. 14	745182. 03	23. 15	4. 12
2020 *	1135226. 46	881345. 89	9. 53	18. 27
2021 *	1475545. 44	814855. 98	29. 98	-7. 54

数据来源：海关总署，农业农村部信息中心。

注：* FAO 统计数据。

值得注意的是，自 2018 年起，我国水果进口量超过出口量，即我国成为水果的净进口国。其中 2021 年进口量达到 672.65 万吨，出口量达到 502.05 万吨，净进口量 170.60 万吨，净进口额达 66.07 亿美元。

随着我国居民收入增长，对高档优质水果需求增加，再加上国外优质水果利用成熟期差异以及通过储藏保鲜错开水果上市高峰，进口水果具有了更强的竞争力。同时随着近年来水果关税壁垒的逐步消除，我国将有越来越多的水果进口。

（二）我国水果进出口主要国家（地区）情况

图 2-8 显示，2021 年输华水果数量排名前十位的来源国家（地区）依次为泰国、越南、菲律宾、南非、智利、印度尼西亚、柬埔寨、厄瓜多尔、新西兰、秘鲁，合计占我国进口水果总量的 89.70%。

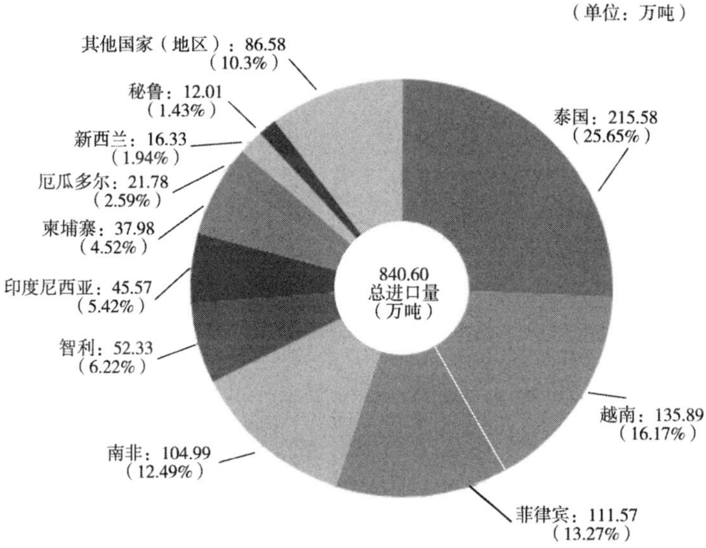

图 2-8　2021 年输华水果来源国家（地区）进口量情况

（数据来源：海关总署，农业农村部信息中心）

图 2-9 显示，2021 年输华水果金额排名前十位的来源国家（地区）依次为泰国、智利、越南、菲律宾、新西兰、秘鲁、澳大利亚、印度尼西亚、南非、美国，合计占我国进口水果总货值的 89.18%。

（单位：亿美元）

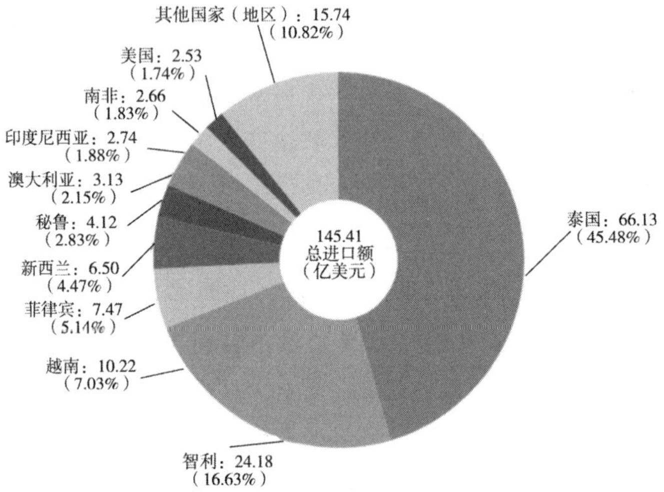

图 2-9　2021 年输华水果来源国家（地区）进口金额情况

（数据来源：海关总署，农业农村部信息中心）

图 2-10 显示，2021 年我国水果出口数量排名前十位的国家（地区）依次为越南、印度尼西亚、泰国、美国、菲律宾、日本、中国香港、孟加拉国、马来西亚、俄罗斯，合计占我国出口水果数量的 77.37%。

（单位：万吨）

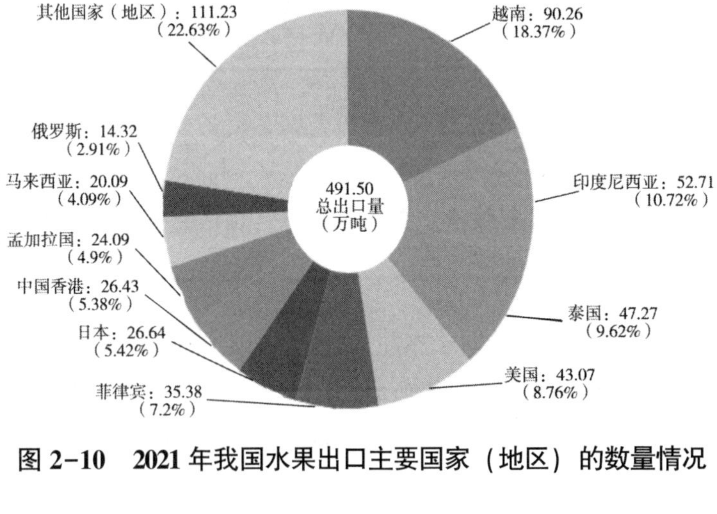

图 2-10　2021 年我国水果出口主要国家（地区）的数量情况

（数据来源：海关总署，农业农村部信息中心）

图 2-11 显示，2021 年我国水果出口金额排名前十位的国家（地区）依次为越南、泰国、美国、印度尼西亚、日本、菲律宾、中国香港、马来西亚、孟加拉国、俄罗斯，合计占我国出口水果额的 79.74%。

（单位：亿美元）

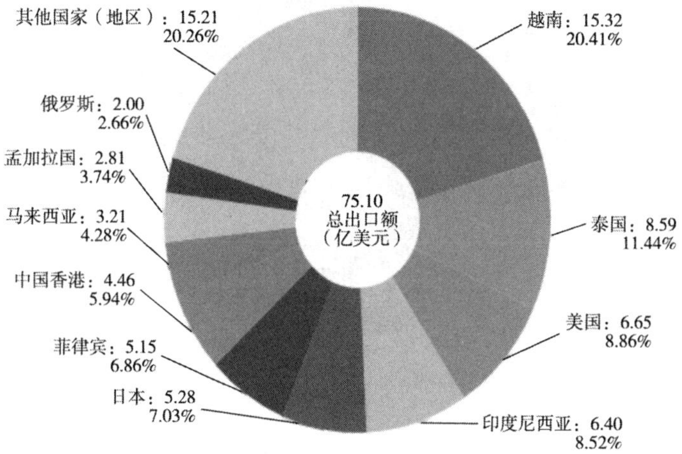

图 2-11　2021 年我国水果出口至主要国家（地区）的出口金额情况

（数据来源：海关总署，农业农村部信息中心）

从出口市场看，我国水果出口市场集中于亚洲，其次是北美洲和欧洲市场，出口非洲和南美洲市场量较小。当然，这与我国距南美洲市场偏远，而非洲的消费水平又相对较低有关系。

但作为世界水果的生产大国，我国参与世界水果贸易的程度还不高，2021 年出口量仅占总产量的 1.67%，远低于世界 9%～10%的平均水平，具有较大的发展潜力。

（三）我国进口水果种类

根据 FAO 统计数据（见图 2-12），2021 年我国进口水果排名前十位的水果种类是香蕉、柑橘、樱桃、菠萝、葡萄、猕猴桃、苹果、李、西瓜、桃和油桃，合计占进口水果总量的 50.62%。

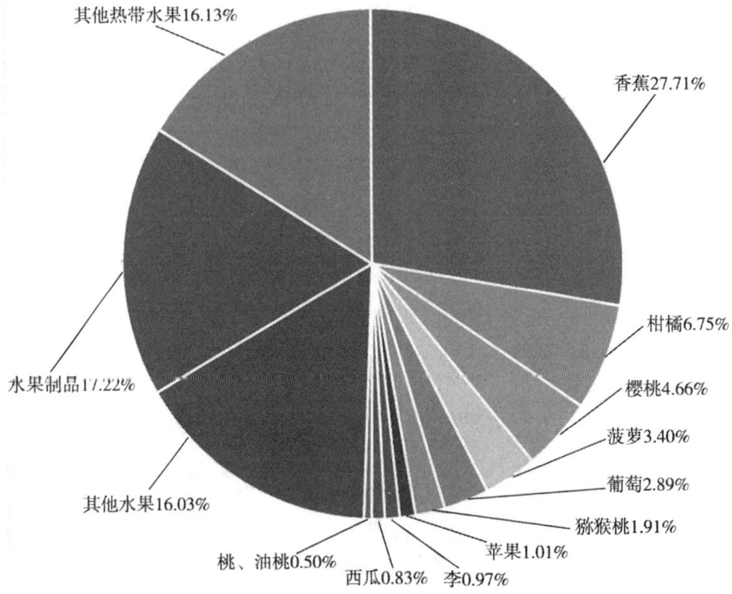

图 2-12　2021 年我国进口水果种类比例（按重量）

（数据来源：FAO 统计数据）

从图 2-12 可知，排名第一位的是香蕉，2021 年我国进口 186.40 万吨，占进口水果量的 27.71%，主要从菲律宾、巴拿马、泰国、越南等国家（地区）进口。排名第二位的是柑橘类，进口量为 45.38 万吨，占比为 6.75%，且来源比较广泛，许多国家（地区）的柑橘类都有出口到中国。第三位是樱桃，进口量为 31.37 万吨，占比为 4.66%，主要来自智利、美国、加拿大等国家（地区）。

（四）我国出口水果种类

根据 FAO 统计数据（见图 2-13），2021 年我国出口水果排名前十位的水果种类是苹果、柑橘、梨、葡萄、柿子、哈密瓜、桃和油桃、西瓜、李、香蕉，合计占出口水果总量的 62.51%。

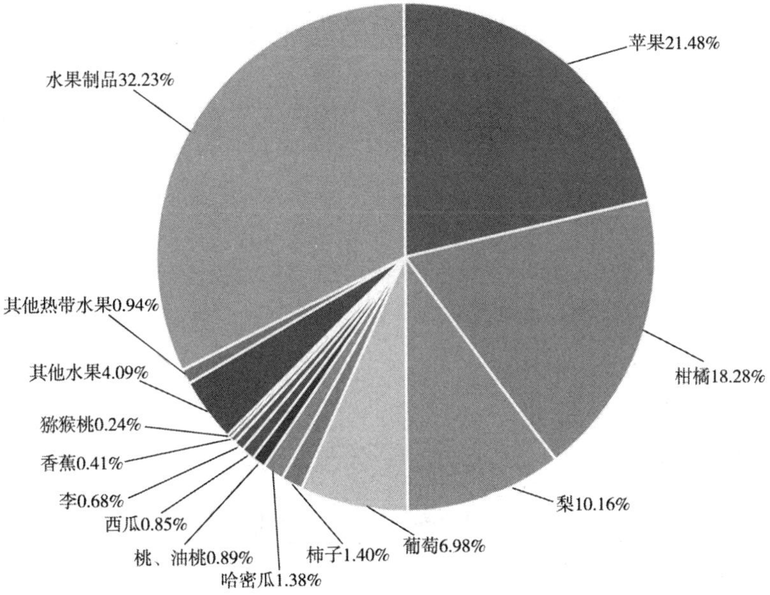

图 2-13　2021 年我国出口水果种类比例（按重量）

（数据来源：FAO 统计数据）

从图 2-13 可知，苹果是我国第一大出口水果种类，2021 年出口量为 107.84 万吨，占总出口量的 21.48%；出口的国家（地区）主要为印度尼西亚、马来西亚、菲律宾、泰国、越南、俄罗斯、加拿大、荷兰等。柑橘类以宽皮柑橘、柚子、橙为主，出口量为 91.77 万吨，占总出口量的 18.28%；出口国家（地区）主要为加拿大、欧盟、印度尼西亚、俄罗斯、新加坡、越南、泰国等。梨以鸭梨、砂梨、雪梨、香梨为主，出口量为 51.01 万吨，占总出口量的 10.16%；出口国家（地区）主要有印度尼西亚、加拿大、俄罗斯、越南、荷兰、泰国等。

从出口水果种类看，我国的鲜梨和苹果在美国和加拿大市场受欢迎程度越来越高，柑橘近年来在欧洲市场增长迅速，荔枝和龙眼由于受保鲜和货架期短等因素的影响，出口量较小。

小贴士 世界柑橘栽培品种来自中国

柑橘原产于中国，已有4000多年的栽培历史，品种资源非常丰富。当今世界上栽培的柑橘，其原始品种资源，均系从中国辗转引进的。现在柑橘已经成为世界果品最大的产业支柱，是中国对世界柑橘事业作出的辉煌贡献。除此之外，中国也是猕猴桃、枣等水果的发源地之一。

第三节 水果贸易特点与发展趋势

近年来水果国际贸易十分活跃，根据FAO数据统计，2012—2021年的十年间，全世界水果贸易额增长了49.54%。影响各国（地区）进出口水果贸易的因素有很多，包括消费习惯、经济能力、风味口感、进口季节、水果进口关税水平、进口国（地区）对水果的检验检疫力度、出口国（地区）对水果产业的扶持补贴力度等，都或多或少影响到水果贸易。但通过多年来的观察，水果国际贸易主要呈现出以下特点和发展趋势。

一、水果国际贸易的特点及发展趋势

（一）水果国际贸易特点

近年来，水果国际贸易发展较为迅速，并主要呈现出以下特点：

1. 品种差异化互补

各国（地区）的地理位置、气候条件等自然因素决定了其水果生产的品种，处于温带的国家（地区）往往需要进口热带水果来满足消费者需要，而热带国家（地区）则需要进口温带水果。例如，我国可以将生产的苹果和梨销往东南亚国家，同时需要进口香蕉、菠萝等热带水果。

2. 季节性互补

水果是新鲜易腐产品，生产具有较强的季节性，如北半球的冬季，是葡萄、桃、油桃和草莓的生产淡季，而南半球正处于夏季，以智利为代表的水果生产和贸易大国，正好可以将其生产的水果出口到中国、美国等水果需求量较大的北半球国家（地区）；与之相反，在南半球的冬季，北半球国家（地区）也会向南半球国家（地区）大量出口夏季水果，这正是一部分国家（地区）既是某种水果的主要进口国（地区），也是其出口国（地区）的主要原因。

3. 水果质量地域性差异大

由于各国（地区）水果种植技术、生长条件以及水果商品化过程的差异，上市销售的同类水果在品味、销售货架期、外观、包装等方面差异较大，而这往往决定了水果的品质、价格和受欢迎度。

4. 消费季节性波动大

消费季节影响水果贸易，如欧美国家（地区）在圣诞节前对水果的消费需求量很大，中国在春节期间水果消费量大，这些特殊的季节是推动水果贸易的动力之一。

5. 市场整体稳步增长

2012—2021 年全球水果贸易总体呈稳步上升状态。与 2012 年相比，2021 年水果贸易额增长约 49.54%，是全球农产品贸易额增速的两倍。从全球视角来看，世界各国（地区）对水果的需求在不断增长。

6. 水果国际贸易具有一定的不确定性

由于受整个国际市场环境、国际竞争、气候条件、水果自身特性，关税、检验检疫措施力度和政策扶持力度等多种因素的影响，水果国际贸易呈现一定的不确定性和复杂性。

（二）世界水果贸易发展趋势

1. 世界对水果的消费需求越来越大

现代生活中，人们追求自然和健康的食品，并把水果看作是健康食品之一。水果也逐步由生活享受品转变为生活必需品，水果消费由季节消费向长年消费转变，由改善生活向追求营养平衡和健康时尚转变。

随着我国人民生活水平不断提高，国民健康意识逐渐增强，营养意识与营养供给能力都有所提高。居民膳食质量提高，蔬果与蛋白质摄入比例得到保证，摄入量逐年增加。根据国家统计局数据，2020年我国人均鲜瓜果消费量达到51.3千克，接近《中国食物与营养发展纲要（2014—2020年）》中设定的目标。

中国营养学会2022年5月发布的《中国居民膳食指南（2022版）》建议，普通人每日应摄入200~350克新鲜水果，约占每日摄入食物总量的1/5；同时提出，果汁不能替代鲜果。足见新鲜水果在日常生活中的重要性。未来，随着可供人们选择的水果品种不断增加和人民生活水平的不断提高，水果的消费量还会不断增加，水果国际贸易会得到进一步的发展。

2. 水果国际贸易正在逐步朝着多元化和多极化的方向发展

发展中国家如中国、巴西、智利等国家在水果国际贸易市场的影响力和地位正在不断提高，发达国家的水果国际市场占有率在下降，发展中国家水果贸易额、水果国际市场占有率比例在上升。

3. 水果国际贸易成为各国（地区）贸易争端的焦点

随着经济全球化和贸易自由化进程的加快，以及新贸易保护主义的抬头，国际贸易争端尤其是农产品国际贸易的争端正在不断升级。各国（地区）普遍启动技术壁垒替代原来的农业补贴、农产品进口关税和配额，作为保护本国（地区）农产品市场的重要手段。由于水果相对容易受病虫害侵染并可能有农药残留超标现象，且是消费者直接食用的农产品，各国（地区）政府都高度重视进口水果的质量安全问题。发达国家如美国、澳大利亚等都规定了严格、繁杂的水果进境准入及风险分析程序。可以说，检疫准入制度已成为国际水果贸易的前提，随着市场的快速发展，水果也成为各国（地区）农产品进出口谈判的焦点。

4. 水果行业协会在水果贸易中作用增强

行业协会是市场经济关系深化发展和社会分工在市场领域细化的必然产物，是市场体系的一个重要组成部分，它的完善与否是市场体系成熟与否的一个重要标志，水果的主要出口国如美国、澳大利亚、新西兰、比利时等国的出口水果专业协会，利用其组织的力量和优势将单个果农组织起来，通过其对水果产销全过程的参与而进行企业化运作，办成了单个果农想办但办不成的事，促进了水果业的发展。主要作用表现在：一是水果的产前资料供应、产中技术服务、产后加工、贮藏、运输、销售等环节均通过专业化的行业协会来运作，使整个水果产业化链紧密而稳定，进而大大提升了水果产业的市场竞争力；二是协调组织国外产地官方考察，落实国外官方考察费用，为检疫解禁提供前期服务；三是为企业提供技术培训，帮助企业建立符合国外要求的质量安全保障体系；四是遵照市场规律，并根据市场形势调整产业结构和销售方案，保证产品的市场供需平衡。

5. 有机水果和转基因产品有发展潜力

当今社会，人们对各种水果的质量和安全标准越来越关注，有机水果是将传统的果树栽培技术和现代生物技术相结合，按照国际有机食品生产要求进行栽培、加工和贮藏，并通过独立的认证机构认证的环保型安全水果。有机水果在欧美、日本等发达国家和地区的市场较为普及，市场需求很大，虽然生产成本较普通水果高，但收益也较普通水果高。目前，我国有机水果产业发展还较缓慢，品种范围和规模较小，产品供应也较为有限，与有机蔬菜、有机大米等发展较早的有机作物相比还处于起步阶段。此外，近年来随着转基因技术在粮食、蔬菜上的普遍使用，转基因水果也得到了较快发展，通过在水果上采用转基因技术，不但可以降低生产成本，增强抗病虫、抗杂草能力，减少农药的用量，还可以提升产品的耐储藏能力，延长产品的销售货架期。

二、中国水果进出口贸易的特点与发展趋势

（一）中国水果进出口贸易均有较明显增长，进口量比出口量增长显著，中国已成为水果净进口国。从 2012—2021 年中国进出口水果贸易看，2021 年中国水果出口量比 2012 年增长了 3.21%，而进口量比 2012 年增长了 96.40%。可以预见，随着水果产量的增加和人民生活水平的不断提高，对水果的需求量还会不断增加，水果进口量也还会持续不断增长。

（二）中国水果出口重点种类包括苹果、柑橘类（包括橙、柚等）、梨、葡萄、柿子、哈密瓜、桃和油桃、西瓜、李、香蕉等水果，其中苹果、柑橘类、梨和葡萄是出口的四大种类。而进口则以香蕉、柑橘类、樱桃、菠萝、葡萄、猕猴桃、苹果、李、西瓜、桃和油桃等水果为主，其中香蕉、柑橘类、樱桃、菠萝是进口的四大种类。

（三）从中国水果进出口的国别（地区）结构看，东盟、南非、智利、厄瓜多尔、新西兰、秘鲁等国家（地区）是中国水果进口主要来源地，而东盟、日本、欧盟、俄罗斯、美国则是中国水果的主要出口市场，结构较

为单一，在高端水果消费市场占有率偏低。

（四）中国进出口水果贸易有低端出口、高端进口的特点。中国对东盟的水果出口有很强的互补性，主要是因为东南亚不是苹果、梨、柑橘、葡萄等温带水果的适生区；出口这些国家（地区）的水果的总量较大，与中国进口的樱桃、猕猴桃、蓝莓、鳄梨等高品质水果相比，价值相对较低。国内高端水果种植业处于起步发展阶段，承受了国外高端水果产品的进口压力，显示中国水果生产面临进一步转型发展的考验。

第三章

进出境水果检疫与国门生物安全

CHAPTER 3

本章从进出境水果检疫与国门生物安全的角度，重点介绍进出境水果检疫中关注的有害生物种类及危害，有害生物风险分析的概念和应用，技术性贸易措施和《实施卫生与植物卫生措施协定》（SPS 协定），阐述了国门生物安全的重要性以及对进出境贸易和双边多边国际关系的影响。

第一节 水果有害生物与国门生物安全

近年来，随着全球贸易自由化程度的不断加深，水果进口关税不断下调，进口零关税水果范围不断扩大，大量新鲜水果经我国各口岸进口。水果是携带有害生物的高风险载体，我国地处寒、温、热三带，自然条件优越，果树资源丰富，水果和干果品种达 50 余种，是世界上果树起源最早、种类最多的原产地之一，同时适宜绝大多数有害生物的生长和繁殖，因此，外来有害生物的入侵风险也在逐渐增加。近年来，全国各口岸从进境水果中截获的有害生物的种类与数量繁多，其中不乏我国进境植物检疫性或具有重要检疫意义的危险性有害生物和外来入侵物种，如苹果星裂壳孢果腐病菌、苹果牛眼果腐病菌、美澳型核果褐腐病菌、南洋臀纹粉蚧和检疫性实蝇、鳞翅目害虫、杂草等。这些有害生物和外来入侵物种一旦传入、扩散和定殖，将对我国农林业安全生产及国门生物安全造成严重威胁。

一、进出境水果有害生物的种类

根据《获得我国检验检疫准入的新鲜水果种类及输出国家/地区名录》（截至 2022 年 11 月），共有 48 个国家（地区）的 249 种次水果获得我国检疫准入。我国对某些种类的水果有进境植物检疫要求，表 3-1 列出了需要关注的检疫性有害生物。2015—2022 年，我国与相关国家或地区签署水果双边贸易协定或其他形式的植物检疫条款共 68 份，其中包括进境 55 份和出境 13 份。在列出的需要关注的有害生物名单中，进境的共 297 种，其中昆虫224种、植物病害67种、杂草6种；出境的共119种，其中昆虫87种、植物病害32种。

表3-1　我国进境水果检疫要求关注的有害生物种类

种类	拉丁学名	中文名
昆虫	*Linepithema humile*	阿根廷蚂蚁
	Pseudococcus viburni	暗色粉蚧
	Ommatissus lybicus	傲扁蜡蝉属一种
	Bactrocera aquilionis	澳北果实蝇
	Frankliniella australis	澳洲花蓟马
	Thrips imagines	澳洲疫蓟马
	Heilipus trifasciatus Fabricius	巴拿马英象
	Zabrotes subfasciatus（Boheman）	巴西豆象
	Hemiberlesia lataniae	芭蕉蚧
	Melanaspis smilacis	菝葜黑圆盾蚧
	Ptinus fur	白斑蛛甲
	Perperus lateralis	白条象甲
	Puto barberi Cockerell	棒球大粉蚧
	Hemiberlesia rapax	槟栉盾蚧
	Thecla basilides	菠萝褐灰蝶
	Strymon gabatha	菠萝蛀虫（蝶类）
	Siphoninus phillyreae	梣粉虱
	Dysaphis plantaginea	车前圆尾蚜
	Isotenes miserana	橙实卷蛾
	Latrodectus hasselti	赤背寡蜘蛛
	Rastrococcus iceryoides（Green）	吹绵垒粉蚧
	Selenaspidus articulatus	刺盾蚧
	Aleurocanthus valenciae	刺粉虱
	Eulecanium tiliae	醋栗褐蚧
	Aleurodicus dugesi	大粉蚧

续表1

种类	拉丁学名	中文名
昆虫	*Planococcus minor*	大洋臀纹粉蚧
	Haplothrips froggatti	单管蓟马
	Haplothrips victoriensis	单管蓟马属
	Ceratitiscapitata	地中海实蝇
	Dirioxa pornia	弟实蝇
	Palmicultor palmarum	东亚椰粉蚧
	Scirtothrips perseae Nakahara	鳄梨蓟马
	Amorbia cuneana	鳄梨卷蛾
	Oligonychus perseae	鳄梨小爪螨
	Stenoma catenifer Walsingham	鳄梨织蛾
	Corbicula auricularia	耳蚬
	Ommatissus binotatus	二点傲扁蜡蝉
	Bactrocera papayae Drew et Hancock	番木瓜果实蝇
	Bactrocera correcta (Hendel)	番石榴实蝇
	Aspidiotus excisus	飞蓬圆盾蚧
	Ceroplastes destructor	非洲龟蜡蚧
	Ceratitis cosyra	非洲芒果实蝇
	Aleurodicus dugessi	粉虱
	Phenacoccus solenopsis	扶桑绵粉蚧
	Ferrisa malvastra	拂粉蚧
	Rhipiphorothrips cruentatus Hood	腹突皱针蓟马
	Exallomochlus hispidus (Morrison)	甘蔗簇粉蚧
	Elaphria nucicolora	甘蔗小型蛾
	Argyrotaenia citrana	柑带卷蛾
	Coccus perlatus	柑橘扁软蚧
	Pseudococcus cryptus (Hempel)	柑橘粉蜡虫
	Pezothrips kellyanus	柑橘蓟马
	Eriophyes sheldoni	柑橘瘤瘿螨

续表2

种类	拉丁学名	中文名
昆虫	*Scirtothrips aceri*	梗蓟马
	Helicoverpa zea	谷实夜蛾
	Bactrocera (Zeugodacus) *cucurbitae* (Coquillett)	瓜实蝇
	Tegolophus myersi	冠瘿螨
	Haplothrips trellesi	管蓟马
	Haplothrips victoriensis	管状黑蓟马
	Hemiberlesia rapax	桂花栉圆盾蚧
	Archips argyrospila	果树黄卷蛾
	Spodoptera littoralis	海灰翅夜蛾
	Nipaecoccus aurilanatus	洋衫鳞粉蚧
	Frankliniella gemina	禾花蓟马
	Platynota stultana	荷兰石竹小卷蛾
	Bactrocera neohumeralis	褐肩果实蝇
	Ctenopseustis herana	褐头卷叶蛾
	Ischnaspis longirostris	黑丝盾蚧
	Brachycaudus persicae	黑桃蚜
	Latrodectus hasselti	红背蜘蛛
	Dicranolaius bellullus	红蓝甲虫
	Tetraleurodes perseae	红条斑粉虱
	Rhynchophorus ferrugineus	红棕象甲
	Ametastegia glabrata	红足巨顶叶蜂
	Phaeomoniella chlamydospora	厚孢小褐球壳
	Carpophilus hemipterus	黄斑露尾甲
	Diaphania nitidalis (Stoll)	黄瓜绢野螟
	Diaspidiotus pyri	灰圆盾蚧
	Mercetaspis halli	霍氏长盾蚧
	Anastrepha suspensa	加勒比按实蝇
	Brevipalpus californicus	加州短须螨

续表3

种类	拉丁学名	中文名
昆虫	*Metamasius dimidiatipennis*	甲虫
	Carpophilus hemipterus	酱曲露尾甲
	Pseudococcus jackbeardsleyi	杰克贝尔氏粉蚧
	Paracoccus interceptus	截获秀粉蚧
	Bactrocera dorsalis （Hendel）	橘小实蝇
	Aculops pelekassi	橘刺皮瘿螨
	Argyrotaenia citrana	橘带卷蛾
	Prays citri	橘花巢蛾
	Planococcus citri	橘臀纹粉蚧
	Proeulia auraria	卷蛾一种
	Proeulia chrysopteris	卷蛾一种
	Ceratitis punctata	可可实蝇
	Bactrocera tryoni	昆士兰实蝇
	Chaetanaphothrips orchidii （Moulton）	兰蓟马
	Taeniothrips inconsequens	梨蓟马
	Protopulvinaria pyriformis	梨形盘绵蚧
	Dysmicoccus lepelleyi	李比利氏灰粉蚧
	Conotrachelus nenuphar	李象
	Aridiusnodifer	瘤鞘薪甲
	Aleurodicus dispersus	螺旋粉虱
	Planototrix excessana	绿头卷叶蛾
	Tetranychus mcdanieli	迈叶螨
	Aulacaspis rosae	芒果白轮盾蚧
	Aulacaspis tubercularis	芒果白轮蚧
	Sternochetus mangiferae	芒果果核象甲
	Sternochetus olivieri	芒果果实象甲
	Milviscutulus mangiferae	芒果原绵蚧
	Milviscutulus mangiferae	芒果粘棉蜡蚧

续表4

种类	拉丁学名	中文名
昆虫	*Pantomorus cervinus*	玫瑰短喙象
	Choristoneura rosaceana	玫瑰色卷蛾
	Conotrachelus nenuphar	梅球颈象
	Phenacoccus madeirensis	美地绵粉蚧
	Melanophthalma americana	美洲薪甲
	Epiphyas xylodes	米氏褐淡卷蛾
	Paracoccus interceptus Lit	摩氏奥粉蚧
	Anastrepha ludens	墨西哥按实蝇
	Heilipus lauri Bohemaun	墨西哥英象
	Bactrocera papayae Drew & Hancock	木瓜实蝇
	Paracoccus marginatus	木瓜秀粉蚧
	Maconellicoccus hirsutus (Green)	木槿曼粉蚧
	Ceratitis rosa	纳塔尔实蝇
	Emex australis	南方三棘果
	Epichoristodes acerbella Walk.	南非麝香石竹卷蛾
	Bactrocera (=*Zeugodacus*) *tau*	南瓜实蝇
	Anastrepha fraterculus	南美按实蝇
	Naupactus xanthographus	南美果树象甲
	Anastrepha grandis Macquart	南美葫芦实蝇
	Planococus lilacius (Cockerell)	南洋臀纹粉蚧
	Pseudococcus longispinus Targioni-Tozzeti	拟长尾粉蚧
	Forficula auricularia	欧洲球螋
	Rhagoletis cerasi	欧洲樱桃实蝇
	Scolytus multistriatus	欧洲榆小蠹
	Euzophera bigella Zeller	枇杷暗斑螟
	Epiphyas postvittana	苹淡褐卷蛾
	Cydia pomonella	苹果蠹蛾
	Anthonomus quadrigibbus	苹果花象

续表5

种类	拉丁学名	中文名
昆虫	*Eriosoma lanigerum*	苹果绵蚜
	Rhagoletis pomonella	苹果实蝇
	Cryptophlebia leucotreta	苹果异形小卷蛾
	Dasineura mali	苹叶瘿蚊
	Pseudococcus maritimus	葡萄粉蚧
	Daktulosphaira vitifoliae	葡萄根瘤蚜
	Lobesia botrana (Denis & Schiffermuller)	葡萄花翅小卷蛾
	Calepitrimerus vitis	葡萄加瘿螨
	Proeulia chrysopteris	葡萄树卷叶蛾
	Calepitrimerus vitis	葡萄叶绣螨
	Ceroplastes stellifer (Westwood)	七角星蜡蚧
	Ceratocystis paradoxa	奇异长喙壳
	Pseudococcus baliteus Lit	气生根粉蚧
	Planototrix octo	浅绿头卷叶蛾
	Trigonogenius globulus (Solier)	球蛛甲
	Planococcus kraunhiae (Kuwana)	日本臀纹粉蚧
	Aleurothrixus floccosus	软毛粉虱
	Helix aspersa Müller	散大蜗牛
	Tetraleurodes mori	桑粉虱
	Anastrepha serpentina	山榄按实蝇
	Paraputo odontomachi (Takahashi)	山竹簇粉蚧
	Deudorix (*Virachola*) *livia*	石榴灰蝶
	Apomyelois ceratoniae	石榴螟
	Frankliniella schultzei	梳缺花蓟马
	Nipaecoccus filamentosus (Cockerell)	丝鳞粉蚧
	Aleurothrixus floccosus	丝绒粉虱
	Euproctis taiwana (Shiraki)	中国台湾黄毒蛾
	Tetranychus pacificus	太平洋叶螨

续表6

种类	拉丁学名	中文名
昆虫	*Epidiaspis leperii*	桃白圆盾蚧
	Brachycaudus persicae	桃黑短尾蚜
	Bactrocera zonata（Saunders）	桃实蝇
	Ceroplastes cirripediformis	藤壶蜡蚧
	Neoaliturus tenellus	甜菜叶蝉
	Diaphania hyalinata（L.）	甜瓜绢野螟
	Myiopardalis pardalina	甜瓜迷实蝇
	Anastrepha striata	条纹按实蝇
	Phlyctinus callosus	庭园象甲
	Hercinothrips femoralis	温室条篱蓟马
	Conotrachelus crataegi	榅桲象甲
	Physidae	蜗牛科
	Pseudococcus maritimus	无花果刺粉蚧
	Ceroplastes rusci	无花果蜡蚧
	Rastrococcus invadens	西非垒粉蚧
	Rastrococcus invadens Williams	西非平刺粉蚧
	Frankliniella occidentalis	西花蓟马
	Metamasius hemipterus	西印度蔗象
	Frankliniella parvula	香蕉花蓟马
	Dysmicoccus grassii	香蕉灰粉蚧
	Aonidiella comperei McKenzie	香蕉肾盾蚧
	Opisina arenosella Walker	椰蛀蛾
	Chaetanaphothrips signipennis	香蕉绣蓟马
	Colaspis hypochlora	香蕉幼苗肖叶甲
	Naupactus xanthographus	象甲
	Oligonychus afrasiaticus	小爪螨属
	Ctenopseustis obliquana	斜纹卷蛾
	Dysmicoccus neobrevipes Beardsley	新菠萝灰粉蚧

续表7

种类	拉丁学名	中文名
昆虫	*Thrips obscuratus*	新西兰花蓟马
	Cnephasia jactatana	新西兰卷叶蛾
	Cydia（*Grapholita*）*prunivora*	杏小食心虫
	Edwarsiana crataegi	叶蝉
	Elaphria nucicolora	夜蛾
	Chauliognathus lugubris	疫兵花萤甲
	Cryptoblabes adoceta	隐斑螟
	Myzus cerasi	樱桃瘤蚜
	Cydia（*Grapholita*）*packardi*	樱小食心虫
	Aspidiotus rigidus Reyne	硬圆盾蚧
	Lopholeucaspis cockerelli	榆白片盾蚧
	Lepidosaphes ulmi	榆蛎盾蚧
	Acrobasis vaccinii	越橘蜂斑螟
	Rhagoletis mendax	越橘绕实蝇
	Batrachedra amydraula	枣尖蛾
	Parlatoria blanchardi	枣椰蚧
	Bactrocera jarvisi	扎氏果实蝇
	Oligonychus yothersi	樟小爪螨
	Pseudococcus longispinus	长尾粉蚧
	Blastobasis spp.	遮颜蛾
	Diaprepes abbreviates	蔗根象
	Melalgus confertus	枝芽钻蛀象
	Aphomia sabella	织螟属一种
	Brevipalpus chilensis	智利短须螨
	Rhagoletis tabellaria	茱萸实蝇
	Rastrococcus spinosus（Robinson）	蛛丝平刺粉蚧
	Brevipalpus phoenicis	紫红短须螨
	Rhynchophorus palmarum	棕榈象甲

续表8

种类	拉丁学名	中文名
昆虫	*Diaspidiotus africanus* (Marlatt)	盾蚧科
	Hordeolicoccus heterotrichus Williams	眼粉蚧属
	Pseudococcus aurantiacus Williams	粉蚧
真菌	*Capnodium moniliforme*	串珠煤炱菌
	Colletotrichum sp.	刺盘孢属
	Verticillium dahliae	大丽花轮枝孢
	Phytophthora syringae	丁香疫霉
	Phytophthora hibernalis	冬生疫霉
	Sphaceloma persea	鳄梨疮痂病菌
	Septoria citri	柑橘壳针孢斑点病菌
	Elsinoe australis	柑橘澳洲痂囊腔菌
	Phytophthora syringae	柑橘丁香疫霉褐腐病菌
	Phytophthora hibernalis	柑橘冬生疫霉褐腐病菌
	Phaeoacremonium aleophilum	褐枝顶孢霉
	Colletotrichum orbiculare	葫芦科刺盘孢
	Cladosporium cucumerinum Ellis et Arthur	黄瓜黑星病菌
	Verticillium albo-atrum	黄萎轮枝孢
	Phaeoacremonium parasiticum	寄生褐枝顶孢霉
	Albonectria rigidiuscula Rossman & Samuels	可可花瘿病菌
	Godronia cassandrae	蓝莓端腐病菌
	Monilinia vaccinii-corymbosi	蓝莓干枯病菌
	Diaporthe vaccinii	蓝莓果腐病菌
	Pestalotia vaccinii	蓝莓盘多毛孢果腐病菌
	Venturia pirina	梨黑星病菌
	Erwinia amylovora	梨火疫病菌
	Neofusicoccum mangiferae	芒果小新壳梭孢
	Monilinia fructicola	美澳核果褐腐病菌
	Verticillium dahliae	棉花黄萎病菌

续表9

种类	拉丁学名	中文名
真菌	*Rhizopus artocarpi*	木菠萝软腐病菌
	Rigidoporus lignosus	木硬孔菌
	Phoma tracheiphila	柠檬干枯病菌
	Phialophora malorum	苹果、梨边腐病菌
	Sphaeropsis pyriputrescens	苹果、梨球壳孢果腐病菌
	Gymnosporangium clavipes	苹果、梨锈病菌
	Venturia innaequalis	苹果黑星病菌
	Neofabraea malicorticis	苹果牛眼果腐病
	Phacidiopycnis washingtonensis	苹果星裂壳孢果腐病菌
	Stemphylium botryosum	葡萄孢链格孢
	Eutypa lata	葡萄顶枯病
	Greeneria uvicola（Berk. &Curtis）Punithalingam	葡萄苦腐病菌
	Phomopsis vitimegaspora Kuo & Leu	葡萄枝枯病菌
	Botryopshaeria lutea	葡萄座腔菌
	Monosporascus cannonballus（Pollack & Uecker）	甜瓜黑点根腐病菌
	Mycosphaerella figiensis Morelet	香蕉黑条叶斑病菌
	Mycosphaerella musicola R. Leach	香蕉生球腔菌（香蕉黄条叶斑病菌）
	Thielaviopsis basicola（Berk. & Broome）Ferraris	烟草根黑腐病菌
	Bactrocera carambolae	杨桃实蝇
	Pestalotia vaccinii	越橘盘多毛孢
	Guignadia vaccinii（*Phyllostictae longata*）	越橘球座菌（球座菌果腐病菌）
	Phytophthora palmivora	棕榈疫霉

续表10

种类	拉丁学名	中文名
细菌	*Pseudomonas syringae* pv. *syringae*	丁香假单胞菌丁香致病变种
	Pseudomonas syringae	丁香假单胞菌猕猴桃致病变种
	Pseudocercospora purpurea	鳄梨斑枯病
	Xanthomonas citri	柑橘溃疡病菌
	Acidovorax avenae subsp. *citrulli* (Schaad et al.) Willems et al.	瓜类果斑病菌
	Pseudomonas syringae pv. *morsprunorum*	核果树细菌性溃疡病菌
	Xylella fastidiosa subsp. *fastidiosa*	葡萄皮尔斯病菌
	Xylophilus ampelinus	葡萄细菌性疫病菌
	Fusarium oxysporum f. sp. *cubense* race 4	香蕉枯萎病菌（4号小种）
	Fusarium oxysporum f. sp. *cubense* (non-Chinese races)	香蕉镰刀菌枯萎病菌（非中国小种）
	Ralstonia solanacearum race 2	香蕉细菌性枯萎病菌（2号小种）
病毒	Avocado sunblotch viroid	鳄梨日斑类病毒
	Cucumber green mottle mosaic virus	黄瓜绿斑驳花叶病毒
	Pear Blister C anker viroid	梨疱状溃疡类病毒
	Prunus necrotic ringspot virus	李属坏死环斑病毒
	Arabis mosaic virus	南芥菜花叶病毒
	Banana bract mosaic virus	香蕉苞片花叶病毒
	Banana streak virus	香蕉线条病毒
	Tobacco ringspot virus	烟草环斑病毒
	Coconut cadang-cadang viroid	椰子死亡类病毒

续表11

种类	拉丁学名	中文名
杂草	*Solanum torvum*	刺茄
	Chondrillajuncea	灯心草粉苞苣
	Lactuca serriola	毒莴苣
	Chromolaena odorata	飞机草
	Rottboellia cochinchinensis	罗氏草
	Eleusina digitaria	杂草

我国进境水果检疫要求关注的有害生物中，昆虫 224 种，占比 75%；真菌 47 种，占比 16%；细菌 11 种，占比 4%；病毒 9 种，占比 3%；杂草 6 种，占比 2%（见图 3-1）。涉及的水果种类包括柑橘、核果、葡萄、樱桃、香蕉、鲜食苹果、蓝莓、甜瓜、菠萝、西瓜、山竹、椰枣、鳄梨、芒果、石榴、猕猴桃、火龙果、柠檬、椰子、榴莲、莲雾等，主要进口国家（地区）包括澳大利亚、柬埔寨、南非、乌拉圭、吉尔吉斯斯坦、阿根廷、巴拿马、意大利、西班牙、老挝、越南、葡萄牙、埃及、文莱、巴西、多米尼加、菲律宾、哥伦比亚、美国、墨西哥、乌兹别克斯坦、希腊、印度尼西亚、赞比亚、智利、塔吉克斯坦、韩国、哥斯达黎加、肯尼亚、马来西亚、斯里兰卡、泰国、新西兰等。

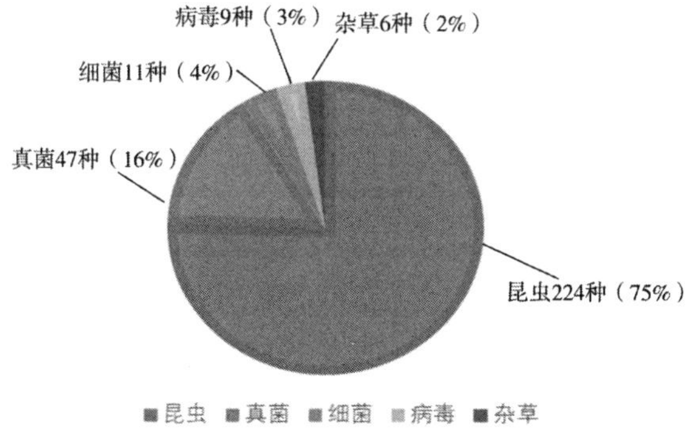

图 3-1　我国进境水果检疫要求关注的有害生物比例

我国出境水果检疫要求关注的有害生物种类详见表 3-2。

表 3-2 我国出境水果检疫要求关注的有害生物种类

种类	拉丁学名	中文名
昆虫	*Spilonota albicana*	白小食心虫
	Drosophila suzukii	斑翅果蝇
	Halyomorpha halys	茶翅蝽
	Scirtothrips dorsalis	茶黄蓟马
	Homona coffearia	茶卷叶蛾
	Ceratitis capitata	地中海实蝇
	Nipaecoccus viridis	堆蜡粉蚧
	Bactrocera correcta	番石榴实蝇
	Ceroplastes floridensis	佛州龟蜡蚧
	Pezothrips kellyanus	柑橘蓟马
	Septoria citri	柑橘壳针孢斑点病菌
	Eriophyes sheldoni	柑橘瘤瘿螨
	Resseliella citrifrugis Jiang	柑橘实雷瘿蚊
	Parlatoria oleae	橄榄片盾蚧
	Cryptoblabes gnidiella（Millière）	高粱穗隐斑螟
	Bactrocera（=*Zeugodacus*）*cucurbitae*（Coquillett）	瓜实蝇
	Eulecanium circumfluum Borchsenius	龟纹蚧
	Aleurocanthus spiniferus	黑刺粉虱
	Latrodectus mactans	黑寡妇蜘蛛
	Frankliniella intonsa	花蓟马
	Pulvinaria psidii	黄绿棉蚧
	Brevipalpus californicus	加州短须螨
	Tetranychus truncatus	截形叶螨
	Bactrocera minax（Enderlein）	橘大实蝇
	Brevipalpus junicus Ma & Yuan	橘短须螨
	Scirtothrips citri	橘实硬蓟马

续表1

种类	拉丁学名	中文名
昆虫	*Bactrocera dorsalis*	橘小实蝇
	Aculops pelekassi	橘刺皮瘿螨
	Prays citri	橘花巢蛾
	Cocuus viridis	咖啡绿软蜡蚧
	Pseudococcus comstocki	康氏粉蚧
	Parlatoria pergandii	糠片盾蚧
	Tuckerella knorri Baker & Tuttle	克诺尔螨
	Acrobasis pyrivorella (Matsumura)	梨大食心虫
	Sphanostigma iakusuiense (Kishida)	梨黄粉蚜
	Cacopsylla pyrisuga (Forster)	梨木虱
	Bactrocera pedestris (Bezzi)	梨实蝇
	Grapholita molesta (Busck)	梨小食心虫
	Grapholita funebrana	李小食心虫
	Cenopalpus pulcher	丽新须螨
	Deudorix epijarbas	荔枝小灰蝶
	Aceria litchii	荔枝锈螨
	Cryptophlebia ombrodelta	荔枝异型小卷蛾
	Conopomorpha sinensis	荔枝蛀蒂虫
	Hypatima longanae	龙眼亥麦蛾
	Erthesina fullo	麻皮蝽
	Aulacaspis tubercularis	芒果白轮蚧
	Bactrocera occipitalis (Bezzi)	芒果实蝇
	Pantomorus cervinus	玫瑰短喙象
	Phenacoccus madeirensis	美地绵粉蚧
	Bactrocera tsuneonis (Miyake)	蜜柑大实蝇
	Adoxophyes orana (Fischer von Röeslerstamm)	棉褐带卷蛾
	Maconellicoccus hirsutus (Green)	木槿曼粉蚧
	Bactrocera (= *Zeugodacus*) *tau* (Walker)	南瓜实蝇

续表2

种类	拉丁学名	中文名
昆虫	*Adoxophyes cyrtosema*	拟小黄卷叶蛾
	Cydia pomonella	苹果蠹蛾
	Adoxophyes orana	苹小卷叶蛾
	Grapholita inopinata (Heinrich)	苹小食心虫
	Pseudococcus maritimus	葡萄粉蚧
	Argyrotaenia ljungiana	葡萄条卷蛾
	Phenacoccus aceris	槭树绵粉蚧
	Pseudaulacaspis pentagona	桑白盾蚧
	Amphitetranychus viennensis	山楂叶螨
	Tetranychus kanzawai	神泽氏叶螨
	Apomyelois ceratoniae	石榴螟
	Bactrocera correcta	石榴实蝇
	Ferrisia virgata	双条拂粉蚧
	Aleurothrixus floccosus	丝绒粉虱
	Spilonota albicana	桃白小卷蛾
	Anarsia lineatella	桃条麦蛾
	Carposina sasakii Matsumura	桃小食心虫
	Conogethes punctiferalis	桃蛀野螟
	Aonidiella orientalis	同翅目盾蚧科红圆蚧
	Planococcus litchi	臀纹粉蚧
	Ceroplastes rusci	无花果蜡蚧
	Aleurocanthus woglum	吴刺粉虱
	Lymantria dispar (Linnaeus)	舞毒蛾
	Frankliniella occidentalis	西花蓟马
	Euzophera pyriella Yang	香梨优斑螟
	Ostrinia furnacalis Guenée	亚洲玉米螟
	Bactrocera diversa	异颜实蝇
	Ceroplastes ceriferus	印度白蜡蚧

续表3

种类	拉丁学名	中文名
昆虫	*Thrips hawaiiensis*	罂粟花蓟马
	Sucra jujube	枣尺蠖
	Scythropus yasumatsui	枣飞象
	Carpomyia vesuviana Costa	枣实蝇
	Parlatoreopsis chinensis	中华盾蚧
真菌	*Phomopsis longicolla*	大豆拟茎点种子腐烂病菌
	Phytophthora syringae	柑橘丁香疫霉褐腐病菌
	Phytophthora hibernalis	柑橘冬生疫霉褐腐病菌
	Monilinia fructigena	果生链核盘菌
	Monilinia fructigena	褐腐病菌
	Gymnosporangium sabinae (Dicks) G. Winter	褐色胶锈菌（梨锈病菌）
	Colletotrichum acutatum	尖锐刺盘孢
	Phyllosticta citricarpa (McAlpine) van der Aa	橘实叶点霉
	Monilinia fructigena Honey	梨褐腐病
	Alternaria gaisen Nagano	梨黑斑病菌
	*Venturia nashicola*Tanaka & Yamamoto	梨黑星病
	Gymnosporangium asiaticum Miyabe ex G. Yamada	梨胶锈菌
	Botryosphaeria berengeriana f. sp. *piricola*	梨轮纹病
	Physalospora piricola Nose	苹果轮纹病
	Peronophythora litchii	荔枝霜疫霉
	Monilinia fructicola	美澳型核果褐腐菌
	Phomopsis longanae	拟茎点霉
	Phoma tracheiphila	柠檬干枯病菌
	Diplocarpon mali	苹果褐斑病
	Gymnosporangium yamadae	苹果锈病
	Phyllosticta arbutifolia	苹果圆斑病
	Neonectria ditissima	苹果枝溃疡病
	Guignardia bidwellii	葡萄球座菌

续表4

种类	拉丁学名	中文名
真菌	*Alternaria gaisen*	日本梨黑斑病
	Moniliniapolystroma	亚洲褐腐病
	Diaporthe vaccinii	越橘间座壳
	Macrophoma kawatsukai	枣轮纹病
	Phytophthora palmivora	棕榈疫霉
细菌	*Xanthomonas citri* subsp. *citri*（ex Hesse）Gabriel et al.	柑橘溃疡病菌
	Acidovorax citrulli	瓜类细菌性果斑病菌
	Erwinia jujubovra	枣缩果病
病毒	Plum pox virus	李痘病毒

我国出境水果检疫要求关注的有害生物中，昆虫 87 种，占比 72%；真菌 28 种，占比 24%；细菌 3 种，占比 3%；病毒 1 种，占比 1%（见图 3-2）。涉及水果种类包括苹果、梨、桃、李、杏、油桃、柑橘类、葡萄、柿子、芒果、火龙果、猕猴桃、草莓、菠萝、番木瓜、甜瓜、百香果、龙眼、椰子、香蕉、荔枝、鲜枣等，主要出口国家（地区）包括新西兰、澳大利亚、美国、韩国、巴西、哈萨克斯坦、南非和智利等。

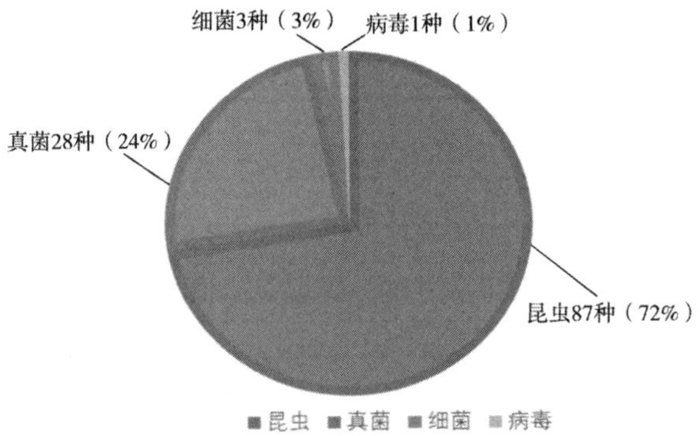

图 3-2　我国出境水果检疫要求关注的有害生物比例

二、水果中携带的外来有害生物的危害

水果是最容易携带有害生物的产品之一。作为植物果实，水果不仅是某些病害的潜伏部位，也是昆虫幼虫和卵的主要寄居场所。随着我国水果贸易额的逐年增加，我国水果进口种类和数量增长，在进境水果检疫中，植物疫情截获率也居高不下。近年来，我国口岸海关植物检疫人员多次从国外进口的鲜水果中检出检疫性昆虫和病害，又因进口水果属于保鲜的消费商品，不允许经过长时间的隔离检疫，这就给口岸检疫查验增加了难度，也给外来有害生物提供了入侵的机会，外来危险性有害生物潜在入侵风险对我国农业生态和水果生产安全的威胁随之加大。一些在我国尚未分布或分布不广的危险性生物种类一旦传入、扩散并定殖，将对我国农林业生产、生态安全和自然环境造成严重影响，对我国水果的生产、出口产生难以估计的危害。

三、国门生物安全的重要性

国门生物安全，是指一个国家（地区）避免因管制性生物通过出入境口岸进出国境而产生危险的状态，以及维护这种安全的能力。2020 年 10 月 17 日第十三届全国人民代表大会常务委员会第二十二次会议表决通过了《中华人民共和国生物安全法》（简称《生物安全法》），该法已于 2021 年 4 月 15 日起施行。该法内容涵盖防控重大新发突发传染病、动植物疫情，防范外来物种入侵和保护生物多样性，防范生物恐怖袭击与防御生物武器威胁，人类遗传资源和生物资源安全管理等各个方面；既包括境内的检疫及监管，也包括境外的源头官方管控，旨在保障国门生物安全。

国门生物安全涉及农林业生产安全、人的健康与安全、生态安全、经济安全（包括国际贸易）以及社会安全等，是国家安全的重要组成部分。在实际工作中，国门生物安全工作主要是从进出境防疫的角度，防止检疫性有害生物和外来入侵物种进入本国（地区）而产生危害。维护国门生物安全、促进对外贸易和经济社会持续发展，在经济、政治、社会和生态文明建设等方面都发挥了重要的作用。

（一）影响国家生态安全

建立国门生物安全体系，就是要通过制定有效的公共政策和措施，防范人类传染病和重大动植物疫情跨境传播，保护国家农林牧渔业生产安全，保护生态环境安全和人民群众生命健康安全，促进外贸经济健康发展。2023 年，全国海关严格进出境动植物检疫，严防外来物种入侵，检出检疫性有害生物 7.5 万种次，从进境寄递和旅客携带物品中查获外来物种 1186 种、3123 批次，其中“异宠”296 种、4.4 万只。必须通过防范外来生物入侵，建立健全的国门生物安全体系，保护自然生态环境和生物多样性，保障生态资源供给，从而保障人与自然和谐共生、科学可持续发展。

（二）影响水果国际贸易

建立国门生物安全体系是国际谈判的重要砝码，有利于我国在国际贸易中占据有利地位。世界各国（地区）在取消关税壁垒的同时，为保护本国（地区）利益，都在设法不断采取技术性贸易措施，以限制进口商品对本国（地区）经济的冲击。在关税措施被弱化以及以其他非关税措施应用受限的情况下，应用口岸公共卫生和动植物检疫作为技术性贸易措施，是调节或平衡国际贸易、保护本国（地区）市场、促进经济发展的重要手段。

对进口水果实施检验检疫管理，防止外来有害生物通过水果传入和扩散，可防止有害生物在国内的传播，保障我国农林业生产的安全，是促进贸易发展的重要措施；同时也能防止农药残留、生物毒素、重金属污染等有毒有害物质跨境流动，对人体健康造成威胁。它是保护国门生物安全中最具有前沿性和强制性的一项措施，也是最有效、最经济、最值得提倡和国际上普遍采用的措施。

小贴士 **《生物安全法》简介**

《生物安全法》于 2021 年 4 月 15 日起正式实施。该法的目的是为维护国家安全，防范和应对生物安全风险，保障人民生命健康，保护生物资源和生态环境，促进生物技术健康发展，推动构建人类命运共同体，实现人与自然和谐共生；明确了维护国家生物安全是其总体要求，保障人民生命健康是其根本目的，保护生物资源、促进生物技术健康发展、防范生物威胁是其主要任务。包括总则，生物安全风险防控体制，防控重大新发突发传染病、动植物疫情，生物技术研究、开发与应用安全，病原微生物实验室生物安全，人类遗传资源与生物资源安全，防范生物恐怖与生物武器威胁，生物安全能力建设，法律责任和附则共十章。

第二节 进出境水果检疫与有害生物风险分析

一、有害生物风险分析

风险（Risk）就是危险，遭受损失、伤害、不利或毁灭的可能性。

有害生物风险分析（Pest Risk Analysis，以下简称 PRA）是 WTO 规范植物检疫行为 SPS 协定中明确要求的，为了使检疫行为对贸易的影响降到最低而规定各国（地区）制定实施的植物检疫措施。进出境植物和植物产品的 PRA 分为进行风险评估和提出风险管理措施建议两个环节。其中，风险评估包括：查明检疫上令人关注并根据 PRA 去确认需要风险分析的有害生物和传播途径；对有害生物进行分类以确定是否符合检疫性有害生物标准，评价有害生物进入、定殖、扩散的可能性及潜在经济影响。在此基础上，提出风险管理措施建议，确定管理方案以减少风险评估确认的风险，并对方案的效力、可行性和效果进行评价并选定适宜方案。

二、进出境水果的 PRA

水果是国际贸易中的重要农产品之一，实蝇类、蛀果类害虫和许多危险性病害如地中海实蝇、苹果蠹蛾等检疫性有害生物和外来入侵物种易随水果跨境传播扩散。因此，世界各国（地区）的官方检疫机构都非常重视水果的检疫，常常把水果列入禁止进境物名单或限制进境物名单，并规定了严格的进境检验检疫要求。在开展进境水果的风险分析过程中，遵循FAO国际植物检疫措施标准（International Standards for Phytosanitary Measures，ISPM）。“PRA准则”一般采取定性与定量分析相结合的方法，开展风险评估与风险管理。

（一）从水果产品开始的PRA

对输华的美国华盛顿等州苹果、智利樱桃、美国加利福尼亚州葡萄和李、美国柑橘等的风险分析均属此类。该类分析是在全面掌握可能随水果传带的有害生物名单后，根据检疫性有害生物定义，筛选出潜在的检疫性有害生物名单，然后依据ISPM 11（检疫性有害生物分析准则）规定的传入和扩散蔓延的可能性、潜在的经济影响等因素，对每一种潜在的检疫性有害生物的进境风险进行定性与定量相结合的综合分析，最终确定关注的检疫性有害生物名单，并以此研究拟定风险管理方案，供决策部门向对方提出检疫要求，或作为签订有关双多边协议的技术依据。

（二）从水果携带有害生物开始的PRA

墨西哥、新西兰等国家（地区）的地中海实蝇的风险评估采取此种方式开展分析。按照ISPM 11标准，根据地理和管理标准确定该有害生物为检疫性有害生物后，再对其造成的产量损失、环境危害、经济影响等风险进行综合评估。与此同时，重点分析该有害生物随水果传入我国的可能性，包括进入和进入后定殖可能性的分析，运用地理信息系统（GIS）等或生态气候评价计算机模型系统等预测其进入我国后可能的适生范围及为害程度，以深入评估该有害生物传入的风险，为进一步拟定风险管理措施和备选方案提供有力技术依据。

三、对进出境水果实施PRA的作用

（一）有助于进境水果解禁

水果PRA报告融入水果检疫解禁工作全过程。根据进境水果风险报告提供的风险评估和风险管理措施，便于有关机构遵循国家经济、贸易的需要，最后决策是否解除禁令，并且根据风险分析报告的措施方案确定具体检疫要求。双方专家主要围绕风险评估结果是否科学，风险管理是否合理、可行等方面，进行谈判和反复磋商，签订相应的植物检疫要求的议定书及实施工作计划。如美国华盛顿等州苹果、加利福尼亚州葡萄、美国柑橘的解禁工作均经过上述各个步骤。

（二）有助于我国水果出口

PRA 是既为适应全球贸易自由化，又使本国（地区）农业免遭外来危险性病虫侵害的需要而发展起来的技术和决策体系。通过开展有害生物的风险分析，提高我国出口水果基地的生产水平，运用有效监测手段建立非疫区，打破一些国家（地区）的进境检疫禁令。例如，我国河北鸭梨、新疆哈密瓜和广东荔枝等水果就是通过充分利用此项技术体系成功走出国门，为我国外向型水果业的发展作出贡献。

（三）有助于水果贸易健康发展

我国 2001 年就已成为 WTO 的正式成员。随着经济全球化的发展，进出境水果的种类和数量越来越多。在水果检疫中，特许检疫的审批工作亦是非常重要的环节，检疫审批要求的确定建立在风险分析基础之上，在特许审批管理中增加首次进境水果等产品，在审批申请时需要事先开展 PRA，随附风险分析报告，达到有效地促进水果贸易健康发展之目的。

第三节 进出境水果检疫与技术性贸易措施

一、技术性贸易措施和 SPS 协定

技术性贸易措施（Technical Measures to Trade）是指 WTO《技术性贸易壁垒协定》（Agreement on Technical Barriers to Trade，简称 TBT 协定）和 SPS 协定所管辖的各种非关税措施的总称，主要包括技术法规、标准、合格评定程序、卫生与植物卫生措施等。

WTO 成立之前，贸易国家（地区）通常采用提高关税等办法设置市场准入限制。WTO 成立后，自由贸易体制使各国（地区）获得更多的市

场准入机会，但以保护国内动物或植物免受病虫害危害等为主要内容的非关税壁垒特别是技术性贸易壁垒措施逐渐成为各国（地区）新的贸易屏障。为了将这些措施对贸易的影响降至最低，1994 年 4 月 15 日，WTO 各成员政府签署了 SPS 协定。

SPS 协定于 1995 年 1 月 1 日生效，其由 14 条及 3 个附件构成，是涉及人类、动物、植物健康和安全的国际贸易规则，涵盖动物卫生、植物卫生和食品安全 3 个领域。卫生与植物卫生措施的内容是：保护成员领土内动物或植物的生命或健康免受病虫害、带病有机体或致病有机体的传入、定殖或传播所产生的风险；保护成员领土内人类或动物的生命或健康免受食品、饮料或饲料中的添加剂、污染物、毒素或致病有机体所产生的风险；保护成员领土内人类的生命或健康免受动物、植物或动植物产品携带的疫病传入、定殖或传播所产生的风险；防止或控制成员领土内有害生物的传入、定殖或传播所产生的其他损害。

SPS 协定的签订，为各贸易国（地区）农产品贸易提供了平等的市场环境和纠纷解决机制。目前，卫生与植物卫生措施已成为引发贸易争端的重要领域，在 WTO 争端案例中，有约 28%与卫生与植物卫生措施有关。

SPS 协定规定了透明度原则、非歧视原则、对贸易影响最小原则、等效性原则，提倡使用国际标准，对发展中成员和不发达成员提供特殊和差别优惠对待。透明度原则要求一方采取的 SPS 措施要通过 WTO 告知各相关成员，说明措施的必要性，予以一定时限征求各方的意见，并在实施时给予一定的过渡期。非歧视原则要求各成员卫生与植物卫生措施不能在情形相同或相似的成员间，包括本国（地区）与其他 WTO 成员之间造成任意或不合理歧视。等效性原则要求进口成员同等接受出口成员的卫生与植物卫生措施，只要措施达到进口成员适当的 SPS 保护水平。这些规定改善了我国农产品的出口环境，使我国农产品可以在一个平等、公平的市场环境下参与国际竞争。同时，如果发生涉及卫生与植物卫生措施的纠纷，也可以在一个公平的环境中解决纠纷，根据 SPS 协定，我们可以利用 WTO 的争端解决机制有效地排除贸易障碍，维护国家利益，同时促进我国卫生与植物卫生措施立法的完善。

二、水果检疫与技术性贸易措施

由于水果往往携带有害生物，如地中海实蝇、橘小实蝇、芒果果核象甲等，这些外来有害生物的传入将对输入国（地区）水果生产造成严重危害，为保护本国（地区）水果生产，许多国家（地区）对进口水果采取了严厉的检疫措施。目前，输入国（地区）对于进口水果的植物检疫要求，一般有三种类型：一是先禁止进口，然后有条件地开放，如美国、日本、澳大利亚、新西兰、智利、加拿大等国家；二是允许进口，但有一定的植物检疫要求，如欧盟、哈萨克斯坦；三是允许进口，基本没有明确的检疫要求，如东南亚和中东地区。

各国（地区）针对进口水果一方面执行国际植物检疫措施标准（ISPM），另一方面制定自己的标准，不同国家（地区）制定的水果检疫标准严格程度是不同的，这对我国水果的出口造成极大的负面影响。如美国检疫法规规定：美国政府要与出口国政府签署进口水果的双边协议或议定书，其进口条款及进口要求均以美国法律的形式确定下来。我国的柑橘经过 20 多年谈判，才得以准许出口美国。日本的植物保护法实施条例规定，为防止橘小实蝇、瓜实蝇、苹果蠹蛾传入，禁止中国等国的苹果、柑橘等水果进口。对于已允许进口的品种，实施严格的检疫和检验，采取零风险政策，发现一只虫就全部作销毁处理，我国的荔枝、哈密瓜屡屡因检疫问题或农药残留问题被命令检查、暂停进口。欧盟国家对我国出口的蜜柚等水果进行严格的进口查验或市场监督，一旦发现农药残留超标或其关注的有害生物，往往会采取下架、退运、转港和加严检查等严厉措施。多年来，我国水果产业界渴望能将国产水果打入美国、日本、澳大利亚、新西兰及南美洲市场，实现从水果生产大国向贸易大国转变，但由于上述国家（地区）往往有严格的检验检疫限制条件，实现上述转变需要艰难跨越这些国家（地区）的技术壁垒。

三、SPS 协定和我国农产品出口

（一）通过努力实现我国水果成功突破贸易壁垒

由于橘小实蝇、柑橘溃疡病、苹果蠹蛾、梨小食心虫等有害生物是影响我国水果生产的主要病虫害，许多国家（地区）以此为由，限制我国水果进入国际市场，我国在SPS协定的框架下，进行艰难的谈判，把优质农产品一一推向国际市场。如河北鸭梨和库尔勒香梨出口美国，就是十分成功的案例。

河北省是我国最大的鸭梨产地，生产的鸭梨因品质优良、价格低廉，在国际市场上具有较强竞争力。美国是河北鸭梨出口的重要市场，从1997年开始，河北鸭梨进入美国市场。2004年，美国以我国出口鸭梨上发现链格孢新种为由暂停从中国进口鸭梨。2004年年初，继美国暂停我国鸭梨输美后，加拿大以在我国出口鸭梨上检出所谓的梨黑斑病新种为由，暂停进口我国鸭梨和亚洲梨，这使得我国鸭梨在国内和国际市场的销售陷入低迷。为尽快恢复鸭梨对美国出口贸易，我方积极推动与美方的合作研究，双方同意共同寻找有效措施降低鸭梨黑斑病发病率。经共同努力，合作研究得到预期结果，找到了有效措施。2005年4月，我国与美国农业部（USDA）签署了《2005—2006年度中国鸭梨输往美国植物检疫工作计划》，美国同意继续进口中国鸭梨，但中国出口面临更加严格的检验程序，而且如果将来出口的鸭梨被再次查出疫情或者受到污染，将会导致美国对中国鸭梨采取更严厉的处罚措施。2005年9月，美国动植物卫生检疫局（APHIS）派专家来华针对鸭梨黑斑病进行检查，从8个有症状果园各随机抽取300个果实，从没有发现症状的21个果园各随机抽取100个果实进行培养检查，在30个注册果园各随机抽取300个果实，结果发现有8个果园的果实出现了黑斑病的感染症状，因此美国继续禁止进口中国鸭梨。2005年12月13日，中方技术专家赴美参加了中美第十四届双边植检会谈，并签订《2005—2006年度中国鸭梨输往美国植物检疫工作计划》补充条款。第一次随机抽取果实经14天培养后随机检查如发现2个或以上果实感染黑斑病症状，该果园将被取消本季对美出口。补充条款中规定，第一次抽查合格，鸭梨到达美国入境口岸后，美国动植物卫生检疫局（APHIS）还将进行2%的抽样现场检疫，增大了我国鸭梨出口美国的难度。为尽快恢复鲜梨对美国、加拿大等国的出口，出口企业建立了出口鸭梨生产加工的质量管理体系，我国技术专家筛选降低梨黑斑病的有效措施并指导企业生产和加工，2006年年初，美国、加拿大恢复我国河北鸭梨出口。这标志着被暂停两年的我国鸭梨对美国、加拿大贸易全面恢复。

（二）依托“一带一路”倡议促进水果国际贸易

自从我国加入 WTO 之后，基于 WTO 框架协议下的技术性贸易壁垒层出不穷，严重制约我国农产品出口国际贸易市场，在此背景下，2013 年习近平主席在与中亚和东南亚国家积极交流后，探讨了“一带一路”合作共赢倡议的可行性。“一带一路”是我国步入 21 世纪后十分重视的对外经济建设，是在经济全球化深入发展与国内经济步入转型阶段大背景下所提出来的具有重要意义的开放性经济倡议。第一届“一带一路”国际合作高峰论坛于 2017 年在北京召开，130 多个国家（地区）领导人出席此次论坛，“一带一路”旨在寻求国际合作与全球经济综合治理新模式，其涵盖亚欧非三个大洲，现已得到世界许多国家和地区的支持与认可。

“一带一路”建设加强了我国与“一带一路”共建国家和地区的合作，我国多种规模、多种类型的企业在 20 多个共建国家和地区建设经贸合作区，加快了我国农产品出口全世界的脚步。

目前，我国已成为世界水果贸易大国。我国不仅与“一带一路”共建国家和地区实现了良好的水果进出口贸易合作，与美国、日本等发达国家也达成了水果领域的多项进出口贸易合作。

海关总署作为我国进出境检验检疫的主管机构，坚决贯彻党中央、国务院关于推进建设的决策部署，立足发挥自身职能作用，着力营造“一带一路”共建便利的贸易环境，扎实推进与“一带一路”共建国家和地区检验检疫合作，结合国内市场需求，有序推进俄罗斯、哈萨克斯坦、乌兹别克斯坦、塔吉克斯坦、吉尔吉斯斯坦、匈牙利、老挝、柬埔寨、菲律宾等国家水果等多种优质农产品准入。2019—2024 年期间，中国海关总署积极推动与共建“一带一路”国家（地区）、国际组织等的海关检验检疫合作。截至目前，中国已与 171 个国家和地区建立了海关检验检疫合作关系，并签署了农产品食品准入类国际合作文件近 400 份，这些合作文件的签署推动了超过 1500 种农产品获得中国市场的准入，为“一带一路”共建国家（地区）贸易的快速增长提供了有力支撑。在“一带一路”建设中，进出境植物检疫受到共建国家和地区、其他地区及国际组织的特别关注。近年来，我国与其他国家的植物检疫机构合作，涉及包括但不限于泰国、柬埔寨、老挝、缅甸、越南、印度尼西亚、乌兹别克斯坦、哈萨克斯坦等亚洲国家，俄罗斯、法国、德国、捷克、丹麦等欧洲国家，南非、埃及、埃塞俄比亚、坦桑尼亚、肯尼亚等非洲国家，签署、实施了多项植物检疫措施。例如，《关于进口乌兹别克斯坦鹰嘴豆植物检疫要求的公告》（海关总署公告 2024 年第 15 号）、《关于进口白俄罗斯有机栽培介质植物检疫要求的公告》（海关总署公告 2023 年第 24 号）、《关于进口马来西亚鲜食榴莲植物检疫要求的公告》（海关总署公告 2024 年第 72 号）等。

小贴士 SPS 协定的基本原则

从对 SPS 协定内容的解析可以看出，SPS 协定充分体现了关税及贸易总协定（General Agreement on Tariffs and Trade，GATT）和 WTO 的根本意志。它的基本原则包括：

非歧视原则。非歧视原则是 WTO 的一项基本原则，也是 SPS 协定的一项首要原则。该原则包括两方面的含义：最惠国待遇原则和国民待遇原则。

透明度原则。SPS 协定要求各成员应保证迅速公布所有已采用的卫生与植物卫生法规，以使有利害关系的成员知晓。

科学性原则。在 SPS 协定第 2 条“基本权利和义务”第 2 条款中指出各成员应保证任何卫生与植物卫生措施仅在为保护人类、动物或植物的生命或健康所必需的限度内实施，并根据科学原理，如无充分的科学证据则不再维持。

协调一致原则。SPS 协定规定，为在尽可能广泛的基础上协调卫生与植物卫生措施，各成员的卫生与植物卫生措施应根据现有的国际标准、指南或建议制定。

风险评估和适当的卫生与植物卫生保护水平的确定原则。

等效性原则。是指成员应对其他成员提供的具有相同保护水平的 SPS 措施等效接受，即使这些措施不同于自己的措施。

第四节
区域全面经济伙伴关系协定与进出境水果贸易

区域全面经济伙伴关系协定（Regional Comprehensive Economic Partnership，RCEP）是由东盟十国发起，邀请中国、日本、韩国、澳大利亚、新西兰共同参加（“10+5”），通过削减关税及非关税壁垒，建立15国统一市场的自由贸易协定。RCEP是东盟国家近年来首次提出，以东盟为主导的区域经济一体化合作，成员间相互开放市场，实施区域经济一体化。2020年11月15日，东盟十国以及中国、日本、韩国、澳大利亚、新西兰15个国家正式签署RCEP，标志着全球规模最大的自由贸易协定正式达成，成为世界上涵盖人口最多、成员构成最多元化、经贸规模最大和最具发展潜力的自由贸易区。RCEP覆盖人口超过35亿，经济总量达到29万亿美元，占全球总量的30%。RCEP的签署，有利于构建开放型世界经济、支持多边贸易体制，改善地区贸易和投资环境，推进贸易投资自由化、便利化和国际化，帮助各国更好地应对挑战，也能增强本地区未来发展的潜力，造福于本地区的各国人民。

2022年1月1日，RCEP正式生效，带来最直接的关税减让红利，我国与东盟、澳大利亚、新西兰之间的立即零关税比例超过65%；我国与日本、韩国是新建立自贸关系，相互立即零关税比例也分别达25%和57%。其他国家后续也将加入实施行列，预计未来RCEP成员之间90%以上的货物贸易会实现零关税。RCEP选择安排基于原产地累积规则应用带来的更多、更灵活的产品生产加工，还引入经核准出口商管理，帮助企业更便捷地享受原产地相关优惠政策。RCEP将推动实施原产地规则、海关程序和检验检疫等方面的规则统一，以及服务贸易、投资、知识产权和电子商务等方面的高水平开放，这些都将加速提升国际尤其是东亚贸易便利化。而这也将使RCEP区域内各类经济要素流动更顺畅，进而巩固强化区域内的产业链、供应链和价值链，使之成为东亚经贸合作的主平台。

RCEP 的零关税规则促使贸易更加便利化，加速跨境电商业务发展，人们可以更快速、更便捷和更优惠地“海淘”和“海购”，跨境从各方购买更多物美价廉的商品，包括水果。我国是世界水果生产大国，能生产的水果种类繁多，特别是温带、亚热带干、鲜水果在国际市场上享有盛誉，包括苹果、柑橘、梨、葡萄、栗子和红枣等。但在世界市场的份额尚小，主要出口对象是东盟、日本、美国、俄罗斯和我国香港等，出口非洲和南美洲市场量较小。作为世界水果的生产大国，中国参与世界水果贸易的程度还不高，出口量仅占总产量的 3.6%，远低于世界 9%~10%的平均水平。我国水果进口的主要品种为香蕉、椰子、柑橘类（包括橙、葡萄柚）、西瓜、葡萄、菠萝、樱桃、猕猴桃、苹果等。2020 年我国蔬菜水果进口最大的贸易国是泰国，进口额达到 324.4 亿元人民币，占进口总额的 30%（见表 3-3）。

表 3-3　2020 年我国蔬菜水果进口情况表

进口来源国家（地区）	进口额（亿元人民币）	占比（%）
泰国	324.4	30
智利	149.5	14
越南	79.5	7
美国	53.8	5
澳大利亚	42.1	4
新西兰	37.6	4
其他国家（地区）	385.1	36

随着共建“一带一路”的推进发展，中老铁路、印度尼西亚雅万高铁、中新（加坡）共建国际陆海贸易新通道、中印尼和中马“两国双园”等一批重大基础设施项目顺利实施，有效提升了我国与东盟国家互联互通水平，各方跨境物流更加顺畅。中国与东盟之间的水果贸易除了有地理位置上的优势之外，各方水果资源具有极强的互补性。同时，中国与东盟签订的自由贸易区协定极大地促进了各方水果贸易的发展。东盟地处热带地区，因此对我国温带水果具有较强的进口需求，例如苹果、梨、葡萄、柑橘等；而中国大部分地区处于温带，恰好对热带水果具有大量进口需求。

由此，我国和东盟依托各自的自然禀赋，充分发挥自身在水果出口贸易中的比较优势，在当下及将来都可以进一步实现双方水果贸易的互利双赢。此外，新西兰、澳大利亚处于南半球，水果产季和我国正好季节互补，种类和产量相当丰富，市场发展潜力十分巨大。

RCEP 建立实施后，中国需要增强在 RCEP 成员中的水果贸易竞争力，趋利避害，加强现有的优势。政府、企业和行业协会要建立联动机制，加强进出口水果的海关检验检疫，促进水果贸易，进一步提升与 RCEP 成员之间的水果贸易互补优势。

一、政府层面分析中国水果的优势，帮扶水果企业采取细分化市场的方式占据国际市场

保持现有出口水果的优势，增强弱势水果品类竞争力，争取更广阔的发展空间。在 RCEP 建立后重新瓜分果品市场的战略机遇期内，抢占先机是当下发展中国对外水果贸易的关键。要大力发展水果深加工，保障保藏冷藏水果及果酱等初加工水果的竞争优势，不断提高果汁的竞争力，大幅增加其在我国水果产品出口中的比重。随着果汁、水果罐头等深加工水果产品在世界水果贸易中的比重不断上升，企业应提升深加工水果产品的工艺水平，多样化产品种类，开拓国际市场。

二、企业注重出口鲜果的品质，关注 RCEP 各成员对进口水果的特殊要求

企业在水果产品生产过程中，充分利用我国优势，积极调整与优化水果生产与种植结构，开发与引进新型品种，促进品种结构升级；借鉴国际上先进的经验提高水果种植的技术含量；针对 RCEP 各成员对水果农药残留的要求，增强水果安全的意识，更多地种植绿色水果和有机水果，把农药残留降低到进口国要求标准以下。企业不仅关注产量，更要注重水果产品的品质，使鲜果产品具有竞争力，从而进入对鲜果有高要求的国家市场。

三、注重品牌培育，扩大宣传影响

水果产品要建立自己的品牌，加大宣传力度，不断增强开拓国际市场的意识，实施产地标志制度，在国际贸易中一方面能最大限度地推销我国水果，另一方面可以借 WTO 贸易制度中的地理标志保护制度最大限度地保护我国的品牌水果。

四、海关帮扶企业更好开拓海外市场

各级海关动植检部门要积极促进辖区地方水果产业转型升级，主动调研企业出口需求，指导企业通过“互联网+海关”注册申请完善相关管理制度，优化硬件设施；持续从源头抓质量，从“果园到口岸”全程护航，向企业提供境外最新法规标准信息，指导企业完善溯源管理制度，确保从源头到出口全程可追溯；针对出口水果保鲜期短、保质要求高的特点，提供“7×24 小时”预约通关保障，对出口水果优先申报、优先查验、快速出证，确保快速通关。

第四章
中外进出境水果检疫法律法规和标准体系

CHAPTER 4

本章介绍了进出境水果主要贸易国家或地区与水果相关的主要法律法规和标准体系、中国进出境水果法律法规和标准体系，并进行了中外相关法律法规比较研究。

第一节 主要贸易国家（地区）进出境水果检疫法律法规和标准体系

世界主要发达国家或地区如美国、欧盟、日本、澳大利亚、新西兰等都建立了完善的系统化的技术性贸易措施体系，只有满足其技术法规、标准和合格评定程序以及 SPS 措施的水果才能进入其市场。这些措施，特别是进境检验检疫要求，对我国水果出口造成了极大的影响，因此，全面而系统地了解和研究主要贸易国家或地区进境水果检验检疫法规是极为必要的。

一、美国进出境水果检疫法律法规及要求

美国联邦层面的进境水果检疫法律法规主要从法律、法规和手册三个层次来体现。其中法律主要收录在《美国法典》，法规主要收录在《联邦法典》，手册一般单行发布。

美国农业部（USDA）和美国食品药品监督管理局（FDA）共同负责水果的进境管理。美国农业部负责制定水果进境的管理要求，保证进境水果不携带可能危害美国农业安全的病虫害；美国食品药品监督管理局则主要是保证美国居民消费的水果，无论是国产的还是进口的，都要符合美国最高的卫生和安全标准。

（一）美国进境水果检疫相关法律法规

2000 年，美国将 10 部植物检疫法整合为一个《植物保护法》（《美国法典》第 104 章），涵盖原先的《植物检疫法》《联邦病虫害法》《联邦有

害杂草法》等。该法于 2000 年 6 月 20 日生效实施，对植物、植物产品、生防生物、有害杂草以及植物病虫害的进出境进行了规定。

《联邦法典》7CFR 319 中制定了“果蔬进境限制”规定，阐述了美国进境果蔬的相关基本政策。果蔬进境如果没有经过美方的（风险）评估分析并获认可，除非满足特定条件，否则进口商通常无法获得进境许可证而实现贸易。

2018 年 9 月 14 日，美国动植物卫生检疫局（APHIS）宣布了一项最终规则，以修订和重组其有关水果和蔬菜进境的法规，也称为 Q-56 法规。Q-56 法规的目的是简化和加快 APHIS 批准新进境商品的监管程序，同时还要保持健全的科学程序，APHIS 可以通过该程序评估与这些进境商品有关的风险。

《联邦法典》40CFR 180 中规定了美国果蔬农药残留最大限量标准，涉及近 200 种农药，分别规定了 70 余种（类）果品的农药残留最大限量，有的果品还分时段（如采前、采后、开花期等）设定了相应指标。

《美国进境水果检疫管理手册》主要对专项进行规定，如《新鲜水果蔬菜进境手册》详细说明了新鲜水果蔬菜进境到美国的程序和具体要求；《美国植物检疫处理手册》则具体说明了检疫处理方法及其适用范围。

（二）美国水果检疫程序

1. 有害生物风险分析（PRA）

美国是较早在有害生物风险评估基础上对进境水果根据有害生物风险大小实行风险分类管理的国家之一。美国的有害生物风险评估基本是按照 ISPM 11（检疫性有害生物风险分析准则）的步骤和要求进行的，具体包括九个步骤：档案记载进行原因分析；确定进境植物成为杂草的可能性；了解以前评估情况和目前进境及截获情况；列出潜在的检疫性有害生物名录；确定检疫性有害生物；确定检疫性有害生物随传播途径传播的可能性；传入后的后果分析；传入可能性分析；检疫措施分析及结论。

美国的 PRA 分常规的分析方法（定性方法）和非常规的分析方法（定量方法）。两种方法都需要先确定检疫性有害生物、评估传入后的后果、传入的可能性，并采用定性的方法表示。植物检疫处主要负责进境商品的 PRA，其开展 PRA 的原因是植物检疫处每年要签署 5000 份进境植物、植物产品的许可，其中涉及许多新的和新地区的植物及其产品，按照 SPS

协定的要求，必须将其决策建立在 PRA 的基础上。由于需要进行 PRA 的任务重，APHIS 难以满足要求。因此，APHIS 也支持科研教学单位参与或单独开展 PRA，在技术上给予必要的协助并提供经费，但 PRA 的过程和结果必须接受它的监督和认可。

2. 准入制度

外国水果要进入美国市场需经过风险分析并获得认可，美国政府将与出口国家或地区政府就水果进境签署双边协议或议定书，并将其进境条款及要求最终以美国法律的形式确定下来。其中获得美国准入的国家或地区、水果种类、检疫要求及检疫处理等，形成了美国允许准入的水果名单 *U. S. Fruits and Vegetables Admissible List by Country*。

3. 许可证制度

美国对大多数水果种类实行进境许可证制度，以保证每批进境水果特定的检疫处理措施都能得到落实。进口商必须在水果进境前向 APHIS 申请进境许可证。从 2020 年 9 月下旬开始，进口商可通过 APHIS 的新在线许可系统 APHIS eFile 申请和获得新鲜水果和蔬菜的进境许可证。通常情况下，新系统可实现在一天之内完成新鲜水果进境许可证的申请和获得。

未获得市场准入的水果通常不能获得进境许可证。但也有例外，如符合下列情况之一，可认为货物无风险，可以获得许可证并经指定口岸进境：

（1）在原产国家或地区不受到包括实蝇等在内的害虫的危害；

（2）按照 APHIS 认可的不同条件下的有关程序，在原产国家或地区经过或即将经过杀虫剂杀灭处理；

（3）从原产国家或地区没有任何有关害虫发生的一定地区进口；

（4）从原产国家或地区没有一定害虫发生的一定地区进口，只要这些地区的所有其他害虫通过处理或可能由 APHIS 认可的其他任何方法被杀灭，这样的进口能被认为无风险。

（三）出口检疫

美国是世界最大的农产品出口国，出口植物和植物产品占美国经济的较大部分。美国农业部制定统一的标准对要求进出境的植物及其产品实施检验检疫。APHIS 负责出口植物及其产品的检验检疫，保证外销农产品不带病虫害，并通过对外双边会谈为美国农产品出口拓展市场。如近几年通过双边会谈，已就日本禁止进境的美国水果如苹果、樱桃和油桃等达成协议，允许进口；就苹果、柑橘、葡萄、樱桃等农产品出口中国达成协议，有条件地允许进口。

（四）有害生物监测控制

为有效监测国内植物有害生物，美国农业部设有“农业有害生物调查、监测项目”，由联邦与各州植物保护和植物检疫人员共同实施“农业有害生物调查合作方案”，并将病虫害调查信息汇编成全国性数据库——全国农业有害生物信息系统，为国内外农产品贸易提供科学依据，并有效地开展重大病虫害的封锁、控制和扑灭。APHIS 有一支快速反应团队，负责处理外来（国外新传入和国内新发现）植物有害生物。这支队伍已数次参与在加利福尼亚州和佛罗里达州封锁、控制、根除地中海实蝇的行动，参与佛罗里达州柑橘园新发现毁灭性柑橘溃疡病“A”菌株的封锁、根除，参与亚利桑那州小麦腥黑穗病的封锁、控制和根除，成效卓著。

二、欧盟进出境水果检疫法律法规及要求

因欧盟自身的独特性，只对进口货物的法律法规进行共同规定，对出口货物的则由各成员国单独规定。1985 年以来，为了简化高效地协调欧洲各国，欧盟形成了上层为欧盟指令、下层为技术标准的双层结构体系，方便厂商等相关各方自由选择。

欧盟各国对外实行统一的植物检疫要求。1976 年 12 月发布了法规《关于防止危害植物或植物产品的有害生物传入欧共体及在欧共体内扩散的保护措施》（第 77/93/EEC 号指令），为欧盟植物检疫法规协调的核心。2000 年 5 月发布《关于防止危害植物或植物产品的有害生物传入欧共体并在欧共体境内扩散的保护性措施》（第 2000/29/EC 号指令），制定了植物检疫的有关制度，并限定植物及植物产品在欧盟范围内调运时必须符合的条件、程序及手续。2019 年 12 月，欧盟通过一项植物检疫条例。根据该条例，出口到欧盟的所有果蔬必须有植物检疫证书（菠萝、椰子、榴莲、香蕉和枣除外），且植物检疫证书必须附加声明，按照条例附录的要求说明是否符合要求。另外，对于高风险产品，欧洲食品安全局（EFSA）要进行全面评估，以决定是否进口这种果蔬，以及在何种条件下可以进口。

除了新的植物检疫条例外，欧盟官方管制条例还规定，在运抵欧洲

时，应采取严格的文件和实物管制。为此，欧盟成员国对货物的检查比例不低于所有货物的1%，并附上植物检疫证书。对于高风险货物，检查比例最高可达到100%。

欧盟各成员国可以用“保护区”来争取自己的利益。“保护区”指根据欧盟内部各国不同的病虫害分布、不同的作物及生长条件，划定一些特别的植物检疫保护区来专门保护特定的植物。在果蔬方面，只有在希腊、法国和意大利设立了专门柑橘保护区，进入这些保护区的其他国家（地区）的水果要满足特定的检疫条件，主要是不能带有柑橘溃疡病等几种病害。

三、日本进出境水果检疫法律法规及要求

（一）日本进境水果相关法律法规

日本涉及对进境水果及其制品要求的法规和标准主要有《植物保护法》《植物保护法实施条例》《食品卫生法》和《日本农业标准法》等。《植物保护法》和《植物保护法实施条例》规定了对进境水果进行检疫，其中《植物保护法实施条例》还列出了和水果相关的检疫性有害生物及其名单；《食品卫生法》规定对新鲜水果进行食品安全检验；而《日本农业标准法》主要对水果产品贴附的标签进行了详细的规定。

此外，作为世界主要农产品进口国，日本也是世界上植物检疫要求最严格的国家之一，对有害生物实行“零风险”政策。日本对水果采取的进境限制措施主要有：一是限制有害生物种类，如实蝇类、苹果蠹蛾等，这些害虫的疫区所有寄主都不允许进口；二是严格检疫，采取“零风险”政策，发现一只虫就全部作除害处理或销毁；三是指定进境口岸。

（二）日本进境水果检疫程序

1. 查验比例

日本进境水果采用命令检查、监测检查和自主检查三种级别。命令检查是强制性逐批进行100%的检查。监测检查是对进境水果进行的一种日常抽检，按照不同的产品类别、以往的不合格率、进口数重量、潜在风险的危害程度等确定监测检查比例。自主检查是进口商的自律行为，但对检出的问题必须依法报告。

2. 口岸检验检疫

依据《植物保护法》，进口商应向农林水产省管辖的植物检疫所申请检验检疫，并审核输出国家（地区）机构签发的植物检疫证书。若发现带有害虫或被害虫危害时，须进行熏蒸、消毒等除害处理。熏蒸必须由特定机构在进境码头特定的熏蒸仓内进行，以防止疫情扩散，处理费用由进口商自行承担。

对于部分新鲜水果，包括杏、无花果、柿子、杨桃、李、梨、枣、海枣、菠萝、香蕉、木瓜、芒果、桃和龙眼，不需要为防止植物疫情目的进行检疫，但要符合《食品卫生法》要求。

3. 食品安全检查

《食品卫生法》规定了对水果上食品添加剂（抗真菌剂、包衣剂、着色剂等）和农药残留的检查，对于每一种水果蔬菜，都规定了允许使用的化学药物和农药残留的标准。

《食品卫生法》要求进境水果必须附有原产国家或地区官方签发的卫生证明。进口商须凭此证明，向厚生劳动省管辖的食品检疫所申请安全检查。食品检疫所官员审查进口文书，包括进口申请书、有关原材料和成分以及生产过程等的说明书、卫生证明书、植物检疫证书等，结合以往的截获情况，决定是否需要检查、免查或禁止进口。

4. 标签检查

《日本农业标准法》主要规定了蔬菜和水果产品必须贴附标签，注明产品名称、产品类别、产地来源、生产商名称、进口商的运输公司、产品的分量、体积、大小或等级等信息。

（三）日本出境水果检疫程序

植物检疫官员依照规定，在一定期限内进行检疫，具体参照不同水果种类的检验要求时期，可要求熟悉有害动植物知识且在植物销售中无利益关系的人员参与检疫工作。

植物检疫官员应按规定的数量对每种水果及其包装材料、容器进行检验。但是如果应检的水果是按植物检疫官员指导的方法进行选摘和包装的，或包装材料及其容器符合要求时，检疫官员可按他认为必要的数量进行检验。

当检疫官员根据标准判定水果不合格时，应将事实和原因通知申请人。对于进口国（地区）要求检验的水果、禁止进口的和其他要求检验的物品等，应有说明文件，并在植物保护站进行展示。

四、新西兰进出境水果检疫法律法规及要求

（一）新西兰进境水果检疫标准及法律法规

新西兰进出境水果检疫法律法规在结构上基本可分为法律、法规（条例和法令）和标准三个层面。新西兰在 1993 年就通过了《生物安全法》，是世界上第一部有关生物安全的立法，旨在防止有害生物入侵、扩散和传播并进行防控和管理，是新西兰进出境动植物检疫的基石。

在法规层面，新西兰通过了《生物安全（收费）条例，2003》《生物安全（需申报生物）法令，2002》以及植物或动植物有害生物管理策略生物安全皇家义务法令等，与《生物安全法》紧密配套。

此外，在标准层面，新西兰推出了一系列生物安全标准、进境卫生标准等，其中包括水果和蔬菜的总标准《新西兰进境新鲜水果和蔬菜的进口和许可》，以及针对不同国家或地区不同水果的单项进境卫生标准，如《来自美国爱达荷州、俄勒冈州和华盛顿州的樱桃（商品亚级：蔬菜/水果）的进境卫生标准》《来自泰国的芒果（商品亚级：蔬菜/水果）的进境卫生标准》等。

（二）新西兰进境水果检疫程序

1. 检疫性有害生物名录

新西兰制定了由 58 种检疫性有害生物组成的名单，其中昆虫 7 种、线虫 2 种、真菌 22 种、细菌 21 种、病毒 6 种。

2. 口岸检验检疫

对于进境水果，一是确认该货物是否需要进境许可证、有无进境许可证；二是检查有无植物检疫证书，并核对是否符合要求；三是进行现场检验检疫。如果发现应办进境许可证而未办理的，按退回或销毁处理。如果发现检疫性有害生物的，则按销毁或退回处理，严重的可暂停进口该国（地区）该类水果；发现具他检疫性病虫要销毁或检疫处理，处理合格后准予放行。发现非检疫性病虫害的，直接放行进境。

3. 水果抽查

对于水果鲜果，其抽查合格标准为每 600 个果，病虫附着率为 0。未

熟的果实采用 1 次或 2 次抽检方法，抽检数分 450、600、950、1250 个。对于不同的国家或地区，每次抽检数对应的合格标准也不同，例如来自日本的鲜苹果，抽 600 个果检查，未见实蝇及其他危险性病虫即为合格。抽 1250 个果检查的合格标准是未见实蝇，其他检疫性病虫低于 2 只即可。

（三）新西兰出口水果检疫监管

1. 监管体系分工

新西兰国内水果生产建立了较完善的出口水果有害生物监控及检疫监管体系，该体系由新西兰农林部生物安全局（MAFBNZ）、第三方独立认证机构（IVA）和包装厂、出口商等生产经营者三方组成。

以出口苹果为例，MAFBNZ 作为新西兰出口苹果检疫监管的主管部门，负责制定政策、标准，并对 IVA 进行考核认证和监管，同时对出口果园、包装厂和出口商进行注册登记。IVA 作为独立的第三方认证机构，由 MAFBNZ 授权，并根据其制定的标准等对申请出口的果园、包装厂和出口商，以及包装厂、果园负责生产经营的现场检疫人员进行考核认证，并将考核信息上报 MAFBNZ 注册登记。IVA 还对注册登记的果园、包装厂的运作体系进行验证核查，指导其持续改进，对现场检疫人员的能力进行验证评估。包装厂、出口商等生产经营方在 IVA 协助下建立自身符合 MAFBNZ 出口植物卫生证书要求的质量控制体系，并由经过 IVA 批准认可的现场检疫人员实施出口水果现场检疫。

2. 现场检验检疫

出口水果的现场检验检疫是由经 IVA 考核认证的检查人员在包装厂的流水线上完成的。进入包装厂的水果经过清选、分级和包装后，检查人员按批次随机抽取样本进行感观检查，例如，对出口中国的苹果，检查人员按照每生产批抽至少 600 个样本，检查是否有中方关注的有害生物，一旦发现中方关注的有害生物，该批苹果将被检查人员作出降级或者限制出口的决定。

3. 签发植物检疫证书

MAFBNZ 负责签发植物检疫证书。自 2002 年以来，新西兰植物检疫证书电子签发系统投入使用。植物检疫证书的签发流程首先是由包装厂将出口水果信息，包括铅封号、集装箱号、现场检疫信息等，传送给具有出证资质的代理机构，这些机构多是由 MAFBNZ 批准的出口商，代理机构审核出口水果的信息后向 IVA 申请出证，IVA 审核出口公司的出口苹果是否符合进口国（地区）植物卫生要求后，向 MAFBNZ 服务器发出电子信息要求出具纸质植物检疫证书，MAFBNZ 服务器自动处理，审核合格后，由 IVA 向代理机构反馈出证信息，代理机构接收到反馈信息后，可自行打印出植物检疫证书，授权签字人的签名由电子签名完成，完成的植物检疫证书由 MAFBNZ 将电子版本传送给中国海关总署以便中方核查。

4. 水果协会

在新西兰，除了 IVA 外，协会也发挥了很大的作用。新西兰仁果协会（PIPFRUIT）是以公司形式经营的营利性机构，对水果果园、包装厂、冷库、出口公司的生产包装及出口等各个环节进行规范、指导、服务的专业公司。

在新西兰，水果出口的果园、包装厂等必须向 PIPFRUIT 注册，但是这些信息在没有被 IVA 核查认可前还仅仅是非认定信息，直到通过检查被 MAFBNZ 正式注册登记。PIPFRUIT 每年 8~9 月办理果园注册登记。只有依法纳税、愿支付相关费用并接受 PIPFRUIT 指导服务的果园才可完成注册登记。在对果园的服务方面，PIPFRUIT 通过电子系统实现对果园综合防治方面的指导建议，不同果园管理者登录该系统，根据不同的条件（如日期、气候、地块、品种等）得出综合防治的建议，对使用的化学农药、生防措施、有害生物监测等进行指导和规范；对包装厂进行相关技术指导，对检查人员进行专业培训，类似于我国国内提供植保方案的公司。

五、欧亚经济联盟对水果的植物检疫要求（第 157 号决议）

感染了统一清单中所列检疫对象的水果，禁止对联盟关境内进口和在关境内流通，含有李痘斑病毒 *Plum Pox Potyvirus*、植物检疫类的蚧虫和蚧虫的水果除外。

应检产品的每个包装上都应有标记，标记内包含产品名称、原产国（地）、出口国（地区）和（或）转口国（地区）等信息，散装应检产品在联盟关境内流通时除外（欧亚经济联盟对外经济活动商品名录代码 0807）。

允许散装的应检产品在联盟关境内流通（欧亚经济联盟对外经济活动商品名录代码 0807）。

对水果的特殊植物检疫要求见表 4-1。

表 4-1 对水果的特殊植物检疫要求

序号	应检产品类别（欧亚经济联盟对外经济活动商品名录代码）	特殊植物检疫要求
1	新鲜的鳄梨 *Persa americana*、番石榴 *Psidium guajava*、芒果属 *Mangifera*（自 0804）	不得带有地中海实蝇 *Ceratitis capitata*
2	鲜葡萄或干葡萄（自 0806）	不得带有地中海实蝇 *Ceratitis capitata* 和菟丝子属 *Cuscuta* spp.
3	鲜甜瓜（包括西瓜）（自 0807）	应产自西瓜噬酸菌（瓜类细菌性果斑病菌）*Acidovorax citrulli*、甜瓜迷实蝇 *Myiopardalis pardalina*、瓜实蝇 *Bactrocera cucurbitae*、长刺蒺藜 *Cenchrus longispinus* 的非疫产区和（或）非疫生产点
4	鲜番木瓜 *Carica papaya*（自 0807）	不得带有地中海实蝇 *Ceratitis capitata*
5	鲜的苹果属 *Malus* spp.、梨属 *Pyrus* spp.、榅桲属 *Cydonia*（0808）	不得带有梨小食心虫 *Grapholita molesta*、桃小食心虫 *Carposina niponensis*、苹果实蝇 *Rhagoletis pomonella*、樱桃实蝇 *Drosophila suzukii* 和地中海实蝇 *Ceratitis capitata* 应当产自美澳型核果褐腐菌 *Monilinia fructicola* 的非疫产区和（或）非疫生产点
6	鲜杏、樱桃和欧洲甜樱桃、桃（包括油桃、李子和李属 *Prunus* spp.）（0809）	不得带有梨小食心虫 *Grapholita molesta*、桃小食心虫 *Carposina niponensis*、苹果实蝇 *Rhagoletis pomonella*、樱桃实蝇 *Drosophila suzukii* 和地中海实蝇 *Ceratitis capitata* 应当产自美澳型核果褐腐菌 *Monilinia fructicola* 的非疫产区和（或）非疫生产点
7	鲜石榴属 *Punica L*（0809）	不得带有地中海实蝇 *Ceratitis capitata* 应当产自康氏粉蚧 *Pseudococcus comstocki* 的非疫产区和（或）非疫生产点

续表1

序号	应检产品类别（欧亚经济联盟对外经济活动商品名录代码）	特殊植物检疫要求
8	鲜黑果越橘、水越橘、越橘（自 0810）	不得带有蓝橘绕实蝇 *Rhagoletis mendax* 和苹果实蝇 *Rhagoletis pomonella*。应当产自越橘间座壳 *Diaporthe vaccinii*
9	鲜草莓属 *Fragaria*（自 0810）	应当产自尖锐刺盘孢（草莓黑斑病菌）*Colletotrichum acutatum* 的非疫产区和（或）非疫生产点
10	其他新鲜水果（鲜石榴、鲜黑果越橘、水越橘、越橘和草莓除外）（自 0810）	遵照本要求的第 36、37 和 38 条

第二节 中国进出境水果检疫法律法规和标准体系

一、进出境水果检疫法律法规体系

多年来，我国依据国际原则和惯例，结合我国的国情和实际，出台了一系列法律法规和标准，规则体系日渐完善。目前我国进出境水果检疫相关的法律法规体系可分为法律、行政法规、部门规章和双边议定四个层次。

（一）法律

进出境水果检疫的法律依据主要是《中华人民共和国进出境动植物检疫法》（以下简称《进出境动植物检疫法》），该法于 1991 年 10 月 30 日第七届全国人民代表大会常务委员会第二十二次会议通过，1992 年 4 月 1 日起施行。根据 2009 年 8 月 27 日中华人民共和国主席令第 18 号《全国人民代表大会常务委员会关于修改部分法律的决定》修正，自公布之日起施行。

进出境水果检疫的另一个法律依据是《生物安全法》，于 2020 年 10 月 17 日通过，自 2021 年 4 月 15 日起施行。《生物安全法》是我国生物安全领域的基础性、综合性法律。《生物安全法》要求建立通用的制度体系，如监测预警体系、标准体系、名录清单管理体系、信息共享体系、风险评估体系、应急体系、决策技术咨询体系等 11 项制度，并明确了海关监管制度和措施。

进出境水果作为食用农产品，还应符合《中华人民共和国食品安全法》（简称《食品安全法》）、《中华人民共和国农产品质量安全法》的要求。

2018 年国家机构改革后，进出境水果检疫还须符合《中华人民共和国海关法》（简称《海关法》）的要求。

（二）行政法规

进出境水果检疫主要依据的行政法规是《中华人民共和国进出境动植物检疫法实施条例》（以下简称《进出境动植物检疫法实施条例》），该条例由国务院于 1996 年 12 月 2 日颁布，1997 年 1 月 1 日起施行。《进出境动植物检疫法实施条例》对进出境水果检疫的各环节做了更加细化、明确的规定。

此外，进出境水果作为食用农产品，还应符合《中华人民共和国食品安全法实施条例》及《农业转基因生物安全管理条例》的要求。

（三）行政规章及规范性文件

进出境水果检疫依据的部门规章为《进境水果检验检疫监督管理办法》（国家质检总局令 2005 年第 68 号公布，根据海关总署令第 238 号、第 243 号修正），《出境水果检验检疫监督管理办法》（国家质检总局令 2006 第 91 号公布，根据海关总署令第 238 号、第 240 号、第 243 号修正）。

（四）双边协定（包括协议、备忘录、议定书等）

两国政府间双边协定是实施进出境水果检疫的法律依据之一，是国内法律法规的国际延伸。目前，我国已与美国、法国、日本、俄罗斯等 29 个国家或地区签订了 22 份双边自贸协定，为促进水果贸易，防范疫情传播风险发挥了重要作用。

二、进出境水果检疫标准体系

《进出境动植物检疫法实施条例》第二十六条明确规定，进境水果按照中国的国家标准、行业标准以及国家动植物检疫局的有关规定实施检疫。随着中国加入《国际植物保护公约》（IPPC）等国际组织，中国承担了相关的履约责任，对应的国际标准也成了中国进境水果检疫的准则。

（一）进出境水果检疫相关国际标准

国际植物检疫措施标准（ISPM）是在 IPPC 秘书处主持下，与该公约框架下运作的区域组织合作制定的国际标准。IPPC 是由 SPS 协定认可的制定国际植物检疫措施标准（ISPM）的机构。现已采用国际植物检疫措施标准（ISPM）46 个。对在进口水果双边谈判中涉及的非疫区和非疫生产点的建设，针对具体的某一种有害生物的监测、综合治理，加工包装过程中降低某一有害生物传带风险的措施，包装标识（含木质包装）要求，出口前的查验方法，以及证书的制定、签发和使用等都做了详细的规定。

ISPM 涉及水果相关的标准还有：

有害生物鉴定类，如 ISPM 27《限定有害生物诊断规程》的“附件 6：2014. 柑橘溃疡病菌”“附件 9：2015. 实蝇属”等。

特定有害生物除害处理类，如 ISPM 28《限定有害生物的植物检疫处理》的附件 5（2009 年）昆士兰果实蝇的辐射处理，附件 24（2017 年）针对地中海实蝇的橙子低温处理，附件 32（2018 年）针对橘小实蝇的番木瓜蒸汽热处理等。

（二）进出境水果检疫相关的国家标准

我国进出境水果检疫相关的国家标准很多来自对国际标准的转化，如 GB/T 27615—2011《有害生物报告指南》（转化 ISPM 17）、GB/T 27617—2011《有害生物风险管理综合措施》（转化 ISPM 14）、GB/T 27618—2011《植物有害生物调查监测指南》（转化 ISPM 6）、GB/T 27619—2011《植物有害生物发生状况确定指南》（转化 ISPM 8）、GB/T 27620—2011《植物有害生物根除指南》（转化 ISPM 9）等。

检验方面的国家标准主要为食品安全类标准，如《食品中农药最大残留限量》（GB 2763—2021）、《食品中污染物限量》（GB 2762—2022）、

《食品中真菌毒素限量》（GB 2761—2017）、《食品中致病菌限量》（GB 29921—2021）等。

（三）进出境水果检疫相关的行业标准

进出境水果检疫相关的行业标准按照内容可分为：基础类，如《植物有害生物鉴定规范》（SN/T 1848—2022）等；管理类，如《出口水果果园、包装厂管理规程》（SN/T 2957—2011）、《出口柑橘果园检疫管理规范》（SN/ 2634—2010）等；检疫规程类，如《进出境瓜果检疫规程》（SN/T 1156—2002）、《进出境红枣检疫操作规程》（SN/T 1803—2006）、《进出境水果检验检疫规程》（SN/T 2455—2010）、《对日本出口哈密瓜检疫规程》（SN/T 1424—2011）；有害生物鉴定方法类，如《按实蝇属鉴定方法》（SN/T 2030—2007）、《地中海实蝇检疫鉴定方法 PCR 法》（SN/T 2039—2007）等；检疫处理类，如《按实蝇属除害处理技术指标》（SN/T 2590—2010）、《水果蔬菜和繁殖材料处理技术指标》（SN/T 2960—2011）、《香蕉中新菠萝灰粉蚧检疫辐照处理技术要求》（SN/T 3707—2013）、《芒果、荔枝中橘小实蝇检疫辐照处理最低剂量》（SN/T 4070—2014）、《莲雾、木瓜中橘小实蝇检疫辐照处理技术要求》（SN/T 4071—2014）、《苹果溴甲烷检疫熏蒸处理操作规程及技术要求》（SN/T 4333—2015）、《苹果蠹蛾辐照处理技术指南》（SN/T 4409—2015）、《梨小食心虫辐照处理技术指南》（SN/T 4410—2015）、《水果中实蝇类害虫冷处理技术指南》（SN/T 4862—2017）等。

此外，水果食品安全方面常常采用农业标准用于水果有毒有害物质的检测，如《蔬菜和水果中有机磷、有机氯、拟除虫菊酯和氨基甲酸酯类农药多残留的测定》（NY/T 761—2008）、《水果中腈菌唑残留量的测定 气相色谱法》（NY/T 1455—2007）、《水果中咪鲜胺残留量的测定 气相色谱法》（NY/T 1456—2007）、《蔬菜、水果中克螨特残留量的测定 气相色谱法》（NY/T 1652—2008），《蔬菜水果中多菌灵等 4 种苯并咪唑类农药残留量的测定 高效液相色谱法》（NY/T 1680—2009）、《水果、蔬菜中杀铃脲等七种苯甲酰脲类农药残留量的测定 高效液相色谱法》（NY/T 1720—2009）等。

三、对发达国家（地区）和国际组织先进经验的借鉴

（一）对国际规则的遵循和借鉴

我国积极遵循国际植物检疫措施标准（ISPM）的原则和理念，在制定相关规定时，充分考虑了 SPS 协定和《国际植物保护公约》（IPPC）的相关原则和标准。特别是 2005 年成为 IPPC 成员后，积极履行相关义务，推荐技术专家、参与国际植物检疫措施标准（ISPM）制修订、协助开展项目培训、举办 IPPC 国际会议等，并通过标准转换、理念借鉴等，制定了相关国内规则，积极履行国际义务。

一是采纳 IPPC 标准为国家标准，如将《有害生物风险分析框架》（ISPM 2）转化为《进出境植物和植物产品有害生物风险分析技术要求》（GB/T 20879—2007）等。

二是将国际标准转化为技术法规，如《出境水果检验检疫监督管理办法》将国际植物检疫措施标准（ISPM）作为出境水果检疫要求之一。

三是制定相关法规标准遵循国际原则，如进出境水果签订的双边协定中，采用非疫区、非疫生产点等 ISPM 中的概念。我国目前已建立苹果蠹蛾、橘小实蝇非疫区，建立条件遵循了《建立非疫区的要求》（ISPM 4）中的规定。

四是借鉴国际标准的理念，如借鉴《基于有害生物风险的商品分类》（ISPM 32），开展风险分级分类，制定针对性的措施，如对冷冻水果取消检疫许可证等。

（二）对发达国家（地区）先进经验的借鉴

一是实施风险分类管理，借鉴国际上发达国家（地区）做法，将出口货物批批查验调整为“基于过程的风险管理”，强化企业主体责任和过程监管，提升通关效率。

二是推动《生物安全法》出台。我国长期以来没有专门的生物安全立法，农业部门、林业部门、环保部门、海关分别牵头各自工作，但在生物安全领域缺乏上位法的支持、规范和统一调整，总体上难以全面、有效地发挥预防和控制外来入侵物种的作用。2020 年，《生物安全法》颁布，是我国生物安全领域的基础性、综合性法律，是生物安全纳入国家安全体

系，全面提高国家生物安全治理能力，保护人民健康、保障国家安全、维护国家长治久安的重要法律，为保障国家生物安全奠定了法制基础。

小贴士 我国在水果进出境检验检疫方面的依据

我国在水果进出境检验检疫方面的依据除了相对应的国际标准，还有《生物安全法》《进出境动植物检疫法》以及贸易伙伴的双边协定。严格落实法律法规和标准有关进出境水果检疫的规定，是有效预防和控制外来入侵物种的重要手段。

第三节 中外进出境水果检疫法律法规比较研究

一、中外植物检疫范围的比较

中国的《进出境动植物检疫法》规定了进出境的植物、植物产品和其他检疫物，装载植物、植物产品和其他检疫物的装载容器、包装物，以及来自植物疫区的运输工具应依法检疫。

与中国植物检疫立法不同的是，欧盟及其成员国的植物检疫立法中，除将上述应检物实施检疫外，还把农药的检测纳入了植物检疫的施检范围。如欧盟发布的植物检疫法规中，绝大部分法令是有关农药的。欧盟的这种立法有利于将有害生物的控制与农药的使用相结合，从而更好地纳入有害生物的管理体系之中。匈牙利、拉脱维亚等国的植物检疫立法中也将植物保护产品的检测纳入植物检疫立法中。欧盟发布的《关于防止危害植物或植物产品的有害生物传入欧共体并在欧共体境内扩散的保护性措施》（第2000/29/EC号指令）并未明确规定检疫范围，但列明了对各种产品的检疫要求。

日本《植物防疫法》及相关法规则，不要求对所有进出境的植物和植物产品进行检疫，就进境水果检疫范围而言，主要是指果实及其干品类、以上述物品为原料的加工品等。在《进口植物检疫规程》中划出了不需实施检疫的植物范围，包括9大类植物产品，其中包括干果类，如杏、无花果、柿子、猕猴桃、李（梅）、梨、枣、菠萝、香蕉、番木瓜、葡萄、芒果、桃和龙眼，脱水椰子肉等。就出口植物检疫而言，日本只对进口国（地区）有具体检疫要求或出口商提出的要求实施针对性的检验检疫。

二、中外进出境水果检疫风险管理理念的比较

风险管理的基础是风险评估，其目的是将有害生物、有害有机体和有毒有害物质的进境风险控制到输入国家（地区）可接受的水平。同时，通过对国内有害生物的管理，将其危害控制在输入国（地区）可接受的水平，满足贸易和消费需要。

欧盟有害生物风险分析指南包括4部分内容，分别是有害生物风险分析所需要的信息核对表、决定在各成员国截获有害生物时立即采取行动的有害生物风险分析、有害生物风险评估图解及有害生物风险管理图解。欧盟有害生物风险评估方案的重要组成部分是风险定量评估，而对传入（包括进入和定殖）可能性和可能造成的经济影响（如果传入的话）的评估也包含其中。

美国广泛运用现代风险分析技术，法律法规的制定能建立在全面、连续、透明地收集、分析病虫害的相关信息的基础之上，检疫措施的制定能采用产地控制、进境口岸检查并实施有效检疫处理等多种手段。在制定《美国植物检疫处理手册》时，充分考虑了不同水果的特点（如大小、水分含量、耐压性）、不同来源地的水果可能携带的有害生物种类不同，其处理的时间、方式、温度等都有所不同等因素，每一来源、每一水果均有不同的处理方式、时间、条件。如经过风险分析，墨西哥虽是墨西哥实蝇的疫区，但墨西哥芒果只要经能杀灭实蝇幼虫的热水处理，即可向美国出口；西班牙克来门特小柑橘经冷处理杀灭可能的有害生物后也能向美国出口。

新西兰从《生物安全法》到执行标准，在整个法规体系中都贯穿了风险管理的理念。

日本通过风险分析，规定风险较低的植物及植物产品不须实施植物检疫。

相较国外，我国的风险管理引入较晚，过去特别强调零风险的原则。

虽然近些年在有些规章和要求方面体现了风险分析和风险管理的思想，但我国动植物检疫法律法规在制修订过程中在有关科学原则的采纳和风险分析技术的运用程度上还有较大的差距。作为立法基础的检疫技术、检疫处理技术及检疫政策研究的组织、分布、实施的计划性、系统性、机制化还比较薄弱，科学地制定、实施、解除紧急检疫措施并将其纳入法制化、系统化、程序化的轨道还有很多工作要做。

三、中外进出境水果检疫性有害生物名录的比较

目前我国经常以发布警示通报或与农、林部门联合发文等形式应对国外重大、突发疫情，如关于防范红火蚁传入的警示通报等。而对防止外来入侵物种和检疫性有害生物跨境传播扩散的重要法律文件、检疫性有害生物名录一直存在修订增补不及时的情况。我国检疫性有害生物名录的制定更多考虑了关系国计民生的重要农林作物，对园艺和卫生有害生物则不够重视。农业农村部、自然资源部、生态环境部、住房和城乡建设部、海关总署和国家林业和草原局出台的《重点管理外来入侵物种名录》，已于2023 年 1 月 1 日起正式施行。

欧盟的检疫性有害生物名录和禁止进境物名录作为植物检疫法律、法规的附件，其修订及时、灵活。欧盟检疫性有害生物分布在 204 个科（属或种），包含的有害生物数量远远大于我国的检疫性有害生物名录，覆盖了农业、林业、园艺等作物。

日本界定的检疫对象范围很大。在其《植物保护法》第二章第五条之二中对进境检疫对象（检疫性有害生物）也作了规定，即指在有害生物蔓延时有可能对有用植物带来危害，由省令规定的，符合以下各项之一的有害生物：一是尚未确认国内有分布；二是国内部分地区有分布，且本国已采取了病虫害测报与防治等必要措施的。在《植物保护法实施条例》中，日本进一步将进境检疫对象划定为除日本斑皮蠹、豆象鼻虫、阔角粉甲虫、青霉属、根霉菌属等日本常见的 30 种昆虫和 6 类真菌非限定的有害生物之外，其他所有植物有害生物都是检疫性有害生物。

第五章
我国进出境水果检疫监管体系

CHAPTER 5

本章介绍了我国进出境水果检疫监管体系，内容主要包括进境水果检疫监管体系、出境水果检疫监管体系和进出境水果检疫监管保障体系介绍。

第一节 进境水果检疫监管体系

我国国门生物安全防控体系一般分为三道防线十二项制度。三道防线分别是指进境前、进境中、进境后。对于水果的检验检疫监管体系是依托这三道防线展开的，包括进境前的风险评估和检疫准入制度、境外生产加工存放企业注册登记制度、境外预检制度、许可证管理制度等；进境时的指定进境口岸和监管场地制度、口岸查验制度、实验室检测制度、安全风险监控制度、除害处理制度；进境后的疫情监测预警制度、回顾性审查制度等。

一、事前管理

（一）检验检疫准入制度

海关总署对进境水果实施检验检疫准入制度。按照法律、国际规则、标准和《进境植物和植物产品风险分析管理规定》，海关总署对首次向中国申请出口的新鲜水果开展植物检疫风险分析，评估其可能传带的每一种危险性病、虫、杂草，以确定重点关注的检疫性有害生物。通过双边磋商，确定水果进境检验检疫要求，制定检疫性有害生物风险管理措施，最大限度防范外来有害生物传入，以保障输华水果检疫质量安全。具体检验检疫准入程序如下：

1. 提出申请。输出国家（地区）官方植物检疫部门（简称出口方）向中国海关总署（简称中方）提出拟出口水果的检验检疫准入申请。

2. 发调查问卷。中方根据出口方的申请，向出口方提出涉及该水果进口风险分析资料的调查问卷，告知需提供的技术资料，包括相关水果产品的种植情况、有害生物发生和控制措施、官方监测和监管体系等。请出口方按时答复。

出口方提供的技术资料包括：

（1）水果产区分布、产量及进出口情况，拟输华水果的产区、产量、出口量等。

（2）拟输华水果的种类及品种，种植、收获时间，产区气候、水文情况。

（3）水果种植过程中肥料、除草剂、杀虫剂、杀菌剂、植物生长激素等化学投入品使用时间、次数和剂量。

（4）水果收获后的除杂过程，储藏过程中的卫生情况、运输方式等。

（5）水果储存期间使用药剂、冷热处理、辐照等除害处理的情况。

（6）拟出口水果的包装、挑选加工、运输、出境口岸等相关信息。

（7）出口前是否进行品质、卫生、病虫害的检验检疫，由哪些部门负责，签发哪些证书。

（8）详细提供水果在种植和储藏过程中发生的有害生物和外来入侵物种名单、危害、监测预警及控制情况。

（9）拟出口水果质量、品质（有毒有害物质监测）的有关信息。

（10）其他与水果生产、出口相关的信息。

3. 组织开展 PRA。中方在收到输出国家（地区）答卷后，根据 IPPC 的国际标准 ISPM 11 等有关规定，组织技术、管理专家，广泛收集与准入水果有关的有害生物和外来入侵物种信息，按照前述的国际标准对可能传带的有害生物，评估其传入、定殖和扩散的可能性以及潜在经济影响，确定关注的有害生物名单，提出相应的风险管理措施。在风险分析过程中，如需要，中方将请出口方再补充有关资料；在对以上资料评估的基础上，中方将考虑是否派出专家组赴输出国家（地区）进行实地考察。

4. 境外实地（或者远程视频）考察。在完成风险分析报告初稿后，中方委派专家组赴输出国家（地区）进行实地或者远程视频考察，进一步完善风险分析报告。根据风险分析结果，中方提出进口该水果的植物检疫要求意见，双方就此进行协商。

5. 双边磋商和签署议定书。中方与出口方就有关输华水果关注的有害生物及风险管理措施进行技术磋商，双方就上述进境植物检疫要求达成一致意见后签署议定书，以最终确定水果输华应符合的进境植物检疫要求。

6. 发布公告。经中方和出口方正式确认，水果输华贸易正式启动。根据议定书制定进口植物检疫要求，中方对外发布公告，允许符合要求的相关水果进口。

截至2022年11月，共有48个国家（地区）的249种次水果获得我国检疫准入（名单详见本书附录1《获得我国检验检疫准入的新鲜水果种类及输出国家/地区名录》）。

（二）境外企业注册登记制度

海关总署对境外输华水果的种植果园、包装厂和检疫处理设施等实施注册登记制度。输华水果的种植果园、包装厂和检疫处理设施须在出口前，由输出国家（地区）官方植物检疫部门进行注册并将注册名单递交海关总署。海关总署审核批准后，通报输出国家（地区）官方植物检疫部门并在其官方网站予以公布。

经双方确认注册登记的企业名单实施动态管理，进境水果有下列情形之一的，海关总署将视情况暂停该种水果进口或暂停从相关水果输出国家（地区）产区、果园、包装厂进口：

1. 进境水果果园、加工厂地区或周边地区暴发严重植物疫情的；

2. 经检验检疫发现中方关注的进境检疫性有害生物的；

3. 经检验检疫发现有毒有害物质含量超过中国相关安全卫生标准规定的；

4. 不符合中国有关检验检疫法律法规、双边协定或相关国际标准的。

被暂停进口的水果需恢复进口的，应当经海关总署依照有关规定进行确认。

海关总署在审核输华水果的种植果园、包装厂和检疫处理设施时，采用派出植物检疫专家实地考核、文件审核、视频检查等方式。

（三）检疫审批制度

海关总署对进境水果实施检疫审批制度。进口水果检疫审批是指已准入的某种水果在进境前，货主或其代理人必须事先向海关提出申请，海关经过审查作出是否批准进口的法定程序，其目的是在水果入境前实施超前性预防，对其进境时采取检疫控制措施。

在签订进境水果贸易合同或协议前，货主或其代理人应当按照有关规定向海关总署或其授权的直属海关申请办理进境水果检疫审批手续，并取得中华人民共和国进境动植物检疫许可证（以下简称检疫许可证）。

海关总署统一管理进境水果检疫审批工作。审批工作分两级管理，各直属海关负责所辖地区口岸进境水果检疫审批申请的初审及授权范围内的进口水果检疫审批及许可证打印签发，特殊情况下由海关总署负责终审及批准。海关总署或者初审机构认为必要时，可以组织有关专家对申请进境的水果进行回顾性风险评估，货主或其代理人有义务提供有关资料和样品进行检测鉴定。

申请单位取得许可证后，不得买卖或者转让。国家依法发布禁止有关检疫物进境的公告或者禁令后，海关总署可以撤回已签发的检疫许可证。申请单位违反检疫审批的有关规定，海关总署可以撤销已签发的检疫许可证。

检疫许可证列明进境水果的检验检疫要求，是进口企业对外签订合同，降低检疫风险和经济风险的重要凭证，也是一线海关工作人员执法把关的重要依据。认真遵循检疫许可证的要求，可以将有害生物随货物跨境传播扩散的风险降到可接受的检验检疫风险水平。

（四）境外实地考察和预检制度

境外实地考察是有害生物风险分析的重要组成部分，旨在通过考察直接了解境外产品的种植、田间管理体系、检疫认证及出证体系及程序、质量与安全卫生控制体系、转基因管理体系等，获得当地拟输华水果的有害生物监测预警防控体系与记录、果园和包装厂的注册认证信息、储存与运输情况等一手信息，最终完成有害生物风险评估，提出科学可行的植物检疫措施。

境外实地考察还包括在新准入水果品种实现贸易前按照双边议定书的要求对输出国家（地区）官方监管体系进行符合性审查。海关总署根据工作需要，并商输出国家（地区）官方检验检疫机构同意，可以派海关人员到产地进行预检、监装，或开展产地疫情和化学品使用情况调查。

二、事中监管

水果是国际农产品贸易中的重点敏感产品，进境水果检疫的事中监管是指口岸检验检疫工作，其目的是在进境时将传带检疫性有害生物和有毒有害物质的风险拦截在口岸，是确保进境水果质量和安全的重要手段。

（一）指定监管场地制度

为了防范外来有害生物传入，确保进境水果质量安全，同时优化整合资源配置，规范进境水果检疫管理，进境水果必须从海关总署批准的进境水果指定口岸和监管场地入境。指定监管场地名单可以在海关总署门户网站查询。

（二）进境水果申报和现场查验制度

水果到港后，进口企业或其代理应通过中国国际贸易单一窗口平台向海关电子申报。海关工作人员在受理进境水果申报时，需审核货主或代理人提交的申报资料完整性、有效性和一致性，包括以下单证资料：检疫许可证号（或预核销单）、输出国家（地区）官方植物检疫证书、原产地证书、贸易合同或信用证、发票、提单、代理报检委托书（适用于代理报检时用）以及其他规定的单证等。

受理申报后，进境口岸所在地隶属海关还需及时登录海关总署进境动植物检疫审批管理系统对进境水果数量进行电子或人工核销。

水果申报进境后，海关总署（一控）或者直属海关（二控）通过相应业务作业系统对检验检疫项目、抽样比例、实验室检测项目等进行布控，口岸一线关员按照布控指令开展作业。在具体作业时，海关工作人员将按照规定确定开箱查验集装箱的数量及箱号，从确定查验的集装箱（运输工具）中，随机选取进行现场卸货，对货物、包装、木质包装、运输工具等进行检疫查验，必要时在初筛鉴定室开展认可范围内的初筛检验检疫鉴定，或者按规定抽取样品送中心实验室做进一步检测鉴定。现场检疫过程中发现异常情况的，可根据规定向直属海关风控分局申请即决式布控，增加开箱和查验数量。

现场检疫查验是将外来检疫性有害生物和入侵物种跨境传播、扩散的风险有效阻挡在国门之外的重要防线。

（三）实验室检验检疫制度

一些昆虫的卵和幼虫非常小，一些病害在发病初期不显症或隐症，通过肉眼不易发现，需要进行一系列的实验室培养和鉴定。另外，大部分昆虫的鉴定需要借助实验室的显微镜等仪器设备进行观察，大部分病害需要通过仪器设备进行分子生物学和生化检测等。实验室检测是口岸查验的有效延伸和技术保障。目前我国许多口岸借助口岸动植物检疫能力提升工程，建设完善口岸初筛鉴定工作室（简称初筛室），常见有害生物的鉴定可以在口岸内初筛室由经过培训评估的人员实施初筛鉴定、复核和管理，从时间、空间上缩短口岸查验到中心实验室的送样、检测时间，有力提升通关便利化和口岸检验检疫把关效率。

（四）安全风险监控制度

安全风险监控制度是国家食品安全监管体系“十二五”规划的组成部分。是以风险监控为手段，快速定位风险源和风险隐患，针对性地采取风险管控措施，把风险控制在可接受的水平，是从“零风险”管理方式到与国际接轨的“可接受风险”管理理念的转变；以监测数据作为把关放行依据，彻底转变“批批检”的传统模式，实现高风险加强抽查检验放行，低风险降低抽查比例、合格评定快速通关。完善包括境外体系评估、口岸检验检疫和境内后续安全风险监控三个环节的全过程监管链条，提高了口岸检验检疫及监管的科学性和有效性。

自2010年起，海关总署动植物检疫司组织风险监控专家组制修订《进出口食用农产品和饲料安全风险监控计划》，遵循体系化、针对性、科学性、可操作性、循序渐进五大原则，对进出口水果、粮食、食用水生动物、供港澳食用陆生动物、饲料及饲料添加剂五大类产品开展安全风险监控，统一监控物质、统一检测方法、统一评定标准、统一处理措施，按产品风险高低实施不同比例的查验和检测，根据监测结果实施差别化通关。

（五）检疫处理和应急处置制度

对于口岸检验检疫审单和查验发现的不合格情况，口岸隶属海关按规定采用退运、销毁、动植物检疫除害处理、改作他用等方式处置。

对水果的检疫除害处理方式，按照实施方式和技术要求，可以分为熏蒸处理、热水处理、蒸汽热处理、冷处理和辐照处理等。

对于因执法相对人违法行为所引起的不合格情况，由直属海关稽查部门依据法律法规对违法行为人给予行政处罚。构成犯罪的，交缉私部门依法调查和追究刑事责任。对于可能引起重大植物疫情的，按规定启动应急预案，采取紧急封锁、扑灭等措施。

三、事后监管

（一）复验制度

为了加强进境水果检验工作，维护对外贸易有关各方的合法权益，进境水果货主及其代理人对海关作出的检验结果有异议的，可按照法律法规的规定申请复验。

（二）疫情监测预警制度

为保证国门生物安全，海关在进境口岸、水果批发市场、存放水果的场站业务集中的场所等地开展外来有害生物监测预警和入侵物种调查防控。一旦发现关注的外来有害生物和入侵物种，立即按规定启动应急预案，采取封锁、扑灭、根除、除害处理等措施，必要时报告海关总署动植物检疫司或者直属海关动植检或食品职能部门，通过风控（一控或二控）部门对进口水果政策和布控指令进行调整。

经过多年的努力，我国在外来有害入侵机制及防控理论、有害生物检疫鉴定、监测方法、诱剂及装置研发等多个领域都取得了积极的进展。如在多种检疫性实蝇的检疫鉴定方法、诱剂研制和开发、标准的制定等方面已经达到国际先进水平，并积极主持和参与国际植物检疫措施标准（ISPM）的制修订工作，不但提升了国门生物安全防控能力，同时还与相关国家在外来生物入侵方面进行了技术合作和交流，增进了解和互信，进一步提升了贸易双方相互合作的水平和联防联控能力，保证国际水果贸易蓬勃发展，有效阻止危险性病虫害跨境传播扩散和有毒有害物质危害食品农产品质量安全。

（三）回顾性审查制度

海关总署每年组织专家对主要水果贸易国（地区）的水果进境查验情况进行统计分析，对其防控有害生物和有毒有害物质的能力进行回顾性审查评估，以确认输华水果官方管控体系有效性。

通过回顾性审查，可以对水果输出国（地区）的管理体系运行情况了然于胸，并及时地调整次年的检验检疫方案，如是否继续进口，完善调整抽查比例等。

近年来我国与其他国家（地区）签订的进口水果相关植物检疫议定书

中，大多保留了回顾性审查这一条款，其目的是在贸易开展一段时间后，可以保留对输出国家（地区）检验检疫体系运行、疫情发生动态、有害生物截获情况作进一步风险评估的权利，决定是否重新修订已有的植物检疫要求。

案例　越南山竹输华检疫准入

2012 年，越南农业与农村发展部向国家质检总局申请山竹输华，国家质检总局按照准入程序向越方提供调查问卷，在收到越方提供的相关技术资料后，组织专家开展风险分析，列出中方关注的有害生物名单，请越方进一步提供相关技术资料，其间经中越双方专家多次沟通，最终确认番石榴实蝇、桃实蝇、李比利氏灰粉蚧、新菠萝灰粉蚧、大洋臀纹粉蚧、南洋臀纹粉蚧、山竹簇粉蚧、柑橘粉蜡虫和七角星蜡蚧等为中方关注的检疫性有害生物，随后中越双方就越南山竹输华检验检疫要求相关条款达成一致，于 2019 年第二届“一带一路”国际合作高峰论坛期间成功签署了议定书。经中方派遣植物检疫专家赴越实地考察山竹果园和包装厂以及越南官方监管体系，确认符合议定书要求后，海关总署于 2019 年 8 月 27 日发布第 140 号公告，允许符合相关检验检疫要求的越南山竹输华。

小贴士　自助查询获知进口水果注册企业相关信息

如果想了解目前可开展出口贸易的国家（地区）和水果品种，可通过海关总署门户网站“机构设置—司局子站—动植物检疫司—企业信息—允许进口水果境外注册登记企业名单”栏目查询获得我国检疫准入的水果及其注册登记企业信息。

第二节
出境水果检疫监管体系

出境水果检疫监督管理体系是保障我国水果走出国门、走向世界的重要制度体系。在遵守相关国际标准，充分借鉴国外先进经验的基础上，我国已经形成符合国际贸易规则，以国际植物检疫措施标准（ISPM）为基础，以水果出口全过程监管为主线的制度体系，具体包括出口果园、包装厂注册登记制度，出口果园、包装厂监督管理制度，有害生物监测预警和外来入侵物种调查制度，安全卫生监控制度、出口检疫除害处理及监管制度，出口检验检疫及监管制度，签证管理制度，预警通报及磋商应对制度，准入解禁磋商和审查制度9个方面。

一、出口果园、包装厂注册登记制度

20世纪90年代以来，我国出口水果贸易发展迅猛，为适应国际植物检疫措施标准（ISPM）的发展变化和国外对进口水果植物检疫和水果质量安全要求，我国逐步完善了出口水果果园、包装厂注册登记制度。

《进出境动植物检疫法实施条例》从法规层面对这项制度进行了规定。《出境水果检验检疫监督管理办法》对出口果园、包装厂注册的条件、程序、申请、书面审核及现场考核、注册登记证书的颁发及有效期、变更等项事宜进行了详细规定。同时，在我国与其他国家（地区）签署的出口水果植物检疫议定书、检疫要求以及检验检疫工作程序中，都规定了出口果园、包装厂注册登记管理的要求。此外，还有配套的海关检验检疫行业标准和国际植物检疫措施标准（ISPM）可以参考。

二、出口果园、包装厂监督管理制度

出口果园及包装厂的日常管理对出口水果疫情防控和质量安全起着至关重要的作用。主要包括有害生物监测、有毒有害物质监控和监督管理3

个方面。对果园的日常监督管理工作内容包括果园的日常管理情况、果园中有害生物发生及防治情况、农用化学品使用及管理情况、有害有毒物质监测情况、有关双边协议及议定书等规定的落实情况 5 个方面（图 5–1 为海关关员开展出口果园日常监管）。对包装厂的日常监督管理工作内容主要包括包装厂卫生、人员及包装材料的日常管理情况，化学品的管理情况，加工水果的日常管理情况，加工水果的有毒有害物质监测情况，冷藏设施运行及监控情况，有关双边协议及议定书等规定的落实情况 6 个方面。在具体监管过程中如发现有不按规定使用农用化学品的、周围有环境污染源的、包装厂的水果来源不明、包装厂内来源不同的水果没有隔离防疫措施的、未按规定在包装上加贴标示标识的、检疫处理设施出现较大技术问题的、被检出境外关注的有害生物或者有毒物质超标的以及输入国家（地区）检出检疫性有害生物或者有毒有害物质 8 个方面的问题，有关果园及包装厂会被采取限期整改、暂停受理报检直至取消注册登记资格的措施。

经过 20 多年的探索实践，同时借鉴境外的先进经验，目前我国对出口果园及包装厂的管理措施实现了分级分类、科学监管的模式。通过对注册果园、包装厂进行日常监测的结果以及监管情况进行评估，可以对不同管理水平的注册果园和包装厂实施风险分级分类管理。

图 5–1　海关关员开展出口果园日常监管

（图片来源：乌鲁木齐海关）

受各国（地区）水果生产状况、有害生物控制水平以及风险分析评估能力等方面因素的影响，双边植物检疫议定书中对日常监管要求的规定也存在差异。即使是同种类水果输往不同国家（地区），检疫监管要求也不尽相同。《中华人民共和国海关总署与巴西联邦共和国农业、畜牧和食品供应部关于中国鲜梨输往巴西植物检疫要求的议定书》“果园管理”一款中，规定了 6 项需要中方落实的有关有害生物监测和控制的具体措施。《中国苹果输往加拿大植物检验检疫要求》中对于果园及包装厂的监管要求有 4 个大项 10 个小项 20 条非常详细具体的措施。有些国家则是直接引用其国内检疫法律的具体规定。《中国鲜食柑橘出口美国植物检疫要求》规定“柑橘（蜜柚除外）在包装厂内应按《联邦法典》7CFR 第 305 条款规定进行水洗、清刷和表面消毒，参照 APHIS PPQ 处理手册列明的要求使用杀菌剂（如抑霉唑和/或噻苯唑）处理、打蜡”。不同的检疫要求，需要我们对出口果园和包装厂实施有针对性的检疫监管。

三、有害生物监测预警和外来入侵物种调查制度

根据我国与有关国家（地区）出口水果植物检疫议定书中关注的有害生物名单、境外检出我国出口水果有害生物、外来生物入侵等各种情况，海关总署每年制订有害生物监测工作实施方案，明确具体监测工作要求，指导和监督各直属海关在出口果园、包装厂以及口岸出口仓储库等区域开展国门生物安全监测工作（见图 5-2）。对于监测发现的检疫性有害生物，根据相关应急处置预案的程序和步骤，按照有害生物防控工作职责分工，做好后期处置工作，降低各类有害生物发生对我国出口水果贸易的影响。

同时，积极开展跨境植物有害生物监测预警合作。目前，中俄、中哈、中乌、中吉、中蒙、中越、中缅、中老以及内地同澳门、香港等的有害生物联合监测防控工作机制已初步形成，通过联合开展水果等植物产品有害生物监测和防控技术合作，定期进行会晤交流，可以有效降低境外相关植物检疫措施对出口水果贸易的影响，是值得探索完善的成功经验。

图 5-2　海关关员对出口香梨果园开展有害生物监测

（图片来源：乌鲁木齐海关）

四、安全卫生监控制度

水果生产过程中需要大量使用农药、化肥、植物生长调节剂等各种化学投入品，同时还会受到种植地及附近区域土壤、水源、大气等环境因子的影响。在加工过程中，还经常使用各种药剂进行防腐保鲜等，使得水果可能受到各种有毒有害物质的污染，从而对消费者身体健康产生直接或是间接的影响。

为了提升我国出口水果质量安全管理水平，积极应对输入国（地区）的技术性贸易壁垒措施，同时适应国内农产品消费市场的不断升级，我国从 20 世纪 90 年代末开始建立出口水果备案果园农用化学品使用管理监控制度，并引入危害分析的临界控制点管理体系（HACCP）、良好农业操作规范（GAP）、绿色有机认证等方面的先进管理理念。在全国推行出口食品农产品质量安全示范区建设工作，建立起一整套有关出口食品农产品质量安全管理的标准及制度体系，初步形成“海关主管、地方政府推动、行业指导、龙头带动、部门联动、全民行动”的工作机制，建立起对出口水果等农产品各环节、全过程进行质量安全管理的监管模式。

海关总署每年下发对出口水果等农产品农药残留及相关农用化学品的残留监测计划，由各直属海关组织落实，根据监测工作完成情况，形成专门的分析报告，为有针对性开展出口水果监督管理工作提供决策依据。通过持续不断开展质量安全监测和监督管理，我国出口水果质量安全监管水平得到明显提升，应对相关国家的技术性贸易壁垒措施的能力得到强化，确保了我国出口水果的质量安全。

五、出口检疫除害处理及监管制度

根据国际植物检疫措施标准（ISPM），我国积极完善出口水果检疫除害处理及监管制度。《出入境检疫处理管理工作规定》中明确了对出口水果需实施检疫处理的情形主要包括 4 个方面：一是发现输入国家（地区）关注的有害生物的；二是相关部门发布或与其他部门联合发布的公告、警示通报等规范性文件有明确规定需要实施检疫处理的；三是双边协议、议定书、备忘录以及其他协定要求实施检疫处理的；四是因输入国家（地区）官方需要，由货主或代理人申请海关出具熏蒸/消毒证书的。

出口水果检疫除害处理工作具有强制性和技术性的特点，包括处理实施和监督管理两个环节。需要遵循“科学、有效、安全、环保”的原则，由取得检疫处理资质的机构和人员实施，处理过程和结果受我国海关和输入国（地区）植物检疫相关机构共同监督。目前针对出口水果所采用的检疫处理方法主要有熏蒸处理、热处理、冷处理、辐照处理和化学加压渗透处理等。

海关对出口水果检疫除害处理过程进行监管。日常管理工作遵循风险评估、分级分类管理的原则。根据业务类型、处理指征、处理方式等方面的要求，分为高风险和一般风险两个级别动态管理。对于高风险的检疫处理业务，实施批批监管。对于一般风险的检疫处理业务，根据既往监管情况和检疫处理单位质量自控情况等确定监管频次。

六、出口检验检疫及监管制度

海关根据我国与输入国家（地区）签订的双边植物检疫协议（含协定、议定书、备忘录等）、输入国家（地区）进境水果检疫规定或者要求、国际植物检疫措施标准（ISPM）、我国出境水果检疫规定以及贸易合同和信用证等订明的检验检疫要求，依照相关工作程序和技术标准对出口水果实施现场检验检疫和实验室检测，并出具相关证书。同时对出口水果全过程进行检疫监管（见图 5-3）。

图 5-3　海关关员对出口柑橘实施现场检验检疫查验

（图片来源：乌鲁木齐海关）

出口检验检疫包括产地检验检疫和口岸查验两个环节。具体内容包括：核查出口水果货证是否相符；核实植物检疫证书和包装的相关信息是否符合输入国家（地区）的要求；检查水果是否带虫体、病症、枝叶、土壤和病虫为害状，发现可疑疫情的，按有关规定和要求将相关样品和病虫体送实验室检疫鉴定；对经检验检疫合格的，签发检验检疫证书、电子底账数据等有关检验检疫证单等。未经检验检疫或者检验检疫不合格的，不准出境。出境水果经检验检疫不合格的，海关应当向出境水果果园、包装厂反馈有关信息，并协助调查原因，采取改进措施。

目前一般根据出口水果生产企业及注册果园的质量管理、疫情防控能力以及海关监管信用等级的差异，同时结合不同输入国家（地区）检疫要求，对出口水果采取风险分级分类监管。

七、签证管理制度

根据《国际植物保护公约》（IPPC）以及国际植物检疫措施标准（ISPM）中有关植物检疫证书签证管理的具体要求，我国已经建立起较为完善的签证管理制度。对出证的程序、格式及用语、签证人员资质、证书样本、官方签证管理体系等方面的内容进行监督管理。同时，植物检疫签证官资质要求也得到充分体现。近年来，随着互联网以及物联网技术在全球的普及发展，为方便植物检疫证书信息的跨境传输，提高输出国家（地区）官方对相关证书信息的鉴别和核查能力，在国际植物保护组织的推动下，国际植物检疫证书电子签证及核查系统正在逐步建立。特别是随着海关“三智”工作的深入推进，电子证书的跨境流转和远程核查已经成为一种趋势。在实际出口水果贸易过程中，海关还会根据出口企业的要求，签发卫生证书、原产地证书，以方便在境外办理通关手续。此外，针对一些国家的特殊检验检疫要求，也会出具特殊的检验证书。如我国对输日新鲜荔枝还会出具农药残留证书。

八、预警通报及磋商应对制度

为确保输入国（地区）官方发现的有关问题以及由此采取的措施（如退运、销毁、除害处理、暂停或是直接禁止进口）得到输出国（地区）的及时回应和处置，降低相关措施对两国（地区）相关农产品贸易的影响，《国际植物保护公约》（IPPC）中明确了审查机制，要求各国（地区）官方植物检疫机构应当建立程序，对输入国（地区）关于不合格货物通报进行及时调查，分析原因，并采取有效措施。《国际植物检疫措施标准》（ISPM）中的《违规和紧急行动通知准则》和《某一地区有害生物状况的确定》分别规定了涉及不合格货物紧急情况的报告和有害生物发生及危害情况调查的具体要求。

《生物安全法》中明确规定国家建立生物安全风险监测预警制度，要求海关依法处置进出境和过境生物安全。目前，在我国与部分发达国家签订的出口水果植物检疫议定书中都明确规定了审查的内容以及通报和磋商的相关程序。部分议定书中虽没有明确规定相关内容，但在实际工作中，输入国（地区）官方政府相关部门也会通过外交、双边海关定期会晤合作机制以及官方的通报预警系统等其他多种方式，将有关问题向中方反馈。

《出入境动植物检验检疫风险预警及快速反应管理规定实施细则》中明确规定了4种需要海关启动相关程序的情形：一是出境检验检疫中，检出检疫性有害生物、有毒有害物质超过限量标准；二是出口水果被输入国（地区）检出检疫性有害生物或有毒有害物质超过限量标准；三是输入国

（地区）对进口动植物及其产品采取新的检验检疫政策；四是与动植物检疫有关的可造成经济、社会和生态方面危害的信息。同时对获取相关信息的途径、具体管理部门及应急处置也进行了具体要求。

目前，我国已经初步建立起国外通报及相关信息预警监测平台，通过多种方式搜集整理各类国外对我国出口水果的通报信息，并及时进行发布。此外，一些专业的水果研究机构也会定时发布相关信息，提醒有关企业注意相关国家的检验检疫预警信息。对于获取的预警监测信息，海关总署会启动预警通报及磋商程序，并开展调查，针对外方提出的问题进行核实，要求相关直属海关加强监管，督促相关企业采取措施进行整改，引导相关企业采取有效的措施进行应对。并推动通过双边对话机制进行磋商交流，通报有关情况，反馈中方调查情况及采取的具体措施，及时协商恢复出口水果正常贸易的有效途径和具体时限。做好与输入国（地区）官方的交涉，推动我国出口水果贸易恢复正常。

九、准入解禁磋商和审查制度

截至 2021 年 4 月，我国已与 17 个国家和地区就 54 种出口水果完成了检疫准入谈判。目前出口解禁工作已成为我国水果出口国际市场的前提条件。发达国家如美国、澳大利亚、新西兰、加拿大、日本、韩国等均采用水果准入制度。发展中国家也纷纷建立相关的准入制度，如泰国、马来西亚、伊朗、南非、巴西、智利等国家逐步实施水果检疫准入制度。配合输入国（地区）开展有害生物风险分析和解禁准入磋商工作，协助输入国（地区）官方机构和相关领域专家对我国某一种水果种植、有害生物的发生以及防治、官方管控等方面情况进行实地考察、调查、预检、回顾性审查，有助于推动出口水果解禁和持续出口。

输入国（地区）官方可能在风险分析时到实地来考察，也可能在解禁前到实地对中方的官方管控能力进行调查，还可能每年委派植物检疫人员到水果产地，与我国海关植物检疫人员联合对拟出口的水果实施产地预检，共同出具植物检疫证书，如《中国鲜梨输往澳大利亚植物检疫要求》（2005 年版）中明确规定了预检工作的抽样规则、抽样数量、检出有害生物的处置方法、签发植物检疫证书的内容等具体工作要求。不过由于预检工作会变相限制贸易规模，大幅增加进口水果的成本，这种做法已经逐渐被弃用。但输入国（地区）一般会保留对进口水果产地，主要是果园、包装厂等随时实施实地调查、检查的权利。《中国苹果输往澳大利亚植物检疫要求》中，澳方保留了随时派员到中国对输澳苹果种植区、果园、包装厂和冷处理设施进行实地调查的条款。

回顾性审查起源于加拿大食品检验署（CFIA）对中国输往加拿大鲜梨和苹果检验检疫体系进行回顾性审查的案例，主要是评价我国水果检疫体系运行是否持续符合要求，进而决定是否继续允许开展对加拿大出口鲜梨和苹果检疫监管业务或者调整相关检疫措施。近年来我国与其他国家（地区）签订的与水果出口相关的植物检疫议定书，很多保留了回顾性审查这一条款，其目的是在贸易开展一段时间后，进口国（地区）保留对检验检疫体系运行、疫情发生动态、有害生物截获情况作进一步风险评估的权利，决定是否继续维持相关出口贸易重新修订已有的植物检疫要求。

小贴士 自助查询出口水果注册企业相关信息

如果想了解目前可开展出口贸易的国家（地区）和水果品种，可通过海关总署门户网站“机构设置—司局子站—动植物检疫司—企业信息”栏目查询《中国出口水果注册企业名单》。不在名单内的，可以登录输入国（地区）检疫主管部门的官方网站查询。

案例 技术性贸易措施典型案例

一、及时磋商，解决欧亚经济联盟国家对我出口水果临时禁令

2019年8月10日，欧亚联盟成员国俄罗斯根据《欧亚经济联盟海关关境和海关边境应检产品和应检项目的统一植物检疫要求》，因在我国出口俄方的水果中检出其关注的有害生物，暂停我国核果类、仁果类水果进口，2020年1月6日，又因多次检出有害生物问题暂停进口柑橘。2020年3月3日，欧亚联盟成员国哈萨克斯坦也因检出其关注的有害生物，采取临时禁止进口中国仁果类、核果类、柑橘类的植物卫生检疫措施。为遏制出口水果被欧亚经济联盟国家限制进口并产生连锁反应，海关总署及时启动与相关国家的磋商协调机制，并安排哈尔滨、乌鲁木齐等直属海关针对出口欧亚经济联盟国家水果开展紧急核查和相关控制措施，相关海关单位对证书核查、现场查验、监管巡查等方面的工作提出了详细的要求，进一步优化风险布控指令，同时加强产地水果注册登记和检疫监管，强化口岸地海关与产地海关之间的协作配合。进一步加大对外方通报的相关出口水果企业的风险布控和稽核查力度。同时利用中哈、中俄动植物检疫会谈机制，加强与外方的沟通，及时通报中方采取的出口检疫和整改措施情况。并开展对外方关注的75种水果有害生物的分布、管控措施等技术资料的收集和整理。经过海关总署和各直属海关的不懈努力，相关国家对中方采取的积极应对措施给予了充分肯定，不久就完全恢复了对我国水果进口。

二、历时八年，新疆哈密瓜获准出口日本

瓜实蝇严重危害瓜果蔬菜类，日本为防范瓜实蝇传入，对从国外进口水果蔬菜十分谨慎，并实行严格检疫。我国在1982年向日本提出出口新疆哈密瓜出口需求时，日本农林水产省就要求对新疆开展有无瓜实蝇的调查，以了解新疆是否有瓜实蝇分布。同年6月，中日双方联合开展了对新疆瓜实蝇的联合调查工作。直到1987年，经过乌鲁木齐动植物检疫所和日本专家连续六年的系统调查，最终证实新疆无瓜实蝇分布。从1988年3月1日起，日方解除不准进口中国新疆哈密瓜的禁令，中国新疆哈密瓜正式进入了日本市场。

三、一波三折，陕西苹果最终成功实现出口加拿大

2000年，中国正式向加拿大提出出口陕西苹果的申请，并根据加方要求提供相关技术资料。经过多轮谈判，于2002年达成一致意见，并于当年9月签署了双边植物检疫议定书。2002年12月13日，我国首批苹果出口加拿大。2004年2月，加拿大官方在进口中国陕西苹果中检出检疫性有害生物山楂叶螨，随后宣布暂停进口中国苹果。中国官方高度重视，陕西出入境检验检疫局积极与陕西地方果业部门、出口企业协调，指导出口苹果企业建立了水果出口质量管理体系，改进了生产加工流程，对出口苹果的果园管理、采摘、运输、加工、储存等各个流程加强监管。加拿大官方派员现场考核后，对中方的整改措施非常满意，2004年10月中国苹果恢复出口加拿大。

第三节
进出境水果检验检疫监管保障体系

新鲜水果相对于其他进境商品具有两方面特点，一方面，该产品自身特点和消费目的决定了其具有保质期短、保存条件要求高等特点；另一方面，新鲜水果又是口岸检疫的重点商品，检疫要求极为严格。为了保证品质以及防止有害生物侵袭，进出口水果一般需要进行冷处理和采用集装箱冷链进行长距离运输。在口岸检疫查验环节中，水果需要放入指定监管冷库暂存，或冷藏集装箱带电工作，因此各种费用要远高于普通商品。这就决定了对进出境新鲜水果的查验要求是检得出、检得快。面对进出境水果迅速增长的查验任务，中国海关从人才队伍、查验场地和设施、实验室设施设备等方面进行了全面保障。

一、专业人才队伍建设，提供能力保障

进出境水果检验检疫工作是一项技术性、专业性较强的工作，努力建设布局合理、结构优化、素质优良、效能突出并满足业务发展战略需求的人才队伍，全面推动进出境水果检验检疫视野的科学发展，既是当前面临的紧迫任务的需要，也是增强执法把关能力的有效途径。

（一）专业人才队伍建设发展历程

为推进检验检疫管理机制创新，强化检验检疫系统专业队伍能力建设，全面提升检验检疫业务人员资质管理科学化水平，促进依法行政，2014 年，国家质检总局全面推进进出境动植物检验检疫岗位资质管理，建立出入境检验检疫岗位持证上岗管理制度，根据《进出境动植物检验检疫岗位资质管理实施方案》，进出境水果检验检疫岗位设置分为两个类别：植物检疫现场查验岗位和植物检疫授权签证官岗位。2019 年，为建设新时代中国特色社会主义新海关，落实“政治建关、改革强关、依法把关、科技兴关、从严治关”要求，进一步提升动植物检疫业务人员资质管理科学

化水平，提高现场查验工作质量、效能及签证工作质量和保证官方证书权威性、严肃性，海关总署组织修订植物检疫现场查验岗位人员和植物检疫证书授权签证人员管理要求。

（二）专业人员队伍建设

海关总署根据各类检疫业务的风险高低、复杂程度、签发证书对应的业务种类以及对专业能力的要求等因素，对专业人员资质实行分级管理。进出境水果检疫查验岗位分为专家查验岗位和普通查验岗位，普通查验岗位只能从事限定业务类型的查验工作，专家查验岗位除特定业务类型的查验工作外还可从事普通查验岗位工作职责；签证植物检疫官分为签证植物检疫官、高级签证植物检疫官，签证植物检疫官只能签发限定类型的证书，高级签证植物检疫官可签发所有植物检疫类证书。

申请专业资质人员要了解掌握植物检疫法律法规、相关协议和标准、业务工作流程以及有关准则，具有一定的英语听、说、读、写能力，而且过去 1 年内未发生与现场查验工作失误有关的质量事故等问题；同时还需具备相应的专业背景和工作经历。提交相关资质申请后，需完成海关总署制定的专题培训课程，然后才可以参加资质考试，考试合格后由隶属海关、直属海关层层推荐，最后由海关总署批准授予相应资质。

（三）组建特色专家技术组

为了维护国家生物安全，防范外来有害生物入侵，防止动植物疫病疫情和有毒有害物质传出传入，1995 年，动植物检疫局结合国际标准和通行做法，首次组建了植物有害生物风险评估专家组。“十三五”期间，为进一步健全国门生物安全查验机制，服务国家大局，促进对外贸易发展，培养具有全国（国际）视野、既了解内情又熟悉外情、能够在对外交流中担当重任的人才，原国家质检总局组建成立植物检验检疫专家组，建立植检专家智库，作为植物检疫监管科学决策、业务管理、技术攻关、科研制标等方面工作的重要技术支撑力量，开展植物检验检疫问题研究，指导各口岸开展进出境水果检验检疫工作，促进进出境水果质量提高。2018 年，《第三届中国—中东欧国家海关检验检疫合作共同愿景》《中国—中东欧国家海关检验检疫合作三年（2018—2020）行动计划》在中国宁波发布，提出成立植物检验检疫技术工作组，以促进 SPS 体系的兼容性，妥善处置突发情况，与各国（地区）在贸易便利化领域，在保障进出口食品农产品安全、保护生态环境及人类健康、推进国际食品农产品贸易便利化等方面加强协作，加快推动食品农产品的检验检疫准入进程，在动植物疫情防控领域建立更高效的评价体系，提高检验检疫准入效率，增强互通互信，维护国门生物安全，服务外贸经济高质量发展。

（四）我国植物检验检疫专业资质发展现状

为健全进出境水果检验检疫法规标准体系，强化境外疫病疫情和外来物种入侵监测预警，创新监管制度，我国建立健全了便利可控集约高效的监管机制、快速有效的重大动植物疫情应急处置机制，优化监管模式，完善风险评估、检疫准入、现场检疫、实验室检测、检疫处理等管理制度和技术标准；动态调整进境植物检疫性有害生物名录、新鲜水果检疫准入清单，及时收集国外检验检疫法律法规标准；深化与“一带一路”共建国家和地区多双边植物检疫，深入参与《国际植物保护公约》（IPPC）各项专业活动，积极参加 WTO/SPS、联合国环境规划署（UNEP）/《生物多样性公约》（CBD）等国际组织的各项活动。

近年来，我国加大植物检疫人员技术交流培训力度，积极推荐 10 余名动植物检疫国际专家参与国际参考实验室建设，在国际规则制修订、SPS 通报评议等活动中发出中国声音，提出规则和标准建议 150 项，增强国际话语权和影响力，彰显大国责任和担当。

二、指定监管场地管理，提供基础设备保障

（一）指定监管场地管理的发展历程

水果是最容易携带有害生物的产品之一，为有效防范外来有害生物随水果贸易传入，确保进境水果食品安全，优化整合资源配置并发挥检验检疫资源优势，规范进境水果指定口岸检验检疫管理和把关能力，根据《进出境动植物检疫法》及其实施条例、《食品安全法》及其实施条例、《进境水果检验检疫监督管理办法》等法律法规及《国家对外开放口岸出入境检验检疫设施建设管理规定》，原国家质检总局制定了《进境水果指定口岸检验检疫建设要求（试行）》，明确了申请与批准程序、基本条件及监督管理要求。

2018年4月20日，根据国家机构改革方案，将国家质检总局的出入境检验检疫管理职责和队伍划入海关总署。为进一步明确特定进境高风险动植物及其产品实施查验、检验、检疫的监管作业要求，海关总署发布《海关指定监管场地管理规范》（2019年第212号公告），对进境肉类、冰鲜水产品、粮食、水果、食用水生动物、植物种苗、原木以及其他进境高风险动植物及其产品实行指定监管场地管理，从立项与评估、直属海关预验收、海关总署验收、海关的监督管理等方面明确了上述几类产品进境的要求。

（二）全国指定监管场地建设情况

根据海关总署网站公布的结果，截至2022年11月，全国获批进境水果指定监管场地110个。

按照指定监管场地所在口岸的类型来划分，空港口岸32个，海港口岸57个，陆路口岸19个，铁路口岸2个。

按照指定监管场地所在的地理位置划分，广东26个排全国第一，广西12个紧随其后排第二位，福建、云南各10个并列第三位。

三、检验检疫实验室建设，提供技术保障

（一）口岸检验检疫实验室体系

口岸检验检疫实验室是进出境检验检疫行政执法保障体系中的重要一环。我国口岸检验检疫实验室在1999年“三检合一”后进入快速发展阶段，2003年逐步形成由重点实验室、区域中心实验室和常规实验室构成的三级实验室体系，并在全国规划建立了18个国家级重点实验室、45个植物检疫区域性中心实验室和若干常规实验室并逐年新增。2022年，海关总署根据进出境水果检疫的特点，整合优化现有实验室体系以及进境水果指定监管场地对实验室的要求，建设口岸快速初筛鉴定室［《海关有害生物和外来物种初筛鉴定室通用规范（试行）》（署办动植函〔2022〕1号）］。通过建设口岸初筛鉴定能力，常规检疫鉴定在口岸现场解决，在保障国门生物安全的同时，极大地提高了口岸通关速度。

（二）口岸检验检疫实验室检测能力

口岸实验室检测是指借助有关仪器设备依据相关国家标准和检测方法

对跨境商品进行检验、鉴定的一项法定程序。口岸检验检疫实验室按照实验室认可准则的要求建立实验室质量管理体系，并按要求通过中国合格评定国家认可委员会（CNAS）认可和资质认定，确保实验室在人员资质、仪器设备、标准品、样本管理、检测方法、鉴定复核管理、生物安全等方面科学规范运行以及检疫鉴定结果的准确性。作为水果指定监管口岸配套实验室，CNAS认可范围应满足可开展进境水果相关实蝇、粉蚧、真菌、细菌等有害生物的检疫鉴定以及对有机磷、有机氯、拟除虫菊酯和氨基甲酸酯类等农药大类及重金属项目的检测。

（三）口岸检验检疫实验室专业技术队伍

口岸检验检疫实验室应保证所涉及的每一专业学科都有对应的专业技术人员，并定期对专业技术人员进行专业培训。其中，尤其注重技术人员的各学科综合知识的全面培训。实验室保障体系通过专业技术队伍的建设，保证水果检验检疫技术人员既能有效、准确、快速地截获和鉴定已知的有毒有害因子，又能快速收集国内外相关领域技术资料、研发技术方法，应对国内甚至国际上不断新发的威胁。专业技术人员以检验检疫实验室为平台，以标准方法研究为抓手，以科技攻关为突破点，利用成功处置应对如菲律宾香蕉（新菠萝灰粉蚧）、美国柑橘（丁香疫霉）和苹果（牛眼果腐病菌）等重大贸易事件为契机，快速成长为应对突发事件和应用型科技人才。

小贴士　自助查询境外被暂停输华资质的企业相关信息

中国海关依法严格把关，严守国门生物安全，严防外来有害生物随进口货物传入我国，以实际行动守护生态安全。可通过海关总署门户网站“机构设置—司局子站—动植物检疫司—企业信息—允许进口水果境外注册登记企业名单”，及时关注企业名单更新情况，已不在名单内的企业，则为暂停输华资质的企业。

案例 中方暂停越南芒果相关果园和包装厂输华资质

因中国海关多次在越南输华芒果上截获检疫性有害生物——芒果果实象甲，总计达220批次，海关总署动植物检疫司于2020年6月15日向越南农业与农村发展部植物保护局进行了通报，要求越方尽快组织调查，加强对出口芒果果园和包装厂的监管，加大对出口芒果的检疫力度，并暂停了12家果园和18家包装厂的输华资质。

实践篇

第六章
进境水果检疫实务

CHAPTER 6

本章介绍了进境水果的检验检疫工作程序，我国允许进口的水果种类和主要来源地，我国对主要贸易国家/地区输华水果的具体检验检疫要求，我国对输出国家（地区）建立水果质量安全管理体系的要求以及进行有效监管的途径和方法。

第一节
进境水果检疫工作程序

进境水果检疫一般工作程序包括货主或其代理人办理取得拟进口水果的检疫许可证并对外签订贸易合同，在水果进境前或进境时，向入境口岸海关申报、提交相关单证并接受检疫查验，海关接受申报并实施检疫查验并作出是否合格的判定等一系列流程。

一、办理并取得进境动植物检疫许可证

进境水果在签订贸易合同前，应先取得进境动植物检疫许可证。

（一）申请单位资质

申请办理进境动植物检疫许可证的单位，应当是具有独立法人资格并直接对外签订贸易合同或者协议的单位。

首次申请办理进境动植物检疫许可证前，收货人或者代理进口商须办理进口食品进口商备案，在海关总署进口食品化妆品进出口商备案系统填写真实信息，并在所在地海关提交纸质材料完成。

（二）申请的产品范围及要求

拟办理进境动植物检疫许可证的进口水果应在《获得我国检验检疫准入的新鲜水果种类及输出国家/地区名录》之内（海关总署门户网站实时更新）。拟申请进境的水果应符合中国有关动植物检疫法律法规和部门规章的规定；符合中国与输出国家（地区）签订的双边检疫协定（包括检疫协议、议定书、备忘录等）要求。

（三）申请单位须提供的特别材料

指定冷库证明文件。

（四）许可证申领规范

申请单位应当在签订贸易合同或者协议前，向审批机构提出申请并取得进境动植物检疫许可证，同一申请单位对同一品种、同一输出国家或者地区、同一加工、使用单位一次只能办理一份许可证。

可以核销的进境动植物及其产品，应当按照有关规定审核其上一次审批的进境动植物检疫许可证的使用、核销情况。

（五）受理时限

海关根据审核情况，自初审机构受理申请之日起二十日内签发进境动植物检疫许可证或者进境动植物检疫许可证申请未获批准通知单。二十日内不能作出许可决定的，经海关负责人批准，可以延长十日，并应当将延长期限的理由告知申请单位。进境生物材料、进境非食用动物产品检疫审批自受理之日起七个工作日内完成。

申请单位取得许可证后，应根据进境动植物检疫许可证列明的进境水果的检验检疫要求，签订对外合同，以降低检疫风险和经济风险。

二、货主或其代理人申报时应提供的单证资料

进境水果在入境申报时，货主及其代理人需要在中国国际贸易单一窗口平台以电子方式提交如下资料或者信息：

（一）入境货物申报单。

（二）进境动植物检疫许可证的编号及相关信息。

（三）输出国家（地区）官方出具的植物检疫证书。

（四）原产地证书。

（五）如果涉及冷处理，需要提交冷处理探针校对证明和上传冷处理数据。

（六）贸易合同、信用证及发票、提单或装箱单等。

（七）代理报关委托书（仅适用于代理报关）。

目前海关提供电子申报服务，货主或其代理人在中国国际贸易单一窗口平台以电子方式提交资料或信息即可。

三、受理申报审核

在受理进境水果申报时，海关工作人员通过系统，审核货主或代理人提交的单证资料的完整性、有效性和一致性。

审核的重点包括：签字、印章、有效期、签署日期和表述内容等是否真实有效；植物检疫证书、原产地证是否为原件，必要时进行验证；植物检疫证书内容是否符合议定书要求；入境口岸是否与许可证列明的口岸相一致；许可证、植物检疫证书、报关单上的境内收货人是否一致；境外果园、包装厂是否在海关总署已公布的注册登记名单内。冷冻水果是否在《获得我国检验检疫准入的冷冻水果及输出国家/地区名录》内。

经审核，符合规定的，接受申报；否则，不予受理申报。受理申报后，进境口岸所在地隶属海关需及时登录海关总署进境动植物检疫审批管理系统对进境水果数量进行核销。

四、审单布控

水果申报成功后，海关总署通过相应业务作业系统对检验检疫项目、抽样比例、实验室检测项目等进行布控，口岸一线关员按照布控指令开展查验。相应业务作业系统没有实施布控或与海关总署规范性文件规定不一致的，采取人工布控。如有特别要求的，由风控部门按照相关规定人工下达布控指令。

五、查验前准备

关员在接到查验指令后，应查阅进境水果的检验检疫要求（可参照本章第三节），认真研读水果双边议定书或检验检疫要求公告，审核进境动植物检疫许可证和合同上的检疫要求，制订检验检疫方案。

（一）查阅相关资料，了解产地疫情，掌握该进境水果有可能传带的有害生物种类，根据进境水果来源国家（地区）、种类、许可证和警示通报以及我国相关水果安全卫生标准等要求确定查验重点。

（二）确定现场查验时间、人员。现场查验应当由 2（含）名以上关员共同实施，其中至少 1 人应具有植物检疫现场专家查验岗位资质。

（三）联系货主或代理人，通知现场查验时间、地点和其他事宜。

（四）准备检验检疫查验用具（包括瓷盘、手持放大镜、毛刷、标签、镊子、剪刀、指形管、记号笔、海关专用扦样袋、海关样品封条等）和采样凭证。有冷处理要求的进境水果另需标准水银温度计、搅拌棒、保温壶、洁净的碎冰块、蒸馏水等工具和材料，以便进行果温探针校正。

（五）准备现场查验工作服、执法证或工作证、执法记录仪，现场工作记录单或电子记录设备等。

六、现场检验检疫

进境水果现场检验检疫主要包括以下几个方面：

（一）核查货证

核查所提供的单证材料与货物是否相符。核对集装箱号与封识与所附单证是否一致，核对单证与货物的名称、数（重）量、产地、包装、唛头标志是否相符（见图 6-1）。

1. 用集装箱装运的，集装箱号码应在植物检疫证书上注明。植物检疫证书上有注明集装箱封识号的，应核对集装箱封识号与植物检疫证书上注明的集装箱封识号是否相符等。

图 6-1　海关关员核查货证

（图片来源：厦门海关蔡炳江）

2. 水果包装箱上须用中文或英文注明水果名称、产地、包装厂名称或代码。

核对包装箱上标注的水果是否为允许进境品种，产地是否为允许进境的限定产区，果园（种植者）和包装厂名称（或代码）是否与植物检疫证书上标注（若有）的名称（或代码）一致，是否在海关总署公布的允许进境果园和包装厂名单中。

3. 核对包装箱、托盘的通气孔、防虫纱网是否与双边议定书（若有要求）相符，其上的相关信息如“Exported to the People’s Republic of China”及其他官方检疫标志是否和议定书的特殊要求相符，是否和植物检疫证书上载明的信息相符。

4. 开箱核查水果的种类和数（重）量，是否与单证相符。是否带有海关总署公布的允许进口水果名单以外的水果，或是否装有或夹带植物检疫证书上未列明的其他水果。

（二）对于需要除害处理的要求核查

根据双边议定书要求，有些进境水果需要在出口前或运输途中进行冷处理、热处理、熏蒸处理等除害处理。对于有除害处理要求的进境水果，应按以下重点核查。

1. 核对植物检疫证书上注明的除害处理信息（如冷处理温度、持续时间；热处理数据；溴甲烷熏蒸处理的温度、剂量、时间等）是否与议定书要求的技术指标相符。

2. 核对处理设施名称或编号（出口前处理设施，如冷处理库、蒸热处理、高温高压热气处理或热水处理设施）是否在议定书标明或海关总署公布的名单中。

3. 对有冷处理要求的水果，由经冷处理培训合格的海关关员，按以下冷处理要求进行核查，以判定冷处理是否有效。

（1）果温探针安插的位置是否符合处理要求；

（2）由输出国（地区）官员签字盖章的果温探针校准记录等是否符合要求；

（3）按规定方法对果温探针进行校正检查，并判断是否符合要求；

（4）由船运公司或代理公司下载冷处理记录，提供纸质或电子数据，通过人工或进境水果冷处理智能比对模块核查冷处理温度记录是否符合要求。

（三）查验和送检

1. 运输工具及装载容器的查验

检查装运水果的集装箱、汽车或船舶上是否有土壤、杂草籽、上一装运物的残留物，如粮谷、枝叶等植物残体、昆虫及其幼虫或虫蛹。

2. 包装材料查验

（1）检查木包装、植物性包装材料、铺垫材料，是否符合中国进境植物检疫规定。

（2）检查包装箱箱体内外有无虫体、霉菌、杂草、土壤、枝叶及其他污染物。

3. 水果查验

（1）大船运输的水果，分上、中、下三层边卸货边检查。在上层检疫得出结果后方可卸货。

（2）集装箱装载运输的水果，根据布控指令，卸出通道，以供查验和抽样。

（3）按随机性、均衡性、代表性和针对性原则多点抽样检查，并制备代表性样品。查验数量及方法如下：

① 包装产品。每一水果品种抽查件数和取样数量按表 6-1 规定执行。查验发现可疑有害生物的，适当增加抽查件数。

表 6-1　包装类水果抽查参数表

水果总数（件）	抽查数量（件）	取样量（千克）
≤500	10（不足 10 件的，全部查验）	3~5
501~1000	11~15	6~10
1001~3000	16~20	11~15
3001~5000	21~25	16~20
5001~50000	26~100	21~50
>50000	100	50

② 散装产品。与货物的总量相适应，每批货物至少取 5 个抽检货物。散装产品抽检货物总量或货物包装的总数量按照表 6-2 抽取，水果个体较大情况下（大于 2 千克/个），抽检货物至少由 5 个个体组成。抽检部位为

顶部和尾部，按 5 点取样法抽检。

表 6-2　散装类水果抽查参数表

批量货物的总量（千克）或总件数	抽检货物总量（千克）或总件数
≤200	10
201～500	20
501～1000	30
1001～5000	60
>5000	100（最低限度）

（4）逐个检查水果是否带虫体、枝叶、土壤和病虫为害状。重点检查果柄、果蒂、果脐及其他凹陷部位。果实有无实蝇类、鳞翅目昆虫虫体（卵、幼虫、蛹及成虫）及其为害状，如虫孔、褐腐斑点、斑块、水渍状斑、边缘呈褐色的圆孔，手持果实有无海绵状感觉。果实有无其他害虫如介壳虫、蓟马、蚜虫、瘿蚊、螨类等以及虫孔、变色、凹陷、突起、流胶等为害状。果实是否有霉变、腐烂、畸形、变色、斑点、波纹、菌丝、菌核等病害症状。

4. 现场剖果

（1）对发现可疑疫情或呈现病虫害为害症状的可疑水果进行现场剖果检疫。

（2）对按规定多点抽样所取得的水果样品进行随机剖果，剖果数量按表 6-3 执行。对发现有可疑疫情的，适当增加剖果数量。

表 6-3　水果剖果抽查参数表

水果个体大小	剖果数量
个体较小的水果，如葡萄、荔枝、龙眼、樱桃等	每一抽查件不少于 0.5 千克
个体中等的水果，如芒果、柑橘类、苹果、梨等	每一抽查件不少于 5 个
个体较大的水果，如西瓜、榴莲、菠萝蜜等	每批不少于 5 个
香蕉	总件数 5000 件以下的，不少于 5 千克；总件数大于等于 5000 件的，不少于 10 千克

（3）剖果后仔细检查果实内有无昆虫、虫瘿、虫卵、幼虫、及其为害状，有无霉变、腐烂、异味、菌丝、菌核等病害症状（见图 6-2）。

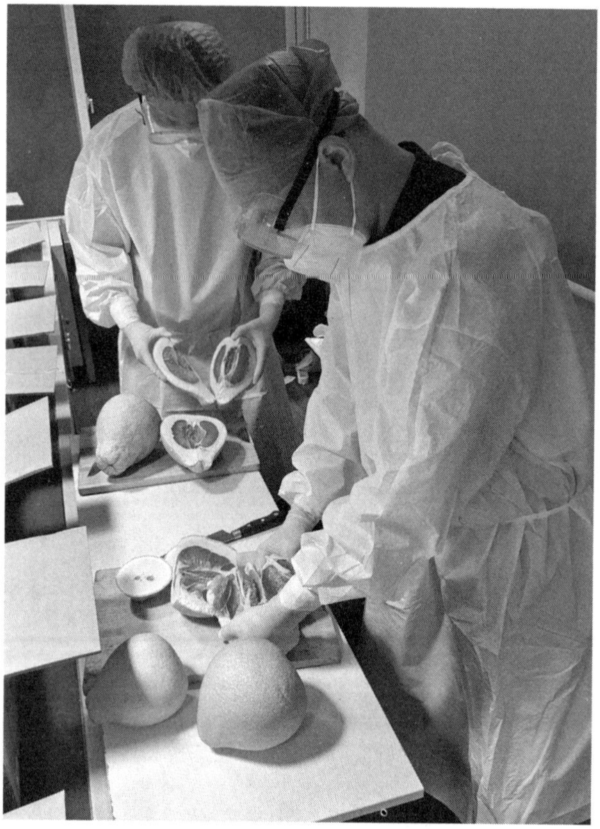

图 6-2　水果剖果查验

（图片来源：厦门海关蔡炳江）

5. 取样

对需要取样送实验室进行检验和检查安全卫生项目的水果，按照有关标准的要求，并结合表 6-3 规定的数量，进行现场取样。

混合样品的制备：混合样品必须集合所有抽检样品，尽可能将样品混合均匀。缩分样品通过缩分混合样品获得，缩分样品至少 3 千克，剩余样品由货主（代理人）领回。所取样品须用海关专用样品袋承装，并用海关样品封条密封，封条须有 2 名海关取样人员和货主（代理人）签字确认后送样（见图 6-3）。

取样完成后，应及时填写出入境检验检疫抽/采样凭证，并交货主（代理人）签名确认。

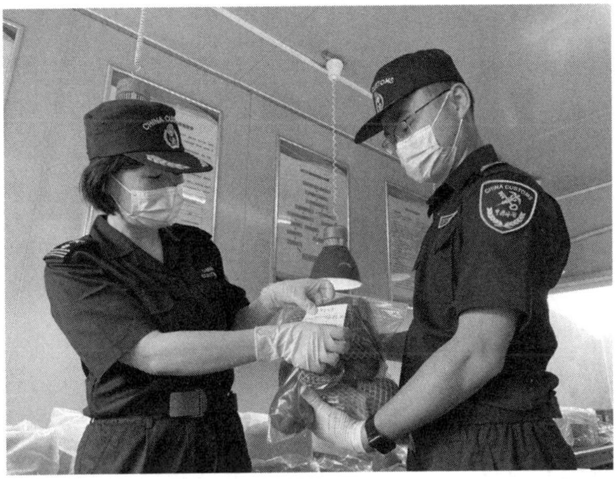

图 6-3　海关关员制样送检

（图片来源：厦门海关蔡炳江）

6. 填写现场检验检疫记录

填写现场检验检疫记录单或电子记录表单，重点记录现场查验发现的不合格情况和异常情况，以及拍摄照片、录像等。进境水果查验过程按相关要求需进行视频拍摄和保存。

7. 送检

（1）填写送样单，将随机抽取并制备的代表性样品及查验发现的可疑病虫果及虫体、杂草籽、土壤、植物残体加贴标识，分别送实验室作安全卫生检验及有害生物检疫鉴定。

（2）根据《进出境水果安全风险监控计划》的要求，对进境水果进行农药残留、重金属及其他有毒有害物质等安全风险项目实施监控。可根据日常对水果安全卫生项目的检验结果，对来自同一国家或地区、同一加工厂水果，适当调整送检频率及需要监测的安全卫生项目。

8. 现场检验检疫证据保全

（1）使用执法记录仪、相机或录像机对整个现场检验检疫过程、货物关键相关信息（如集装箱号、水果包装箱标识标签、冷处理探针安插位置）、货物异常情况及相关不符合情况等重要关键环节拍照或录像，留存为执法证据妥善保存。

（2）查验发现有害生物或可疑疫情的，对有害生物及疑受为害的果实、包装箱及装载的运输工具进行拍照或录像。

（3）未完成检疫的进境水果，应当存放在海关指定的场所，不得擅自移动、销售、使用。

七、实验室检验检疫

（一）检疫

1. 果实表面及剖果检查

实验室专业技术人员对果实表面及内部有害生物及其为害症状进行细微检查。必要时借助高倍显微镜。

2. 饲养或培养检查

（1）对暂时无法鉴定的昆虫卵、幼虫、蛹以及病原微生物等有害生物，根据其生物学习性提供适宜条件进行饲养或培养。害虫的饲养最好在原果实上进行。实验室养虫室应做好防护，以防止有害生物逃逸。

（2）对暂时无法确定是否带病虫的可疑水果，应留置培养，作进一步观察。

（3）对在现场或实验室检疫中发现的各种虫体、病菌、杂草按有关程序和标准进行鉴定；所在实验室不能确认的有害生物，应及时送上一级实验室或上级主管部门认可的实验室鉴定。

（4）留存所截获的有害生物标本。

（二）检验

1. 根据有关程序和标准实施有毒、有害物质如重金属、农药残留等项目的检验。

2. 鼓励实验室使用广谱多项目筛查方式，筛查进境水果可能存在的有毒有害物质安全风险。

（三）出具结果报告

根据检验检疫鉴定结果，实验室应及时出具结果报告。如短时间内无法得出实验结论，应及时通知送检单位，并预告可能完成的时间（一般不超过 15 天）。现场初筛室和区域实验室不能鉴定复核确认的有害生物，应及时送上一级实验室或送上级主管部门批准认可的实验室鉴定。

对于无法鉴定到种的有害生物，应出具鉴定至最小分类地位的鉴定结果报告。

八、结果评定与出证

（一）检验检疫合格的判定出证

检验检疫未发现有害生物或可疑疫情的，安全卫生项目符合我国安全卫生要求的，准予进境，出具入境货物检验检疫证明。

（二）检验检疫不合格的判定出证

1. 发现检疫性有害生物或其他有检疫意义的有害生物，出具检疫处理通知书给货主及其代理人，由其委托有动植物检疫除害处理资质的单位，在海关的监管下实施检疫除害处理，经除害处理合格的，准予放行。

2. 经检验检疫有以下情况的作退运或销毁处理，出具检疫处理通知书。

（1）现场查验发现混装或夹带植物检疫证书上未列明的水果及其他货证不符的情况的；

（2）现场查验发现包装箱上没有按规定用中文或英文注明水果名称、产地、包装厂、处理设施名称或代码的（有特殊要求的，参照相关进境水果植物检疫要求）；

（3）现场查验发现土壤及枝、叶等植物残体（荔枝、龙眼和葡萄除外）的；

（4）有毒有害物质检出量超过中国相关安全卫生标准规定的；

（5）发现检疫性有害生物或其他有检疫意义的有害生物，无有效检疫处理方法的。

对于判定为不合格的进境水果，应按相关程序向上级报告，进行三级审批，再出具检疫处理通知书。

3. 根据进境食用农产品风险监控的要求，风险布控系统确定的抽检批次，其检测结果不作为该批水果的放行依据，需要扣检的除外。

若进境一般监控检测结果不合格，本年度该不合格物质自动转为重点监控物质；若重点监控检测结果不合格，对该批货物应采取召回、下架等处理措施。同时采取以下措施：

（1）如双边协议对包装厂有注册要求的，对来自同一包装厂的同种水果按一定比例连续实施针对该不合格物质的扣检，检测结果合格后，方可放行；如对包装厂无注册要求的，对来自同一国家（地区）的同种水果按一定比例连续实施针对该不合格物质的扣检，检测结果合格后，方可放行。

（2）当年度同一输出国家（地区）的同种水果的同种监测物质出现超标达到一定批次时，对该输出国家（地区）的同种水果实施指令检查，提高送检比例，当送检结果连续一定批次合格后，恢复查验比例。

（三）需对外索赔的情况

货主或其代理人需对外索赔，申请出具证书的，根据不合格具体情况，另行出具以下证书：检疫不合格的，出具植物检疫证书；安全卫生等不合格的，出具检验证书。

（四）需特殊处理的情况

其他双边议定书有特殊处理要求的，按双边议定书的要求进行。

九、检疫除害处理

海关对除害、销毁、转口或退运等检疫处理过程实施监督。必要时对除害、销毁过程进行拍照或录像。

十、检疫监管

（一）海关对在检验检疫期间水果暂时存放的场所实施核准制度。

（二）海关总署根据实际情况，指定有关海关机构对经批准过境或转口的水果实施检疫监督。

（三）海关根据需要，对进境水果的装卸、储存场所实施外来有害生物监测。

十一、信息上报

（一）发现有害生物或有毒有害物质的，应及时按有关要求向上级部门报送。

（二）发现重大疫情，或有毒有害物质情况严重的，除按上款要求上报外，还应立即以书面形式向海关总署动植物检疫司报告。

小贴士

数秒比对千组数据，智能系统助力进境水果“保鲜”

上海海关于2022年8月1日起全面推广进境水果冷处理大数据智能比对应用系统，可实现数秒比对千组冷处理数据，助力进境水果快速通关。进境水果冷处理是一种国际通行做法，应用持续的低温杀灭进境水果可能携带的有害生物，达到防止外来有害生物跨境传播的目的。通常情况下，水果自离开出发地起，装载货物的集装箱通过内置探针和感应设备，持续记录水果冷处理数据。以南非葡萄柚为例，植物检疫议定书要求冷处理技术指标为-0.6℃或以下持续至少24天，每天24小时，每小时5个读数，即需要核对2880个数据。如果靠关员现场人工核对，费时费力，且存在人工出错的可能。而通过进境水果冷处理大数据智能比对应用系统，数据直接上传，数秒内就可完成比对，实现“秒过”，不仅核查判断准确率有保证，还可加快通关。目前系统经过不断完善，进境水果冷处理数据的大数据自动智能审核比对已涵盖我国涉及进境水果冷处理的18个国家（地区）、46个品种的相关要求。自2020年6月开始试运行以来，已自动比对3275批单证。

第二节
进境水果质量安全管理体系监督管理

经过长时间的实践，不管是国际组织如《国际植物保护公约》（IPPC）、生产或进口水果的发达国家（地区），还是负责任的水果生产企业，以及相关的水果协会等，都倾向于协同合作，从源头把控水果的质量安全，从对具体某批水果质量安全的逐一检验检疫延展到对水果生产者

（果园和包装厂）质量安全保证体系的考核认可和监督管理上（见图 6-4）。

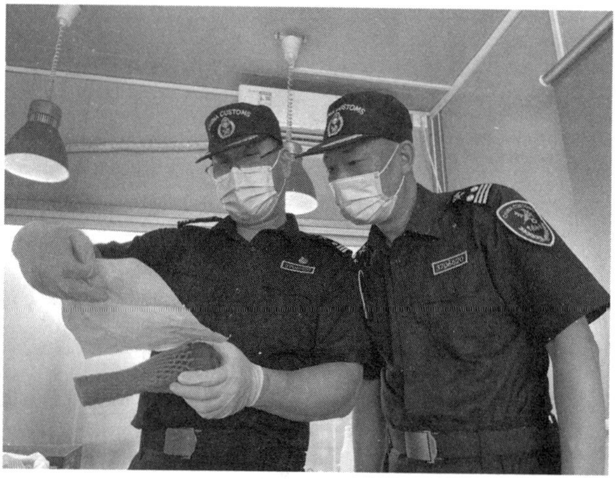

图 6-4　海关关员监督检查国内水果存放仓库

（图片来源：厦门海关蔡炳江）

一、进口水果质量安全管理体系监管的实施节点

我国对进口水果质量安全的管控主要通过对输出国家（地区）果园、包装厂的质量安全管理体系和官方植物检疫体系的考核认可和监督管理来实现。这种考核认可和监督管理一般在四个环节中实施：一是在有害生物风险分析过程中，旨在完善风险分析过程中的实地考察；二是基本同意水果准入，在签订双边议定书前，派员进行解禁前实地考察或考核认可；三是在水果贸易开展一段时间后的回顾性审查环节进行审查和监督管理；四是水果贸易过程中出现某一问题派员进行实地调查、溯源和监督管理。

二、进口水果质量安全管理体系监管的主要内容

输出国家（地区）水果质量安全保证体系的考核认可和监督检查主要分为三个部分：一是果园的质量安全保证能力，二是包装厂的质量安全保证能力，三是官方的植物检疫监管体系。

对果园质量安全保证能力的考核认可和监督管理，重点包括果园是否建立并实施良好农业操作规范（GAP），能够合理修剪、及时清理落果和

植株残体，维持果园卫生，能够科学合理地使用农药等农业化学品，能够对病虫害进行调查并落实有害生物综合防治（IPM）；果园是否按照议定书的要求对中方关注的有害生物实施监测，是否有具体的监测计划和发现有害生物后的整体预防控制措施，是否保留有害生物监测调查和防控记录；果园在采收过程对病虫害的管控以及采后防止有害生物再感染的措施等。一般还要求果园要对相关管理者进行培训，确保果园技术人员等关键岗位的工作人员熟悉中方关注的有害生物和有毒有害物质残留要求。

对包装厂质量安全保证能力的考核认可和监督管理，重点包括包装厂是否建立合格供应商评价制度并在收果时执行严格的入厂检验制度；加工包装过程中能否通过严格的挑选、剔除、分级等工序保证果实尽可能不带昆虫、螨类、烂果及枝、叶等植物残体和土壤；对包装好的水果是否进行严格的标识并单独存放；包装厂的除害处理设施和操作能否保证除害处理的有效性；能否保证收购、包装、储藏、发运等各环节有记录并真实有效。一般还要求包装厂要对相关工作人员进行培训，确保关键岗位的工作人员熟悉中方关注的有害生物并能落实包装厂的质量安全保证措施。

对官方植物检疫监管体系的考核认可和监督管理，重点包括是否按照议定书要求，对果园和包装厂进行注册登记；是否根据中方关注的检疫性有害生物制定图文识别资料并定期进行评估和修订；是否指导果园制定有害生物监测控制指南并建立良好的农业操作规范；是否指导包装厂建立行之有效的加工包装工艺以降低有害生物传带风险；是否对果园包装厂的主要管理人员定期进行培训、指导和监督检查；是否按照中方的要求和规范进行有害生物监测、出口前查验、实施除害处理监督和出证等。

三、进口水果质量安全管理体系远程视频监管

进口水果质量安全管理体系的监管通常是派员赴实地进行考察和评估。2020年以来，中国开始通过现代化技术手段实现远程视频检查。远程视频检查方案如下：

（一）确认检查的果园和包装厂名单。从输出国家（地区）官方提供的果园和包装厂名单中有选择性地选取若干家果园和包装厂，选择的考量标准是尽可能覆盖所有果园和包装厂类型（包括规模大小、设施条件等），然后进行随机挑选。确定的果园和包装厂应满足开展实时连线检查的

要求。

（二）确认视频连线检查的时间，包括日期、具体时间［包括输出国家（地区）当地时间和中国时间］。

（三）抽中视频检查的果园应对其病虫害的系统管理综合措施进行介绍，并提前提供5~10分钟的实地拍摄视频进行检查，检查内容包括：

1. 果园是否建立并实施良好农业操作规范（GAP），维持果园卫生条件如及时清理落果等，执行有害生物综合防治（IPM），包括有害生物监测调查、化学或生物防治以及农事操作等防控措施；

2. 是否对检验检疫要求中关注的有害生物实施果园监测，是否有具体的监测计划和发现关注的有害生物时可以采取的整体预防控制措施，如何在官方监管下开展监测，是否保留有害生物监测调查和防控记录；

3. 采收过程及采后防止有害生物再感染的措施；

4. 在实时连线过程中，果园的负责人或代表应对提供的视频进行介绍，并回答中方检查人员在其介绍过程中提出的相关问题。

（四）抽中视频监控的包装厂应对其输华水果的采收、清洁整理、包装、贮藏和装箱过程进行介绍，并实时连线包装厂进行检查，检查内容包括：

1. 包装厂的出口情况，主要出口国家（地区）、品种、数量等，对有害生物的防控措施，尤其是对中方关注的检疫性有害生物的防控及加工过程中的防疫情况。

2. 展示水果分选、清洗、包装、贮藏、装运等全过程，加工场所、贮藏库、运输工具的卫生情况及防疫措施，有缺陷水果的筛选和剔除情况。

3. 中方关注的检疫性有害生物风险降低措施、采后防止有害生物再感染的措施以及降低病原传带风险的措施。

4. 水果贮存与出货方式：是否单独存放于不同的冷藏库，有无采取防止有害生物再感染的措施。

5. 包装箱上的出口标识加施情况。

6. 水果加工的溯源管理情况。

7. 出口包装厂管理人员和加工人员的应知应会情况，以了解是否进行了包括果园管理、有害生物识别、有害生物监测与控制、果实采摘与运输等方面的培训情况。

8. 输出国家（地区）官方植物保护组织的出口检疫流程和具体管控措施。

9. 出口使用的木质包装情况。

10. 在实时连线过程中，包装厂的负责人或代表应对水果包装流程进行介绍，并回答中方检查人员在其介绍过程中提出的相关问题。包装厂现场工作人员能在实时连线现场回答中方检查人员的问题。

（五）在实时连线过程中，输出国家（地区）官方植物保护组织官员还应对其官方整体植物检疫体系进行介绍，包括官方组织构成、出口果园、水果包装厂管理、官方对输华水果的管理措施等；并回答中方检查人员在其介绍过程和果园包装厂检查过程中提出的相关问题。

（六）设备和技术保障。

1. 选择视频连线采用的软件，例如 Zoom 等，并进行测试，确认能够满足实时连线的需要。

2. 包装厂实时连线的设备、网络应能满足实时连线检查的需要。建议采用专业的设备，避免对检查产生阻碍。

3. 果园的介绍视频需提前发送给中方检查人员。

4. 最终确认正式连线日期后，输出国家（地区）官方提供具体安排方案，包括参加人员、具体流程安排等。

5. 提前联系中方，进行实时连线检查测试。

（七）对参加人员的要求。

1. 输出国家（地区）官方植物保护组织代表：必须熟悉输出国家（地区）官方植物检疫体系和出口水果质量安全管理措施等，能够对相关情况进行系统、专业的介绍。

2. 果园、包装厂介绍人员：能通过 PPT 形式对果园、包装厂的操作规范、质量安全管理体系进行介绍，并回答中方检查人员的问题。

3. 果园和包装厂现场连线人员：了解检查果园、包装厂的流程、状况，能在实时连线时进行介绍并回答中方检查人员的问题。

4. 翻译：能够准确翻译输出国家（地区）各方代表的介绍及中方检查人员提出的问题。

第三节
主要贸易国家（地区）进境水果检疫要求

目前，我国允许进口的水果大致可以分为两类。一类是传统贸易水果，如菲律宾输华菠萝、香蕉、番木瓜，新西兰输华柑橘类（橘、橙、柠檬）、樱桃、葡萄、猕猴桃、李、梨、梅等。这类水果一般实施到岸后检疫，若发现检疫问题，由中方反馈给输出国家（地区）。另一类是近年来我国借鉴发达国家（地区）的先进管理经验，采用SPS协定框架下的国际植物检疫措施国际标准，从源头就进行管控的水果，如菲律宾输华芒果、椰子、鳄梨，新西兰输华苹果、柿子、鳄梨等。这些水果是在中方进行有害生物风险分析，并对输出国家（地区）水果的质量安全管控体系进行考核认可的基础上，由中方和输出国家（地区）官方签订双边议定书，明确检疫要求，再进行贸易的。目前采用第二种方式，即在风险评估的基础上决定是否进口，允许进口的水果须采用从果园到餐桌的全链条管理方式，越来越成为我国和水果产地国（地区）进行双边水果贸易谈判和准入的首选方案。

根据《获得我国检验检疫准入的新鲜水果种类及输出国家/地区名录》（截至2022年11月），我国允许进口的水果共来自48个国家（地区）、249种次。其中，从2015—2021年，我国与水果的原产国（地区）签署的双边协议或其他形式的植物检疫条款已有55项。在双边协议中，海关总署对某一种水果制定了详细的植物检疫要求，包括列明了允许进口的水果品种、产区，关注的检疫性有害生物名单。同时，规范了果园和包装厂的管理要求，如是否进行注册登记、是否在非疫区或是非疫生产点、是否套袋、针对哪些有害生物进行监测及如何监测、良好的田间农业操作规范和记录、包装厂加工包装规范和记录、建立有效的质量追溯体系等；规范了包装和标识的要求，如包装箱上用中英文标明水果种类、果园注册号、包装厂名称或注册号、除害处理设施注册号等，规范了水果在出口前的检验检疫要点，如抽查比例，检查重点，是否进行有毒有害物质监控等，是否需要进行除害处理，除害处理的方式，技术指标，在出口前实施还是在运输途中实施等。此外，规范了植物检疫证书的出具，如证书是否要标注水果的学名、是否要标注水果的原产省份、包装厂名称或注册号，是否要标注集装箱号、是否要标注除害处理的内容、有无附加声明等。

亚 洲

一、巴基斯坦

（一）进境水果植物检疫要求概况

获得中方检疫准入的巴基斯坦水果有芒果（*Mangifera indica*）、柑橘［橘（*Citrus reticulata*）、橙（*Citrus sinensis*）］。具体要求见《关于印发〈巴基斯坦柑橘进境植物检疫要求〉的通知》（国质检〔2006〕31 号）、《质检总局关于进口巴基斯坦芒果植物检验检疫要求的公告》（国家质检总局公告 2013 年第 126 号）。

（二）重点关注的检疫性有害生物

重点关注的检疫性有害生物见表 6-4。

表 6-4　重点关注的检疫性有害生物

水果	检疫性有害生物	
	中文名	学名
芒果	桃实蝇	*Bactrocera zonata*
	芒果果核象	*Sternochetus mangiferae*
	芒果果肉象	*Sternochetus frigidus*
	芒果白轮蚧	*Aulacas tubercularis*
	灰白片盾蚧	*Parlatoria crypta*
	东京蛎蚧	*Lepidosaphes tokionis*
	突胫果实蝇	*Bactrocera correcta*
	煤炱病	*Capnodium ramosum*
	芒果畸形病	*Fusarium moniliforme* var. *subglutinans*

续表

水果	检疫性有害生物	
	中文名	学名
柑、橘、橙	番石榴实蝇	*Bactrocera correcta*
	橘小实蝇	*Bactrocera dorsalis*
	桃实蝇	*Bactrocera* (*Bactrocera*) *zonata*
	柑橘溃疡病菌	*Xanthomonas citri*
	柑橘黄龙病菌	*Liberbacter asianticum jagoueix*
	柑橘顽固病菌	*Spiroplasma citri*

柑橘溃疡病果实受害状见图 6-5。

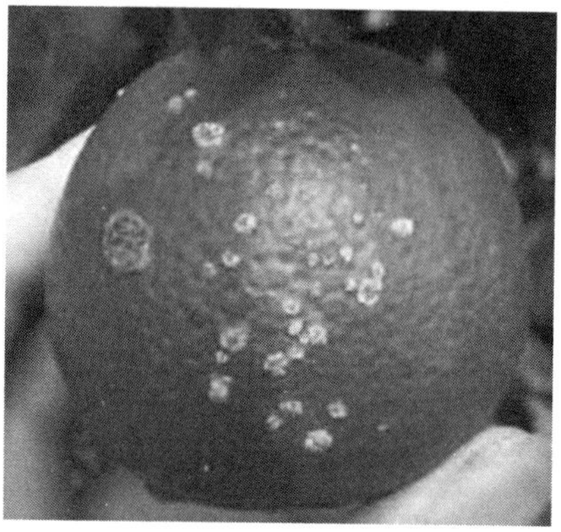

图 6-5　柑橘溃疡病果实受害状

（图片来源：《植物病虫害识别图谱》）

（三）特殊要求

1. 巴基斯坦输华芒果、柑橘应来自注册的果园和包装厂。

2. 巴基斯坦输华芒果出口前须在巴方注册并经中方专家现场测试合格的热水处理设施中进行热水处理。热水温度 48℃，处理时间不少于 1 小时。

二、朝鲜

（一）进境水果植物检疫要求概况

获得中方检疫准入的朝鲜水果有蓝靛果（*Lonicera caerulea*）、越橘

（*Vaccinium* sp.）（仅限加工使用），双方暂时没有就某种水果签署双边议定书，按照《进境水果检验检疫监督管理办法》执行。

（二）重点关注的检疫性有害生物

重点关注的检疫性有害生物见表 6-5。

表 6-5 重点关注的有害生物名单

水果	检疫性有害生物	
	中文名	学名
蓝靛果、越橘	日本臀纹粉蚧	*Planococcus kraunhiae*
	橘小实蝇复合种，包括橘小实蝇	*Bactrocera dorsalis species* complex

三、菲律宾

（一）进境水果植物检疫要求概况

获得中方检疫准入的菲律宾水果有菠萝（*Ananas comosus*）、香蕉（*Musa* sp.）、番木瓜（*Carica papaya*）、芒果（*Mangifera indica*）、椰子（*Cocos nucifera*）、鳄梨（*Persea americana*）。其中，菠萝、香蕉、番木瓜为中国、菲律宾传统贸易水果，按照《进境水果检验检疫监督管理办法》执行；针对芒果、椰子、鳄梨，双方签署了双边议定书，根据议定书，中方发布了《关于印发〈菲律宾芒果进境植物检疫要求〉的通知》（国质检动〔2006〕399 号）、《关于菲律宾芒果进境植物检疫补充要求的通知》（国质检动函〔2007〕378 号）、《关于进口菲律宾新鲜椰子植物检疫要求的公告》（海关总署公告 2019 年第 85 号）、《关于进口菲律宾鲜食鳄梨植物检疫要求的公告》（海关总署公告 2019 年第 184 号）。

（二）重点关注的检疫性有害生物

重点关注的检疫性有害生物见表 6-6。

表 6-6　重点关注的检疫性有害生物

水果	检疫性有害生物	
	中文名	学名
芒果	菲律宾实蝇	*Bactrocera philippinensis*
	芒果实蝇	*Bactrocera occipitalis*
	芒果果核象甲	*Sternochetus mangiferae*
椰子	黑丝盾蚧	*Ischnaspis longirostris*
	刺盾蚧	*Selenaspidus articulatus*
	七角星蜡蚧	*Vinsonia stellifera*
	南洋臀纹粉蚧	*Planococcus lilacinus*
	大洋臀纹粉蚧	*Planococcus minor*
	东亚椰粉蚧	*Palmicultor palmarum*
	螺旋粉虱	*Aleurodicus dispersus*
	新菠萝灰粉蚧	*Dysmicoccus neobrevipes*
	奇异长喙壳	*Ceratocystis paradoxa*
	芒果白轮蚧	*Aulacaspis tubercularis*
	椰子死亡类病毒	Coconut cadang-cadang viroid
	红棕象甲	*Rhynchophorus ferrugineus*
	芒果粘棉蜡蚧	*Milviscutulus mangiferae*
	李比利氏灰粉蚧	*Dysmicoccus lepelleyi*
	飞蓬圆盾蚧	*Aspidiotus excisus*
鳄梨	木瓜秀粉蚧	*Paracoccus marginatus*
	大洋臀纹粉蚧	*Planococcus minor*
	暗色粉蚧	*Pseudococcus viburni*
	西非垒粉蚧	*Rastrococcus invadens*
	刺盾蚧	*Selenaspidus articulatus*
	七星角蜡蚧	*Vinsonia stellifera*
	螺旋粉虱	*Aleurodicus dispersus*
	可可花瘿病菌	*Albonectria rigidiuscula*
	鳄梨疮痂病菌	*Sphaceloma persea*

续表

水果	检疫性有害生物	
	中文名	学名
菠萝	新菠萝灰粉蚧	*Dysmicoccus neobrevipes*
	瓜实蝇	*Bactrocera* (*Zeugodacus*) *cucurbitae*
	南洋臀纹粉蚧	*Planococcus lilacinus*
	大洋臀纹粉蚧	*Planococcus minor*
	飞机草	*Eupatorium odoratum*
香蕉	香蕉肾盾蚧	*Aonidiella comperei*
	香蕉灰粉蚧	*Dysmicoccus grassi*
	新菠萝灰粉蚧	*Dysmicoccus neobrevipes*
	黑丝盾蚧	*Ischnaspis longirostris*
	七角星蜡蚧	*Vinsonia stellifera*
	香蕉细菌性枯萎病菌	*Ralstonia solanacearum*
	香蕉黑条叶斑病菌	*Mycosphaerella figiensis*
番木瓜	南瓜实蝇	*Bactrocera* (=*Zeugodacus*) *tau*
	橘小实蝇	*Bactrocera dorsalis*
	螺旋粉虱	*Aleurodicus dispersus*
	大洋臀纹粉蚧	*Planococcus minor*

芒果实蝇见图6-6。

图6-6　芒果实蝇

（图片来源：《你想知道的台湾水果》）

（三）特殊要求

1. 菲律宾输华芒果、椰子、鳄梨应来自注册的果园和包装厂。

2. 菲律宾输华芒果出口前须经过热水处理。热水处理技术指标为：芒果中心果温 46℃以上持续 15 分钟。热水温度为 48℃，水果须浸泡在水面 10 厘米以下，全过程不得少于 2 小时。

3. 允许进境的新鲜椰子，为完全去除果皮和果柄的椰子。允许进境的产地为菲律宾棉兰老岛（Mindanao islands）及雷伊泰岛（Leyte islands）椰子产区。

小贴士　椰子挑选小妙招

椰子果实越接近成熟，附着于内果皮的白色胚乳（俗称椰子肉）越厚，椰子水越少越甘甜。因椰子主要作饮料用，故而选择时成熟度最为关键。

果实充分成熟时，外果皮呈棕黄色或深绿色，用手轻轻摇动，发出清晰的水声，或以手轻拍微有声，但若摇动或轻拍果实发出混浊沉闷声则表明未成熟，水分多、不甜。

四、韩国

（一）进境水果植物检疫要求概况

获得中方检疫准入的韩国水果只有葡萄（*Vitis vinifera*），具体要求见《质检总局关于泰国莲雾、斯里兰卡香蕉、韩国葡萄、埃塞俄比亚大豆输华和中国荔枝输韩国等检验检疫要求的公告》（国家质检总局公告 2015 年第 94 号公告）。

（二）重点关注的检疫性有害生物

重点关注的检疫性有害生物见表 6-7。

表 6–7　重点关注的检疫性有害生物

水果	检疫性有害生物	
	中文名	学名
葡萄	温室条篱蓟马	*Hercinothrips femoralis*
	日本臀纹粉蚧	*Planococcus kraunhiae*
	葡萄根瘤蚜	*Viteus vitifolii*
	大丽轮枝孢	*Verticillium dahliae*

葡萄根瘤蚜为害葡萄的症状见图 6–7。

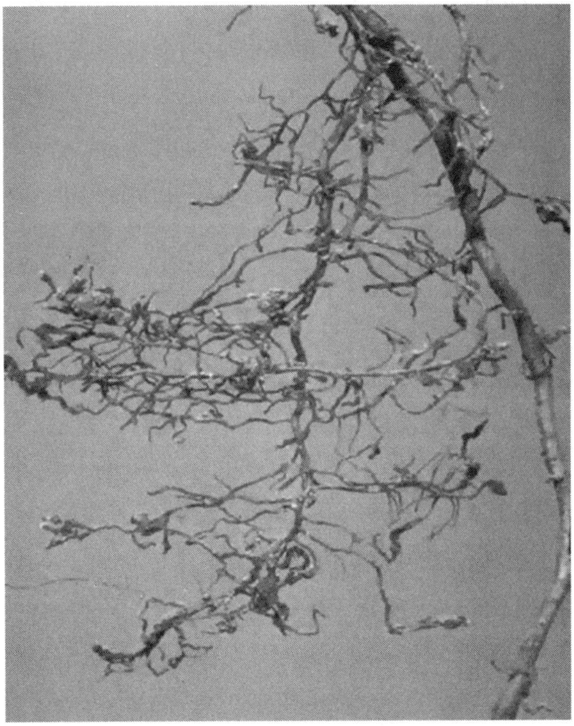

图 6–7　葡萄根瘤蚜为害葡萄根系形成的根瘤

（图片来源：《植物病虫害识别图谱》）

（三）特殊要求

韩国输华葡萄应来自注册的果园和包装厂。

五、泰国

（一）进境水果植物检疫要求概况

获得中方检疫准入的泰国水果有：罗望子（*Tamarindus indica*）、番荔枝（*Annona squamosa*）、番木瓜（*Carica papaya*）、杨桃（*Averrhoa carambola*）、番石榴（*Psidium guajava*）、红毛丹（*Nephelium lappaceum*）、莲雾（*Syzygium samarangense*）、菠萝蜜（*Artocarpus heterophyllus*）、椰色果（*Lansium parasiticum*）、菠萝（*Ananas comosus*）、人心果（*Manilkara zapota*）、香蕉（*Musa* sp.）、西番莲（*Passiflora caerulea*）、椰子（*Cocos nucifera*）、龙眼（*Dimocarpus longan*）、榴莲（*Durio zibethinus*）、芒果（*Mangifera indica*）、荔枝（*Litchi chinensis*）、山竹（*Garcinia mangostana*）、柑橘［橘（*Citrus reticulata*）、橙（*Citrus sinensis*）、柚（*Citrus maxima*）］。其中罗望子、番荔枝、番木瓜、杨桃、番石榴、红毛丹、菠萝蜜、椰色果、菠萝、人心果、香蕉、西番莲、椰子、柑橘（橘、橙、柚）为中泰双边传统贸易水果，按照《进境水果检验检疫监督管理办法》执行；针对龙眼、榴莲、芒果、荔枝、山竹、莲雾，双方签署了双边议定书，根据议定书，中方先后发布《国家质检总局关于印发〈泰国热带水果进境检验检疫要求〉的通知》（国质检动函〔2005〕790号）、《质检总局关于泰国莲雾、斯里兰卡香蕉、韩国葡萄、埃塞俄比亚大豆输华和中国荔枝输韩国等检验检疫要求的公告》（国家质检总局公告2015年第94号）。

（二）重点关注的检疫性有害生物

重点关注的检疫性有害生物见表6-8。

表 6-8　重点关注的检疫性有害生物

水果	检疫性有害生物	
	中文名	学名
莲雾	番石榴实蝇	*Bactrocera correcta*
	橘小实蝇	*Bactrocera dorsalis*
	杨桃实蝇	*Bactrocera carambolae*
	蛀果蛾类害虫	*Meridarchis* spp.
	粉蚧类害虫	*Pseudococcidae* spp.
龙眼	杨桃实蝇	*Bactrocera carambolae*
	木瓜实蝇	*Bactrocera papayae*
	番石榴实蝇	*Bactrocera correcta*
	桃实蝇	*Bactrocera zonata*
榴莲	杨桃实蝇	*Bactrocera carambolae*
	木瓜实蝇	*Bactrocera papayae*
	番石榴实蝇	*Bactrocera correcta*
	桃实蝇	*Bactrocera zonata*
	榴莲果核夜蛾	*Mudaria luteileprosa*
芒果	杨桃实蝇	*Bactrocera carambolae*
	木瓜实蝇	*Bactrocera papayae*
	番石榴实蝇	*Bactrocera correcta*
	桃实蝇	*Bactrocera zonata*
荔枝	杨桃实蝇	*Bactrocera carambolae*
	木瓜实蝇	*Bactrocera papayae*
	番石榴实蝇	*Bactrocera correcta*
	桃实蝇	*Bactrocera zonata*
山竹	杨桃实蝇	*Bactrocera carambolae*
	木瓜实蝇	*Bactrocera papayae*
	番石榴实蝇	*Bactrocera correcta*
	桃实蝇	*Bactrocera zonata*

续表1

水果	检疫性有害生物	
	中文名	学名
罗望子	大洋臀纹粉蚧	*Planococcus minor*
	杰克贝尔氏粉蚧	*Pseudococcus jackbeardsleyi*
番荔枝	橘小实蝇及其复合种团	*Bactrocera dorsalis species* complex
	大洋臀纹粉蚧	*Planococcus minor*
	杰克贝尔氏粉蚧	*Pseudococcus jackbeardsleyi*
	螺旋粉虱	*Aleurodicus dispersus*
番木瓜	橘小实蝇	*Bactrocera dorsalis*
	木瓜实蝇	*Bactrocera papayae*
	瓜实蝇	*Bactrocera cucurbitae*
红毛丹	橘小实蝇及其复合种团	*Bactrocera dorsalis species* complex
	大洋臀纹粉蚧	*Planococcus minor*
	杰克贝尔氏粉蚧	*Pseudococcus jackbeardsleyi*
菠萝蜜	橘小实蝇及其复合种团	*Bactrocera dorsalis species* complex
	大洋臀纹粉蚧	*Planococcus minor*
	杰克贝尔氏粉蚧	*Pseudococcus jackbeardsleyi*
椰色果	橘小实蝇及其复合种团	*Bactrocera dorsalis species* complex
	大洋臀纹粉蚧	*Planococcus minor*
	杰克贝尔氏粉蚧	*Pseudococcus jackbeardsleyi*
人心果	橘小实蝇及其复合种团	*Bactrocera dorsalis species* complex
西番莲	橘小实蝇及其复合种团	*Bactrocera dorsalis species* complex
椰子	螺旋粉虱	*Aleurodicus dispersus*
番石榴	橘小实蝇及其复合种团	*Bactrocera dorsalis species* complex
	大洋臀纹粉蚧	*Planococcus minor*
	杰克贝尔氏粉蚧	*Pseudococcus jackbeardsleyi*
	螺旋粉虱	*Aleurodicus dispersus*

续表2

水果	检疫性有害生物	
	中文名	学名
柑、橙、柚	橘小实蝇及其复合种团	*Bactrocera dorsalis species* complex
	大洋臀纹粉蚧	*Planococcus minor*
	新菠萝灰粉蚧	*Dysmicoccus neobrevipes*
	柑橘黄龙病	*Candidatus liberibacter asiaticus*
	柑橘溃疡病菌	*Xanthomonas citri* subsp. *citri*
香蕉	橘小实蝇及其复合种团	*Bactrocera dorsalis species* complex
	大洋臀纹粉蚧	*Planococcus minor*
	新菠萝灰粉蚧	*Dysmicoccus neobrevips*
	杰克贝尔氏粉蚧	*Pseudococcus jackbeardsleyi*
	香蕉灰粉蚧	*Dysmicoccus grassi*
	香蕉肾盾蚧	*Aonidiella comperei*
	螺旋粉虱	*Aleurodicus dispersus*
	香蕉枯萎病菌（4 号小种）	*Fusarium oxysporum* f. sp. *cubense* race 4
菠萝	新菠萝灰粉蚧	*Dysmicoccus neobrevipes*
	大洋臀纹粉蚧	*Planococcus minor*
	飞机草	*Eupatorium odoratum*
杨桃	橘小实蝇及其复合种团	*Bactrocera dorsalis species* complex
	大洋臀纹粉蚧	*Planococcus minor*

榴莲果核夜蛾幼虫、成虫见图 6-8、图 6-9。

图 6-8　榴莲果核夜蛾幼虫

图 6-9　榴莲果核夜蛾成虫

（图片来源：《植物病虫害识别图谱》）

（三）特殊要求

1. 泰国输华龙眼、榴莲、芒果、荔枝、山竹、莲雾须来自注册的果园和包装厂。

2. 泰国输华荔枝、龙眼枝条长度应不超过 15 厘米。

3. 泰国输华龙眼中二氧化硫最高限量为每千克果肉不超过 50 毫克。应附有“农药残留证书”。

4. 泰国输华芒果，植物检疫证书应声明不带有杨桃实蝇、木瓜实蝇、番石榴实蝇或桃实蝇；如果产自上述实蝇的发生区，还应注明有效的除害处理方式。

六、柬埔寨

（一）进境水果植物检疫要求概况

获得中方检疫准入的柬埔寨水果有香蕉（*Musa supientum*）、芒果（*Mangifera indica*），具体要求见《关于进口柬埔寨香蕉植物检疫要求的公告》（海关总署公告 2018 年第 111 号）、《关于进口柬埔寨鲜食芒果植物检疫要求的公告》（海关总署公告 2020 年第 86 号）。

（二）重点关注的检疫性有害生物

重点关注的检疫性有害生物见表 6-9。

表 6-9　重点关注的检疫性有害生物

水果	检疫性有害生物	
	中文名	学名
香蕉	橘小实蝇	*Bactrocera dorsalis*
	橘小实蝇复合种	*Bactrocera dorsalis species* complex
	香蕉绣蓟马	*Chaetanaphothrips signipennis*
	新菠萝灰粉蚧	*Dysmicoccus neobrevipes*
	杰克贝尔氏粉蚧	*Pseudococcus jackbeardsleyi*
	香蕉镰刀菌枯萎病菌（非中国小种）	*Fusarium oxysporum* f. sp. cubense (non-Chinese races)
	香蕉黄条叶斑病菌	*Mycosphaerella musicola*
	香蕉细菌性枯萎病菌（2 号小种）	*Ralstonia solanacearum* race 2
芒果	南瓜实蝇	*Bactrocera* (=*Zeugodacus*) *tau*
	扶桑绵粉蚧	*Phenacoccus solenopsis*
	南洋臀纹粉蚧	*Planococcus lilacinus*
	李比利氏灰粉蚧	*Dysmicoccus lepelleyi*
	截获秀粉蚧	*Paracoccus interceptus*
	七角星蜡蚧	*Vinsonia stellifera*
	芒果象属一种象甲	*Sternochetus goniocnemis*
	芒果果核象甲	*Sternochetus mangiferae*
	芒果果实象甲	*Sternochetus olivieri*

（三）特殊要求

1. 柬埔寨输华香蕉、芒果须来自注册的果园和包装厂。

2. 柬埔寨输华香蕉限定为未成熟青香蕉，任何成熟香蕉或果皮开裂的香蕉不得向中国出口。

3. 柬埔寨输华芒果须实施热处理，蒸热处理要求处理温度为芒果最大果果心温度达到 47℃，相对湿度为 95%，处理 20 分钟；热水处理要求果实必须完全浸泡在水里，处理温度为 48℃或以上，处理 60 分钟。

七、老挝

（一）进境水果植物检疫要求概况

获得中方检疫准入的老挝水果有香蕉（*Musa supientum*）、西瓜（*Citrullus lanatus*），具体要求见《质检总局关于进口老挝香蕉植物检验检疫要求的公告》（国家质检总局公告 2018 年第 16 号）、《关于允许进口老挝西瓜的公告》（海关总署公告 2019 年第 111 号）。

（二）重点关注的检疫性有害生物

重点关注的检疫性有害生物见表 6-10。

表 6-10　重点关注的检疫性有害生物

水果	检疫性有害生物	
	中文名	学名
香蕉	螺旋粉虱 A	*leurodicus disperses*
	香蕉肾盾蚧	*Aonidiella comperei*
	橘小实蝇	*Bactrocera*（*Bactrocera*）*dorsalis*
	番木瓜果实蝇	*Bactrocera*（*Bactrocera*）*papayae*
	辣椒果实蝇	*Bactrocera*（*Bactrocera*）*latifrons*
	新菠萝灰粉蚧	*Dysmicoccus neobrevipes*
	大洋臀纹粉蚧	*Planococcus minor*
	玉米红虫	*Pyroderces rileyi*
	西非平刺粉蚧	*Rastrococcus invadens*
	七角星蜡蚧	*Vinsonia stellifera*
	香蕉镰刀菌枯萎病菌（非中国小种）	*Fusarium oxysporum* f. sp. cubense（non-Chinese races）
	香蕉黄条叶斑病菌	*Mycosphaerellamusicola*
	香蕉细菌性枯萎病菌（2 号小种）	*Ralstonia solanacearum* race 2
	香蕉苞片花叶病毒	Banana bract mosaic virus

续表

水果	检疫性有害生物	
	中文名	学名
西瓜	螺旋粉虱	*Aleurodicus dispersus*
	瓜实蝇	*Bactrocera*（*Zeugodacus*）*cucurbitae*
	橘小实蝇	*Bactrocera*（*Bactrocera*）*dorsalis*
	番木瓜果实蝇	*Bactrocera*（*Bactrocera*）*papayae*
	南瓜实蝇	*Bactrocera*（*Zeugodacus*）*tau*
	桃实蝇	*Bactrocera*（*Bactrocera*）*zonata*
	黄瓜黑星病菌	*Cladosporium cucumerinum*
	瓜类果斑病菌	*Acidovorax avenae* subsp. *citrulli*
	黄瓜绿斑驳花叶病毒	Cucumber green mottle mosaic virus

（三）特殊要求

老挝水果香蕉、西瓜须来自注册的果园和包装厂。

小贴士 香蕉的颜色与保存技巧

采收完熟后软化的香蕉不耐运销，因此一般通过采收青香蕉到目的地后再经人工催熟进入转色后熟时段。香蕉果皮颜色的改变可分为七个阶段：色级一，全绿期；色级二，绿带微黄期；色级三，绿多黄少期；色级四，绿少黄多期；色级五，绿尖或绿梗期；色级六，全黄期；色级七，褐斑期。如以转色的程度作标准，水果商品价值的时效，一般以黄色阶段多于绿色阶段（即色级四）为佳，此时香蕉的贮存寿命长，较受消费者欢迎。

在选购时可选择全黄至刚露出芝麻点褐斑的，也可选择稍微带一点点绿的。但优质香蕉一般梳柄完整，无缺只和脱落现象；单只香蕉丰满、肥壮、色泽鲜亮。

家庭保存香蕉，在未完全成熟时，可以放置于阴凉通风处，千万不可置于冰箱，否则果皮会因脱水而发黑；当香蕉达到完全成熟的状态时，须赶紧食用或放置于冰箱内，虽然也会因脱水而发黑，但果肉仍能保持良好质量。

八、马来西亚

（一）进境水果植物检疫要求概况

获得中方检疫准入的马来西亚水果有龙眼（*Dimocarpus longan*）、山竹（*Garcinia mangostanan*）、荔枝（*Litchi chinensis*）、椰子（*Cocos nucifera*）、西瓜（*Citrullus lanatus*）、红毛丹（*Nephelium lappaceum*）、木瓜（*Chaenomeles sinensis*）、菠萝（*Ananas comosus*）。其中龙眼、山竹、荔枝、椰子、西瓜、红毛丹为中马传统贸易水果，按照《进境水果检验检疫监督管理办法》执行；针对木瓜、菠萝，双方签署了双边议定书，根据议定书，中方发布了《关于印发〈马来西亚木瓜进境植物检疫要求〉的通知》（国质检动函〔2006〕4号）和《关于进口马来西亚菠萝植物检验检疫要求的公告》（国家质检总局公告2017年第46号）。

（二）重点关注的检疫性有害生物

重点关注的检疫性有害生物见表6-11。

表6-11 重点关注的检疫性有害生物

水果	检疫性有害生物	
	中文名	学名
木瓜	木瓜实蝇	*Bactrocera papayae*
菠萝	菠萝长叶螨	*Dolichotetranychus floridanus*
	菠萝灰粉蚧	*Dysmicoccus brevipes*
	杰克贝尔氏粉蚧	*Pseudococcus jackbeardsleyi*
	椰圆盾蚧	*Aspidiotus destructor*
	并盾蚧	*Pinnaspis minor*
	菠萝软腐病菌	*Pseudomonas anannas*
	菊花枯萎病菌	*Dickeya* sp.
	欧文氏杆菌	*Ervinia anannas*
西瓜	橘小实蝇及其复合种团	*Bactrocera dorsalis species* complex

续表

水果	检疫性有害生物	
	中文名	学名
椰子	菠萝灰粉蚧	*Dysmicoccus brevipes*
	杰科贝尔氏粉蚧	*Pseudococcus jackbeardslcyi*
龙眼	橘小实蝇及其复合种团	*Bactrocera dorsalis species* complex
山竹	橘小实蝇及其复合种团	*Bactrocera dorsalis species* complex
	菠萝灰粉蚧	*Dysmicoccus brevipes*
	杰克贝尔氏粉蚧	*Pseudococcus jackbeardsleyi*
荔枝	橘小实蝇及其复合种团	*Bactrocera dorsalis species* complex
红毛丹	橘小实蝇及其复合种团	*Bactrocera dorsalis species* complex

杰克贝尔氏粉蚧见图 6-10。

图 6-10　杰克贝尔氏粉蚧

（图片来源：《植物病虫害识别图谱》）

（三）特殊要求

1. 马来西亚输华木瓜、菠萝须来自注册的果园和包装厂。

2. 马来西亚输华木瓜须实施热水处理，技术要求为：水果须浸泡在水面 10 厘米以下，水温逐渐升高，当果实中心温度到达 46. 5℃时维持 10 分钟，全过程不得少于 2 小时。

3. 马来西亚输华菠萝冠长度不得超过 8 厘米。

4. 出口前，马来西亚输华菠萝须经过检疫处理，处理技术指标见表 6-12。

处理方式：甲酸乙酯常压熏蒸结合冷处理

表 6-12　冷处理技术指标

<table>
<tr><td rowspan="2">温度（℃）</td><td rowspan="2">剂量（g/m³）</td><td rowspan="2">时间（h）</td><td colspan="2">最低浓度（g/m³）</td></tr>
<tr><td>0.5h</td><td>4h</td></tr>
<tr><td>≥28</td><td>48</td><td>4</td><td>40</td><td>32</td></tr>
<tr><td colspan="5">熏蒸后进行冷处理</td></tr>
<tr><td colspan="2">温度（℃）</td><td colspan="3">时间（d）</td></tr>
<tr><td colspan="2">≤7</td><td colspan="3">10</td></tr>
</table>

注：水果应在熏蒸结束后立即转移至预冷的冷处理设施中，以开始冷处理。

九、缅甸

（一）进境水果植物检疫要求概况

获得中方检疫准入的缅甸水果有：龙眼（*Dimocarpus longan*）、山竹（*Garcinia mangostana*）、红毛丹（*Nephelium lappaceum*）、荔枝（*Litchi chinensis*）、芒果（*Mangifera indica*）、西瓜（*Citrullus lanatus*）、甜瓜（*Cucumis melo*）、毛叶枣（*Zizyphus mauritiana*）。其中龙眼、山竹、红毛丹、荔枝为中缅传统贸易水果，按照《进境水果检验检疫监督管理办法》执行；针对芒果、西瓜、甜瓜、毛叶枣，双方签署了双边议定书，根据议定书，中方发布了《关于印发〈从缅甸进口芒果、西瓜、甜瓜、毛叶枣检验检疫要求〉的通知》（国质检动函〔2007〕668 号）。

（二）重点关注的检疫性有害生物

重点关注的检疫性有害生物见表 6-13。

表 6-13 重点关注的检疫性有害生物

水果	检疫性有害生物	
	中文名	学名
芒果	芒果果实象甲	*Acryptorrhynchus olivieri*
	番石榴实蝇	*Bactrocera correcta*
	瓜实蝇	*Bactrocera cucurbitae*
	橘小实蝇	*Bactrocera dorsalis*
	实蝇	*Bactrocera tuberculata*
	桃实蝇	*Bactrocera zonata*
	黑盔蚧	*Parasaissetia nigra*
	常蛎盾蚧	*Lepidosaphes gloverii*
	堆蜡粉蚧	*Nipaecoccus viridis*
	紫粉蚧	*Planococcus lilacinus*
	巴豆臀纹粉蚧	*Planococcus minor*
	芒果果肉象甲	*Sternochetus frigidus*
	芒果果核象甲	*Sternochetus mangiferae*
西瓜	橘小实蝇	*Bactrocera dorsalis*
	瓜实蝇	*Bactrocera cucurbitae*
	南瓜实蝇	*Bactrocera tau*
	小南瓜实蝇	*Dacus ciliatus*
甜瓜	番石榴实蝇	*Bactrocera correcta*
	瓜实蝇	*Bactrocera cucurbitae*
	橘小实蝇	*Bactrocera dorsalis*
	南瓜实蝇	*Bactrocera tau*
	小南瓜实蝇	*Dacus ciliatus*
	巴豆臀纹粉蚧	*Planococcus minor*
毛叶枣	番石榴实蝇	*Bactrocera correcta*
	橘小实蝇	*Bactrocera dorsalis*

续表

水果	检疫性有害生物	
	中文名	学名
龙眼	番石榴实蝇	*Bactrocera correcta*
	橘小实蝇	*Bactrocera dorsalis*
山竹	堆蜡粉蚧	*Nipaecoccus viridis*
	紫粉蚧	*Planococcus lilacinus*
	巴豆臀纹粉蚧	*Planococcus minor*
荔枝	橘小实蝇	*Bactrocera dorsalis*
红毛丹	橘小实蝇	*Bactrocera dorsalis*
	堆蜡粉蚧	*Nipaecoccus viridis*
	紫粉蚧	*Planococcus lilacinus*
	巴豆臀纹粉蚧	*Planococcus minor*

番石榴实蝇成虫见图 6-11。

图 6-11　番石榴实蝇成虫

（图片来源：《植物病虫害识别图谱》）

（三）特殊要求

缅甸输华芒果、西瓜、甜瓜、毛叶枣须来自注册的果园和包装厂。

十、日本

（一）进境水果植物检疫要求概况

获得中方检疫准入的日本水果有苹果（*Malus domestica*）、梨（*Pyrus pyrifolia*），均为中日传统贸易水果，按照《进境水果检验检疫监督管理办法》执行。

（二）重点关注的检疫性有害生物

重点关注的检疫性有害生物见表 6-14。

表 6-14　重点关注的检疫性有害生物

水果	检疫性有害生物	
	中文名	学名
苹果	荷兰石竹卷叶蛾	*Cacoecimorpha pronubana*
	橘小实蝇	*Bactrocera dorsalis*
	榆蛎盾蚧	*Lepidosaphes ulmi*
	日本金龟子	*Popillia japonica*
	玫瑰短喙象	*Pantomorus cervinus*
	美澳型核果类褐腐病菌	*Monilinia fructicola*
	梨火疫病	*Erwinia amylovora*
	李属坏死环斑病毒	Prunus necrotic ringspot virus
	藜草花叶病毒	Sowbane mosaic virus
	番茄环斑病毒	Tomato ringspot virus
梨	梨矮蚜	*Aphanostigmapiri*
	瓜实蝇	*Bactrocera cucurbitae*
	橘小实蝇	*Bactrocera dorsalis*
	南亚果实蝇	*Bactrocera*（*Zeugodacus*）*tau*
	美澳型核果类褐腐病菌	*Monilinia fructicola*
	梨火疫病	*Erwinia amylovora*
	梨衰退病	*Candidatus phytoplasma*

瓜实蝇成虫见图 6-12。

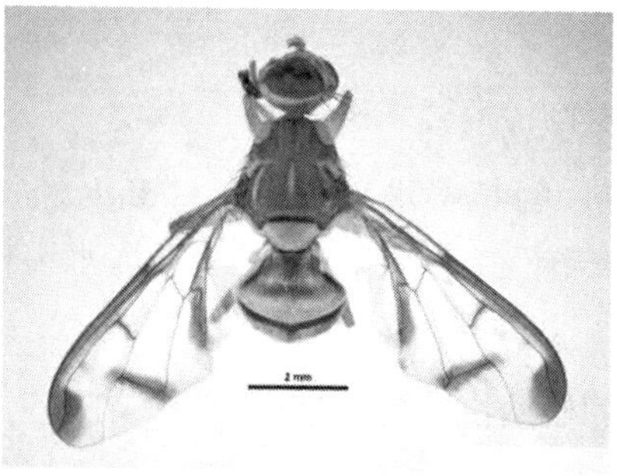

图 6-12 瓜实蝇成虫

（图片来源：《植物病虫害识别图谱》）

十一、塔吉克斯坦

（一）进境水果植物检疫要求概况

获得中方检疫准入的塔吉克斯坦水果有樱桃（*Prunus avium*）、柠檬（*Citrus limon*）。根据双边议定书，中方发布了《关于进口塔吉克斯坦樱桃植物检验检疫要求的公告》（国家质检总局公告 2013 年第 79 号）、《关于允许进口塔吉克斯坦柠檬的公告》（海关总署公告 2019 年第 129 号）。

（二）重点关注的检疫性有害生物

重点关注的检疫性有害生物见表 6-15。

表 6-15 重点关注的检疫性有害生物

水果	检疫性有害生物	
	中文名	学名
樱桃	葡萄花翅小卷蛾	*Lobesia botrana*
	樱桃绕实蝇	*Rhagoletis cerasi*
	大丽花轮枝孢	*Verticillium dahliae*
	南芥菜花叶病毒	Arabis mosaic virus
	李痘病毒	Plum pox virus
	烟草环斑病毒	Tobacco ringspot virus

续表

水果	检疫性有害生物	
	中文名	学名
柠檬	无花果蜡蚧	*Ceroplastes rusci*
	石榴螟	*Ectomyelois ceratoniae*
	甜菜叶蝉	*Neoaliturus tenellus*
	柑橘溃疡病菌	*Xanthomonas citri*

（三）特殊要求

1. 塔吉克斯坦输华樱桃、柠檬须来自注册的果园和包装厂。

2. 塔吉克斯坦输华樱桃在出口前或运输过程中应针对葡萄花翅小卷蛾和樱桃绕实蝇进行检疫除害处理，检疫除害处理方法应得到中方的认可（没有界定具体方法）。

十二、吉尔吉斯斯坦

（一）进境水果植物检疫要求概况

获得我国检疫准入的吉尔吉斯斯坦水果有樱桃（*Prunus avium*）、甜瓜（*Cucumis melo*），具体要求见《关于进口吉尔吉斯斯坦鲜食甜瓜植物检疫要求的公告》（海关总署公告2018年第101号）、《动植司关于下发进口吉尔吉斯斯坦鲜食樱桃植物检疫要求的函》、《动植司关于印发〈进口吉尔吉斯斯坦鲜食樱桃植物检疫要求〉的函》。

（二）重点关注的检疫性有害生物

重点关注的检疫性有害生物见表6-16。

表 6-16　重点关注的检疫性有害生物

水果	检疫性有害生物	
	中文名	学名
樱桃	葡萄花翅小卷蛾	*Lobesia botrana*
	欧洲樱桃实蝇	*Rhagoletis cerasi*
	大丽花轮枝孢	*Verticillium dahliae*
	南芥菜花叶病毒	Arabis mosaic virus
	李痘病毒	Plum pox virus
	烟草环斑病毒	Tobacco ringspot virus
	樱桃粘叶蜂	*Caliroa cerasi*
甜瓜	甜瓜迷实蝇	*Myiopardalis pardalina*
	瓜类细菌性果斑病菌	*Acidovora xavenae* subsp. *citrulli*
	黄瓜绿斑驳花叶病毒	Cucumber green mottle mosaic virus，CGMMV
	南芥菜花叶病毒	Arabis mosaic virus
	烟草环斑病毒	Tobacco ringspot virus
	瓜枝孢（黄瓜黑星病菌）	*Cladosporium cucumerinum*

（三）特殊要求

1. 吉尔吉斯斯坦输华樱桃、甜瓜应来自注册的果园和包装厂。

2. 吉尔吉斯斯坦输华甜瓜须来自甜瓜迷实蝇的非疫产区。

3. 输华樱桃果园应针对欧洲樱桃实蝇、葡萄花翅小卷蛾进行监测，一旦监测到葡萄花翅小卷蛾，则取消该果园当年出口中国的注册资质。

4. 输华甜瓜果园应针对甜瓜迷实蝇、瓜枝孢（黄瓜黑星病菌）、瓜类细菌性果斑病菌、黄瓜绿斑驳花叶病毒、南芥菜花叶病毒、烟草环斑病毒进行监测，如监测发现这些有害生物的任何一种，暂停相关果园该季节向中国出口资格。

5. 输华甜瓜在包装过程中须由经过 MAFIM（吉尔吉斯斯坦农业、食品工业和土壤改良部）培训的技术人员按 5%~10%的比例进行检查，重点检查有无实蝇为害状和瓜类细菌性果斑病症状，并对可疑样品进行剖果检查。如挑出的染病甜瓜数量超过该果园收摘总量的 0.1%，则当天采摘或者包装的整批甜瓜不得向中国出口。

6. 吉方应按 2%的比例对每批输华樱桃、甜瓜进行抽样，如发现中方关注的检疫性有害生物，整批货物不得出口中国。如两年内未发生植物检疫问题，抽样数降为 1%。对输华樱桃至少检查 1200 个果实，并对其中的可疑果进行剖果，用红糖水漂浮检测法进行检查。

7. 吉尔吉斯斯坦输华樱桃、甜瓜每个包装箱上应用英文标注产品名称、国家、产地 、果园、包装厂和冷处理企业的名称或编号，并标注“输往中华人民共和国”字样。

8. 吉尔吉斯斯坦输华樱桃必须在出口前进行冷处理或熏蒸处理。

冷处理技术要求为：果实中心温度 1℃或以下，持续 16 天以上；或果实中心温度 2.1℃或以下，持续 21 天以上。

熏蒸处理技术要求见表 6-17。

表 6-17 熏蒸处理技术要求

药剂名称	剂量（g/m^3）	温度（℃）	持续时间	投药后的最低气体浓度（g/m^3）		压力
				30 分钟后	2 小时后	
溴甲烷	64	4.4～9.9	2 小时	48	38	常压
	48	10～14.9		38	29	
	40	15～21.1		32	24	
	32	21.1 以上		26	19	

9. 植物检疫证书应按议定书要求加注附加声明，对经冷处理的樱桃，植物检疫证书中须注明冷处理的温度和时间，并在附加声明中标注冷处理企业的注册号。经熏蒸处理的，植物检疫证书中须注明投药量、温度和时间。

十三、乌兹别克斯坦

（一）进境水果植物检疫要求概况

获得中方检疫准入的乌兹别克斯坦水果有樱桃（*Prunus avium*）、甜瓜

（*Cucumis melon*）、石榴（*Punica granatum*）、柠檬（Citrus limon），具体要求见《质检总局关于进口乌兹别克斯坦樱桃、乌拉圭柑橘和智利鳄梨植物检验检疫要求的公告》（国家质检总局公告 2017 年第 55 号）、《关于进口乌兹别克斯坦鲜食甜瓜植物检疫要求的公告》（海关总署公告 2019 年第 174 号）、《关于进口乌兹别克斯坦石榴植物检疫要求的公告》（海关总署公告 2021 年第 36 号）、《关于进口乌兹别克斯坦柠檬植物检疫要求的公告》（海关总署公告 2021 年第 95 号）。

（二）重点关注的检疫性有害生物

重点关注的检疫性有害生物见表 6-18。

表 6-18　重点关注的检疫性有害生物

水果	检疫性有害生物	
	中文名	学名
樱桃	欧洲樱桃实蝇	*Rhagoletis cerasi*
	葡萄花翅小卷蛾	*Lobesia botrana*
	苹果蠹蛾	*Cydia pomonella*
	大丽花轮枝孢	*Verticillium dahliae*
	霍氏长盾蚧	*Mercetaspis halli*
	榆蛎盾蚧	*Lepidosaphes ulmi*
	欧洲榆小蠹	*Scolytus multistriatus*
	南芥菜花叶病毒	Arabis mosaic virus
甜瓜	甜瓜迷实蝇	*Myiopardalis pardalina*
	瓜枝孢	*Cladosporium cucumerinum*
	黄萎轮枝孢	*Verticillium albo-atrum*
	大丽花轮枝孢	*Verticillium dahliae*

续表

水果	检疫性有害生物	
	中文名	学名
石榴	石榴螟	*Ectomyelois ceratoniae*
	苹果蠹蛾	*Cydia pomonella*
	枇杷暗斑螟	*Euzophera bigella*
	榆蛎盾蚧	*Lepidosaphes ulmi*
	葡萄花翅小卷蛾	*Lobesia botrana*
	霍氏长盾蚧	*Mercetaspis halli*
	无花果刺粉蚧	*Pseudococcus maritimus*
	烟草根黑腐病菌	*Thielaviopsis basicola*
	大丽轮枝孢	*Verticillium dahliae*
柠檬	无花果蜡蚧	*Ceroplastes rusci*
	石榴螟	*Ectomyelois ceratoniae*
	甜菜叶蝉	*Neoaliturus tenellus*
	柑橘溃疡病菌	*Xanthomonas citri*
	丁香假单胞菌致病变种病菌	*Pseudomonas syringae* pv. *syringae*

（三）特殊要求

1. 乌兹别克斯坦输华樱桃、甜瓜、石榴、柠檬应来自注册的果园和包装厂。

2. 乌兹别克斯坦输华樱桃产地仅限于乌兹别克斯坦塔什干、撒马尔罕、纳曼干、安集延、菲尔干纳 5 个樱桃产区。

3. 乌兹别克斯坦输华甜瓜产地仅限于乌兹别克斯坦花剌子模州、锡尔河州、吉扎克州和卡什卡达里亚州 4 个甜瓜产区。出口到中国的甜瓜须来自甜瓜迷实蝇非疫产区。输华柠檬需产自中乌双方共同批准的石榴螟非疫产区。

4. 柠檬果园必须对柑橘溃疡病菌、无花果蜡蚧、甜菜叶蝉和丁香假单胞菌致病变种病菌开展监测与有害生物防控。

5. 乌兹别克斯坦输华樱桃必须进行冷处理或熏蒸处理。

冷处理的技术要求为：果实中心温度1℃或以下，持续16天以上；或果实中心温度2.1℃或以下，持续21天以上。

熏蒸处理技术要求见表6-19。

表6-19　熏蒸处理技术要求

药剂名称	剂量（g/m^3）	温度（℃）	持续时间	投药后的最低气体浓度（g/m^3）		压力
				30分钟后	2小时后	
溴甲烷	64	4.4~9.9	2小时	48	38	常压
	48	10~14.9		38	29	
	40	15~21.1		32	24	
	32	21.1以上		26	19	

十四、土耳其

（一）进境水果植物检疫要求概况

获得中方检疫准入的土耳其水果为樱桃（*Prunus avium*），双方签署了双边议定书，根据议定书，中方发布了《质检总局关于进口新西兰柿子和土耳其樱桃植物检验检疫要求的公告》（国家质检总局公告2016年第51号）。由于上海海关2019年7月在土耳其输华樱桃中截获活体地中海实蝇和欧洲樱桃实蝇，目前该国樱桃仍然处于暂停输华的状态。

（二）重点关注的检疫性有害生物

重点关注的检疫性有害生物见表6-20。

表 6-20 重点关注的检疫性有害生物

水果	检疫性有害生物	
	中文名	学名
樱桃	地中海实蝇	*Ceratitis capitata*
	欧洲樱桃实蝇	*Rhagoletis cerasi*
	蔷薇黄卷蛾	*Archips rosanus*
	芽广翅小卷蛾	*Hedya nubiferana*
	葡萄花翅小卷蛾	*Lobesia botrana*
	桃白圆盾蚧	*Epidiaspis leperii*
	霍氏长盾蚧	*Mercetaspis halli*
	榆蛎盾蚧	*Lepidosaphes ulmi*
	醋栗褐蚧	*Eulecanium tiliae*
	李瘤蚜	*Myzus cerasi*
	桃大黑蚜	*Pterochloroides persicae*
	梨火疫病菌	*Erwinia amylovora*
	核果树细菌性溃疡病菌	*Pseudomonas syringae* pv. *morsprunorum*
	苹果丛生植原体	*Phytoplasma mali*
	欧洲核果黄化植原体/杏褪绿卷叶植原体	*Phytoplasma prunorum/ candidatus phytoplasma prunorum*
	柑橘顽固病螺原体	*Spiroplasma citri*
	李痘病毒	Plum pox virus

地中海实蝇成虫见图 6-13。

图 6-13　地中海实蝇成虫

（图片来源：《植物病虫害识别图谱》）

（三）特殊要求

1. 土耳其输华樱桃须来自注册的果园和包装厂。

2. 土耳其产自地中海实蝇疫区的樱桃，须进行冷处理。冷处理技术要求：1℃或以下持续 16 天。

十五、以色列

（一）进境水果植物检疫要求概况

获得中方检疫准入的以色列水果有柑橘［橙（*Citrus sinensis*）、柚（*Citrus maxima*）、橘子（*Citrus reticulata*）、柠檬（*Citrus limon*）、葡萄柚（*Citrus paradisi*）］，根据双方签署的议定书，目前这几种水果均为试进口，具体要求见《关于印发〈以色列柑橘进境植物检疫要求〉的通知》（国质检动〔2007〕94 号）。

（二）重点关注的检疫性有害生物

重点关注的检疫性有害生物见表6-21。

表6-21　重点关注的检疫性有害生物

水果	检疫性有害生物	
	中文名	学名
柑橘（橙、柚、橘子、柠檬、葡萄柚）	柑橘瘤瘿螨	*Aceria sheldoni*
	芒果白轮蚧	*Aulacaspis tubercularis*
	加州短须螨	*Brevipalpus californicus*
	地中海实蝇	*Ceratitis capitata*
	无花果蜡蚧	*Ceroplastes rusci*
	高粱穗隐斑螟	*Cryptoblabes gnidiella*
	石榴螟	*Ectomyelois ceratoniae*
	柑橘螟蛾	*Euzopherodes vapidella*
	西花蓟马	*Frankliniella occidentalis*
	橘花蛾	*Prays citri*
	梨形圆棉蚧	*Protopulvinaria pyriformis*
	橘小粉蚧	*Pseudococcus citriculus*
	冬生疫霉	*Phytophthora hibernalis*

（三）特殊要求

1. 输华以色列柑橘须来石榴螟和冬生疫霉的非疫区生产点。来自注册的果园和包装厂。

2. 输华以色列柑橘在装箱前须预冷至果肉温度达4℃或以下。在运输途中，柑橘须在制冷集装箱中进行针对地中海实蝇的冷处理。冷处理技术指标为：果肉中心温度1.1℃持续15天以上，或1.7℃持续17天以上，或2.1℃持续21天以上。冷处理的温度、处理时间、集装箱号码和封识号码必须在植物检疫证书的除害处理部分中注明。

十六、印度

（一）进境水果植物检疫要求概况

获得中方检疫准入的印度水果有芒果（*Mangifera indica*）、葡萄（*Vitis vinifera*），具体要求见《关于印发〈印度芒果进境植物检疫要求〉的通知》（国质检动函〔2004〕518号）、《关于印发〈印度葡萄进境植物检疫要求〉的通知》（国质检动〔2006〕336号）。

（二）重点关注的检疫性有害生物

重点关注的检疫性有害生物见表6-22。

表6-22　重点关注的检疫性有害生物

水果	检疫性有害生物	
	中文名	学名
芒果	桃实蝇	*Bactrocera zonata*
	芒果蛀果螟	*Deanolis albizonalis*
	芒果果核象	*Sternochetus mangiferae*
	芒果果肉象	*Seenochetus frigidus*
	香蕉肾盾蚧	*Aonidiella comperei*
	灰白片盾蚧	*Parlatoria crypta*
	印度瘿蚊	*Erosomyia indica*
	突胫果实蝇	*Bactrocera correcta*
	煤炱病	*Capnodium ramosum*
葡萄	葡萄苦腐病菌	*Greeneria uvicola*
	球孢枝孢	*Cladosporium sphaerospermum*
	大洋刺粉蚧	*Planococcus minor*
	葡萄黑蓟马	*Retithrips syriacus*
	链格孢叶点病菌	*Alternaria vitis*
	橘小实蝇	*Bactrocera dorsalis*
	葡萄枯萎病菌	*Phoma glomerata*

芒果果核象为害状见图 6-14。

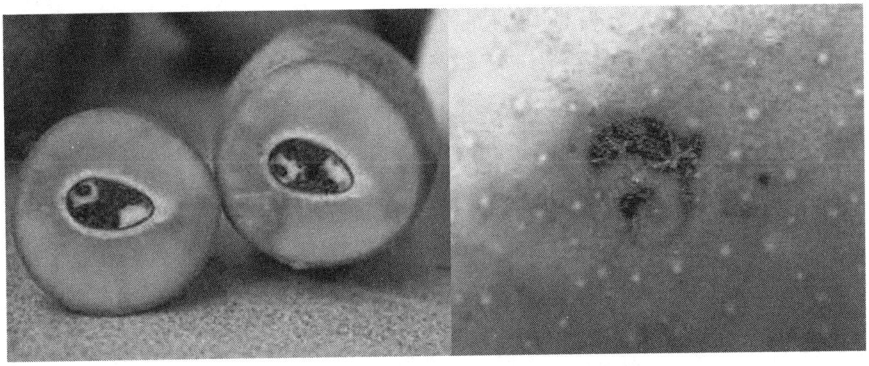

图 6-14　芒果果核象为害状（右：产卵孔）

（图片来源：《植物病虫害识别图谱》）

（三）特殊要求

1. 印度输华芒果允许进境的产地包括印度的北方邦（Uttar Pradesh）、安德拉邦（Andhra Pradesh）、马哈拉施特拉邦（Maharashtra）、古吉拉特邦（Gujarat），经印度农业部注册的果园。

2. 印度输华芒果须经过 48℃持续 1 小时的热水处理，并在植物检疫证书上注明。

3. 印度输华葡萄应实施运输途中冷处理。冷处理技术指标为 1.1℃或以下持续 15 天以上。冷处理的温度、处理时间和集装箱号码及封识号必须在植物检疫证书中注明。

十七、印度尼西亚

（一）进境水果植物检疫要求概况

获得中方检疫准入的印度尼西亚水果有香蕉（*Musa nana*）、龙眼（*Dimocarpus longan*）、山竹（*Garcinia mangostana*）、蛇皮果（*Salacca zalacca*）、火龙果（*Hylocereus costaricensis*, *Hylocereus polyrhizus*, *Hylocereus undatus*）。其中，香蕉、龙眼为中国、印度尼西亚双边传统贸易水果，按照《进境水果检验检疫监督管理办法》执行；针对蛇皮果、山竹、火龙果，双方签署了双边议定书，根据议定书，中方发布了《关于印发〈印度尼西亚蛇皮果进境植物检疫要求〉的通知》（国质检动函〔2008〕635

号）、《关于印发进口印度尼西亚山竹植物检疫要求的函》（质检动函〔2018〕3 号）、《关于进口印度尼西亚火龙果植物检疫要求的公告》（海关总署公告 2020 年第 70 号）。

（二）重点关注的检疫性有害生物

重点关注的检疫性有害生物见表 6-23。

表 6-23　重点关注的检疫性有害生物

水果	检疫性有害生物	
	中文名	学名
蛇皮果	杨桃实蝇	*Bactrocera carambolae*
	木瓜实蝇	*Bactrocera papayae*
	菠萝白粉蚧	*Dysmicoccus brevipes*
	油棕穗腐病菌	*Marasmius palmivorus*
山竹	杨桃实蝇	*Bactrocera carambolae*
	木瓜实蝇	*Bactrocera papayae*
	橘小实蝇	*Bactrocera dorsalis*
	桃实蝇	*Bactrocera zonata*
	南洋臀纹粉蚧	*Planococcus lilacinus*
	大洋臀纹粉蚧	*Planococcus minor*
	新菠萝灰粉蚧	*Dysmicoccus neobrevipes*
	李比利氏灰粉蚧	*Dysmicoccus lepelleyii*
	硬圆盾蚧	*Aspidiotus rigidus*
	山竹簇粉蚧	*Paraputo odontomachi*
	甘蔗簇粉蚧	*Exallomochlus hispidus*
	气生根粉蚧	*Pseudococcus baliteus*
	摩氏奥粉蚧	*Paracoccus interceptus*
	蛛丝平刺粉蚧	*Rastrococcus spinosus*
	七角星蜡蚧	*Ceroplastes stellifer*

续表

水果	检疫性有害生物	
	中文名	学名
香蕉	橘小实蝇及其复合种团	*Bactrocera dorsalis species* complex
	香蕉枯萎病菌（2号小种）	*Fusarium oxysporum* f. sp. *cubense* racc 2
龙眼	橘小实蝇及其复合种团	*Bactrocera dorsalis species* complex
火龙果	大洋臀纹粉蚧	*Planococcus minor*
	榆白片盾蚧	*Lopholeucaspis cockerelli*
	杰克贝尔氏粉蚧	*Pseudococcus jackbeardsleyi*
	李比利氏灰粉蚧	*Dysmicoccus lepelleyi*
	暗色粉蚧	*Pseudococcus viburni*
	木瓜秀粉蚧	*Paracoccus marginatus*
	美洲薪甲	*Melanophthalma americana*

粉蚧在山竹上的为害状见图6-15。

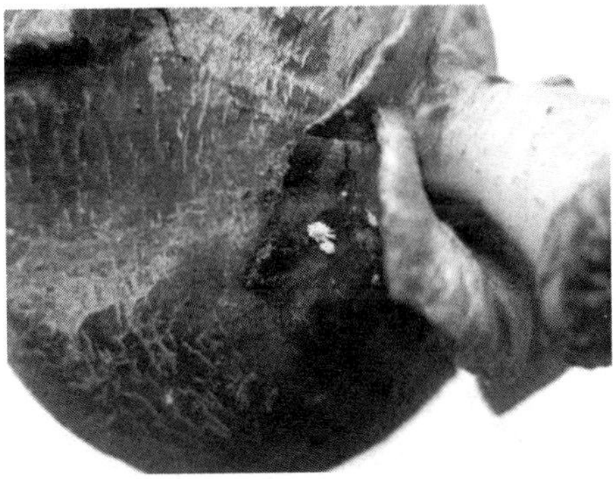

图6-15 粉蚧在山竹上的为害状

（图片来源：《植物病虫害识别图谱》）

十八、越南

（一）进境水果植物检疫要求概况

获得中方检疫准入的越南水果有芒果（*Mangifera indica*）、龙眼（*Dimocarpus longan*）、香蕉（*Musa* sp.）、荔枝（*Litchi chinensis*）、西瓜（*Cit-*

rullus lanatus）、红毛丹（*Nephelium lappaceum*）、菠萝蜜（*Artocarpus heterophyllus*）、火龙果（*Hylocereus undulatus*）、山竹（*Garcinia mangostana*）。其中芒果、龙眼、香蕉、荔枝、西瓜、红毛丹、菠萝蜜、火龙果为中越传统贸易水果，按照《进境水果检验检疫监督管理办法》执行；针对山竹，签署了议定书，根据议定书，中方发布了《关于进口越南山竹植物检疫要求的公告》（海关总署公告 2019 年第 140 号）。

（二）重点关注的检疫性有害生物

重点关注的检疫性有害生物见表 6-24。

表 6-24　重点关注的检疫性有害生物

水果	检疫性有害生物	
	中文名	学名
山竹	番石榴实蝇	*Bactrocera correcta*
	桃实蝇	*Bactrocera zonata*
	李比利氏灰粉蚧	*Dysmicoccus lepelleyi*
	新菠萝灰粉蚧	*Dysmicoccus neobrevipes*
	大洋臀纹粉蚧	*Planococus minor*
	南洋臀纹粉蚧	*Planococus lilacius*
	山竹簇粉蚧	*Paraputo odontomachi*
	柑橘粉蜡虫	*Pseudococcus cryptus*
	七角星蜡蚧	*Vinsonia stellifera*
火龙果	橘小实蝇及其复合种团	*Bactrocera dorsalis species* complex
	杰克贝尔氏粉蚧	*Pseudococcus jackbeardsleyi*
	新菠萝灰粉蚧	*Dysmicoccus neobrevipes*
	大洋臀纹粉蚧	*Planococcus minor*
	南洋臀纹粉蚧	*Planococcus lilacinus*
龙眼	橘小实蝇及其复合种团	*Bactrocera dorsalis species* complex
	南洋臀纹粉蚧	*Planococcus lilacinus*
	杰克贝尔氏粉蚧	*Pseudococcus jackbeardsleyi*

续表

水果	检疫性有害生物	
	中文名	学名
芒果	橘小实蝇及其复合种团	*Bactrocera dorsalis species* complex
	螺旋粉虱	*Aleurodicus dispersus*
荔枝	橘小实蝇及其复合种团	*Bactrocera dorsalis species* complex
	南洋臀纹粉蚧	*Planococcus lilacinus*
	杰克贝尔氏粉蚧	*Pseudococcus jackbeardsleyi*
红毛丹	橘小实蝇及其复合种团	*Bactrocera dorsalis species* complex
	南洋臀纹粉蚧	*Planococcus lilacinus*
	杰克贝尔氏粉蚧	*Pseudococcus jackbeardsleyi*
菠萝蜜	橘小实蝇及其复合种团	*Bactrocera dorsalis species* complex
	南洋臀纹粉蚧	*Planococcus minor*
	杰克贝尔氏粉蚧	*Pseudococcus jackbeardsleyi*
香蕉	橘小实蝇及其复合种团	*Bactrocera dorsalis species* complex
	新菠萝灰粉蚧	*Dysmicoccus neobrevipes*
	杰克贝尔氏粉蚧	*Pseudococcus jackbeardsleyi*
	香蕉镰刀菌枯萎病菌(非中国小种)	*Fusarium oxysporum* f. sp. cubense (non – Chinese races)
	香蕉黄条叶斑病菌	*Mycosphaerella musicola*
西瓜	橘小实蝇及其复合种团	*Bactrocera dorsalis species* complex
	瓜类果斑病菌	*Acidovorax avenae* subsp. *citrulli*
	黄瓜绿斑驳花叶病毒	Cucumber green mottle mosaic virus

小贴士　选择火龙果的妙招

火龙果是否好吃跟品种有关系。白火龙果红皮白肉，有细小黑色种子分布其中，经常会有“生”味，鲜食品质一般；红火龙果红皮红肉，鲜食品质较好；黄火龙果黄皮白肉，鲜食品质最佳。

火龙果越重，代表汁越多、果肉越丰满，所以购买火龙果时选择越重的越好。

除了重量，还要挑胖胖的，越胖代表越成熟。个大、饱满，中间浑圆并凸起，果皮外鳞片片片外翻者为上品，这样的果实一般会比较甜。而且要挑捏起来有一点点软的（不要太软，否则切开会瀑汁），这样的火龙果也比较甜。

此外，表面红色的地方越红越好，绿色的部分越绿越新鲜，若是绿色部分变得枯黄，就表示已经不新鲜了。

十九、中国台湾地区

（一）进境水果植物检疫要求概况

获得大陆检疫准入的台湾地区水果有：菠萝（*Ananas comosus*）、香蕉（*Musa* sp.）、椰子（*Cocos nucifera*）、番荔枝（*Annona squamosa*）、木瓜（*Chaenomeles sinensis*）、番木瓜（*Carica papaya*）、杨桃（*Averrhoa carambola*）、芒果（*Mangifera indica*）、番石榴（*Psidium guajava*）、莲雾（*Syzygium samarangense*）、槟榔（*Areca catechu*）、李（*Prunus salicina*）、枇杷（*Eriobotrya japonica*）、柿子（*Diospyros kaki*）、桃（*Prunus persica*）、毛叶枣（*Zizyphus mauritiana*）、梅（*Prunus mume*）、火龙果（*Hylocereus costaricensis*, *Hylocereus polyrhizus*, *Hylocereus undatus*）、哈密瓜（*Cucunmis melo*）、柑橘［橘（*Citrus reticulata*）及其杂交种、柚（*Citrus maxima*）、葡萄柚（*Citrus paradisi*）、柠檬（*Citrus limon*）、橙（*Citrus sinensis*）］、梨（*Pyrus pyrifolia*）、葡萄（*Vitis vinifera*、*Vitis labrusca* 及其杂交种）。其中菠萝、香蕉、椰子、番荔枝、番木瓜、杨桃、芒果、番石榴、莲雾、槟榔、李、枇杷、柿子、桃、毛叶枣、梅、火龙果、哈密瓜、柑橘（橘及其杂交种、柚、葡萄柚、柠檬、橙）为两岸传统贸易水果，按照《进境水果检验检疫监督管理办法》执行；对于梨、葡萄，两岸签署了检验检疫要求议定

书，具体要求见《关于台湾梨输往大陆植物检验检疫要求的公告》（国家质检总局公告 2011 年第 190 号）、《关于台湾葡萄输往大陆植物检验检疫要求的公告》（国家质检总局公告 2015 年第 68 号）。

（二）重点关注的检疫性有害生物

重点关注的检疫性有害生物见表 6-25。

表 6-25　重点关注的检疫性有害生物

水果	检疫性有害生物	
	中文名	学名
梨	梨矮蚜	*Aphanostigma piri*
	瓜实蝇	*Bactrocera cucurbitae*
	橘小实蝇	*Bactrocera dorsalis*
	南亚果实蝇	*Bactrocera tau*
	槟榔盾蚧	*Hemiberlesia rapax*
	大洋臀纹粉蚧	*Planococcus minor*
	黔梨木虱	*Psylla qianli*
	梨衰退病	*Candidatus phytoplasma*
葡萄	螺旋粉虱	*Aleurodicus dispersus*
	橘小实蝇	*Bactrocera dorsalis*
	香蕉肾盾蚧	*Aonidiella comperei*
	槟榔盾蚧	*Hemiberlesia rapax*
	刺盾蚧	*Selenaspidus articulatus*
	中国台湾黄毒蛾	*Euproctis taiwana*
	木槿曼粉蚧	*Maconellicoccus hirsutus*
	丝鳞粉蚧	*Nipaecoccus filamentosus*
	日本臀纹粉蚧	*Planococcus kraunhiae*
	南洋臀纹粉蚧	*Planococcus lilacius*
	大洋臀纹粉蚧	*Planococcus minor*
	腹突皱针蓟马	*Rhipiphorothrips cruentatus*
	葡萄苦腐病菌	*Greeneria uvicola*
	美澳型核果褐腐病菌	*Monilinia fructicola*
	葡萄枝枯病菌	*Phomopsis vitimegaspora*
	烟草环斑病毒	Tobacco ringspot virus

续表1

水果	检疫性有害生物	
	中文名	学名
槟榔	刺盾蚧	*Selenaspidus articulatus*
	黑丝盾蚧	*Ischnaspis longirostris*
	南洋臀纹粉蚧	*Planococcus lilacinus*
	大洋臀纹粉蚧	*Planococcus minor*
	杰克贝尔氏粉蚧	*Pseudococcus jackbeardsleyi*
	螺旋粉虱	*Aleurodicus dispersus*
椰子	桂氏疫霉	*Phytophthora katsurae*
	南洋臀纹粉蚧	*Planococcus lilacinus*
	刺盾蚧	*Selenaspidus articulatus*
	黑丝盾蚧	*Ischnaspis longirostris*
	香蕉肾盾蚧	*Aonidiella comperei*
	螺旋粉虱	*Aleurodicus dispersus*
番石榴	橘小实蝇及其复合种团	*Bactrocera dorsalis species* complex
	南洋臀纹粉蚧	*Planococcus lilacinus*
	大洋臀纹粉蚧	*Planococcus minor*
	多刺垒粉蚧	*Rastrococcus spinosus*
	杰克贝尔氏粉蚧	*Pseudococcus jackbeardsleyi*
	芒果原绵蚧	*Milviscutulus mangiferae*
	刺盾蚧	*Selenaspidus articulatus*
	番石榴黑瘤粉虱	*Aleurotuberculantus guyavae*
	螺旋粉虱	*Aleurodicus dispersus*
	吴刺粉虱	*Aleurocanthus woglumi*
	腹钩蓟马	*Rhipiphorothrips cruentatus*
	荔枝叶螨	*Oligonychus litchii*

续表2

水果	检疫性有害生物	
	中文名	学名
番荔枝	橘小实蝇及其复合种团	*Bactrocera dorsalis species* complex
	南洋臀纹粉蚧	*Planococcus lilacinus*
	大洋臀纹粉蚧	*Planococcus minor*
	新菠萝灰粉蚧	*Dysmicoccus neobrevipes*
	香蕉灰粉蚧	*Dysmicoccus grassi*
	杰克贝尔氏粉蚧	*Pseudococcus jackbeardsleyi*
	黑丝盾蚧	*Ischnaspis longirostris*
	刺盾蚧	*Selenaspidus articulatus*
	番荔枝斑螟蛾	*Anonaepestis bengalella*
	螺旋粉虱	*Aleurodicus dispersus*
柑、橘、橙、柚、柠檬	橘小实蝇及其复合种团	*Bactrocera dorsalis species* complex
	南洋臀纹粉蚧	*Planococcus lilacinus*
	大洋臀纹粉蚧	*Planococcus minor*
	新菠萝灰粉蚧	*Dysmicoccus neobrevipes*
	七角星蜡蚧	*Vinsonia stellifera*
	刺盾蚧	*Selenaspidus articulatus*
	香蕉肾盾蚧	*Aonidiella comperei*
	芒果原绵蚧	*Milviscutulus mangiferae*
	梨形原绵蚧	*Protopulvinaria pyriformis*
	吴刺粉虱	*Aleurocanthus woglumi*
	柑橘溃疡病菌	*Xanthomonas citri* subsp. *citri*
李	橘小实蝇及其复合种团	*Bactrocera dorsalis species* complex
	腹钩蓟马	*Rhipiphorothrips cruentatus*
	美澳型核果类褐腐病	*Monilinia friicticola*
桃	橘小实蝇及其复合种团	*Bactrocera dorsalis species* complex
	美澳型核果褐腐病病菌	*Monilinia fructicola*
梅	橘小实蝇及其复合种团	*Bactrocera dorsalis species* complex

续表3

水果	检疫性有害生物	
	中文名	学名
芒果	橘小实蝇及其复合种团	*Bactrocera dorsalis species* complex
	白蛎盾蚧	*Aonidomytilus albus*
	黑丝盾蚧	*Ischnaspis longirostris*
	刺盾蚧	*Selenaspidus articulatus*
	南洋臀纹粉蚧	*Planococcus lilacinus*
	大洋臀纹粉蚧	*Planococcus minor*
	杰克贝尔氏粉蚧	*Pseudococcus jackbeardsleyi*
	芒果果核象甲	*Sternochetus mangiferae*
	芒果果实象甲	*Sternochetus olivieri*
	芒果果肉象甲	*Sternochetus frigidus*
	腹钩蓟马	*Rhipiphorothrips cruentatus*
	螺旋粉虱	*Aleurodicus dispersus*
	吴刺粉虱	*Aleurocaothus woglumi*
番木瓜	橘小实蝇及其复合种团	*Bactrocera dorsalis species* complex
	螺旋粉虱	*Aleurodicus disperses*
	吴刺粉虱	*Aleurocanthus woglumi*
	白蛎盾蚧	*Aonidomytilus albus*
	大洋臀纹粉蚧	*Planococcus minor*
莲雾	橘小实蝇及其复合种团	*Bactrocera dorsalis species* complex
	大洋臀纹粉蚧	*Planococcus minor*
	杰克贝尔氏粉蚧	*Pseudococcus jackbeardsleyi*
	七角星蜡蚧	*Vinsonia stellifera*
	刺盾蚧	*Selenaspidus articulatus*
	芒果原绵蚧	*Milviscutulus mangiferae*
	米尔顿姬小蜂	*Anselmella miltoni*
	腹钩蓟马	*Rhipiphorothrips cruentatus*

续表4

水果	检疫性有害生物	
	中文名	学名
枇杷	橘小实蝇及其复合种团	*Bactrocera dorsalis species* complex
	荔枝叶螨	*Oligonychus litchii*
	刺盾蚧	*Selenaspidus articulatus*
柿子	橘小实蝇及其复合种团	*Bactrocera dorsalis species* complex
	荔枝叶螨	*Oligonychus litchii*
	腹钩蓟马	*Rhipiphorothrips cruentatus*
	七角星蜡蚧	*Vinsonia stellifera*
	香蕉肾盾蚧	*Aonidiella comperei*
火龙果	橘小实蝇及其复合种团	*Bactrocera dorsalis species* complex
	杰克贝尔氏粉蚧	*Pseudococcus jackbeardsleyi*
	新菠萝灰粉蚧	*Dysmicoccus neobrevipes*
	大洋臀纹粉蚧	*Planococcus minor*
	红火蚁	*Solenopsis invicta*
香蕉	橘小实蝇及其复合种团	*Bactrocera dorsalis species* complex
	大洋臀纹粉蚧	*Planococcus minor*
	新菠萝灰粉蚧	*Dysmicoccus neobrevips*
	杰克贝尔氏粉蚧	*Pseudococcus jackbeardsleyi*
	香蕉灰粉蚧	*Dysmicoccus grassi*
	七角星蜡蚧	*Ceroplastes stellifera*
	香蕉肾盾蚧	*Aonidiella comperei*
	螺旋粉虱	*Aleurodicus dispersus*
	香蕉枯萎病菌（4 号小种）	*Fusarium oxysporum* f. sp. *cubense* race 4
	香蕉黑条叶斑病病菌	*Mycosphaerella fijiensis*

续表5

水果	检疫性有害生物	
	中文名	学名
菠萝	新菠萝灰粉蚧	*Dysmicoccus neobrevipes*
	南洋臀纹粉蚧	*Planococcus lilacinus*
	大洋臀纹粉蚧	*Planococcus minor*
	飞机草	*Eupatorium odoratum*
	红火蚁	*Solenopsis invicta*
杨桃	橘小实蝇及其复合种团	*Bactrocera dorsalis species* complex
	大洋臀纹粉蚧	*Planococcus minor*
哈密瓜	橘小实蝇及其复合种团	*Bactrocera dorsalis species* complex
	大洋臀纹粉蚧	*Planococcus minor*
	杰克贝尔粉蚧	*Pseudococcus jackbeardsleyi*
	香蕉灰粉蚧	*Dysmicoccus grassi*
	细菌性果斑病病菌	*Acidovorax avenae* subsp. *citrulli*
	黄瓜绿斑驳花叶病毒	Cucumber green mottle mosaic virus
毛叶枣	橘小实蝇及其复合种团	*Bactrocera dorsalis species* complex

大洋臀纹粉蚧为害台湾番荔枝见图6-16。

图6-16　大洋臀纹粉蚧为害台湾番荔枝

（图片来源：厦门海关郑万里）

红火蚁工蚁、有翅繁殖蚁分别见图 6-17、图 6-18。

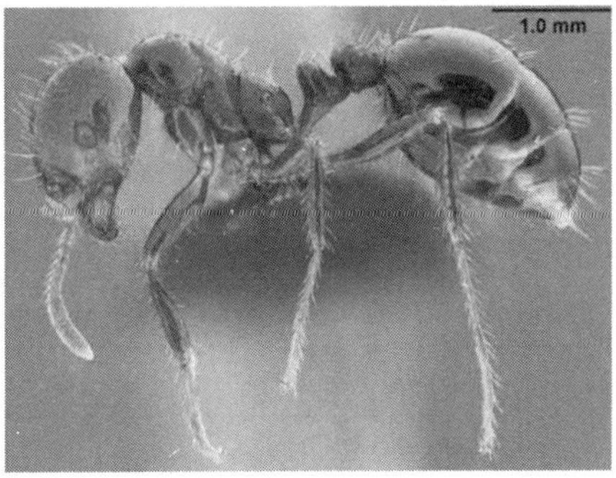

图 6-17　红火蚁工蚁

图 6-18　红火蚁有翅繁殖蚁

（图片来源：《植物病虫害识别图谱》）

（三）特殊要求

1. 台湾输大陆梨和葡萄须来自注册果园和包装厂。

2. 台湾输大陆梨在果实直径达到 2. 5 厘米以前完成套袋。

3. 台湾发生葡萄苦腐病菌、美澳型核果褐腐病菌、葡萄枝枯病菌和烟草环斑病毒的葡萄园葡萄不得输往大陆。

二十、斯里兰卡

（一）进境水果植物检疫要求概况

获得我国检疫准入的斯里兰卡水果为香蕉（*Musa supientum*），具体要求见《质检总局关于泰国莲雾、斯里兰卡香蕉、韩国葡萄、埃塞俄比亚大豆输华和中国荔枝输韩国等检验检疫要求的公告》（国家质检总局公告 2015 年第 94 号）。

（二）重点关注的检疫性有害生物

重点关注的检疫性有害生物见表 6-26。

表 6-26　重点关注的检疫性有害生物

水果	检疫性有害生物	
	中文名	学名
香蕉	七角星蜡蚧	*Vinsonia stellifera*
	香蕉枯萎病菌（4 号小种）	*Fusarium oxysporum* f. sp. *cubense* race 4
	香蕉叶斑病菌	*Mycosphaerella eumusae*
	香蕉生球腔菌（香蕉黄条叶斑病菌）	*Mycosphaerella musicola*
	香蕉黑条叶斑病菌	*Mycosphaerella figiensis*
	香蕉苞片花叶病毒	Banana bract mosaic virus
	香蕉线条病毒	Banana streak virus
	飞蓬圆盾蚧	*Aspidiotus excisus*
	橘小实蝇复合种，包括橘小实蝇	*Bactrocera dorsalis species* complex
	兰蓟马	*Chaetanaphothrips orchidii*
	香蕉绣蓟马	*Chaetanaphothrips signipennis*
	椰蛀蛾	*Opisina arenosella*
	吹绵垒粉蚧	*Rastrococcus iceryoides*
	西非平刺粉蚧	*Rastrococcus invadens*
	新菠萝灰粉蚧	*Dysmicoccus brevipes*
	螺旋粉虱	*Aleurodicus disperses*

七角星蜡蚧成虫见图 6-19。

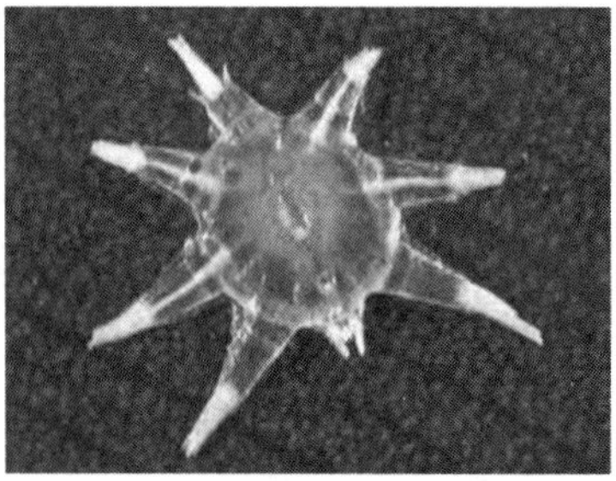

图 6-19　七角星蜡蚧成虫

（图片来源：《植物病虫害识别图谱》）

（三）特殊要求

1. 输华斯里兰卡香蕉须来自批准的果园和包装厂。

2. 输华斯里兰卡香蕉入境口岸为：大连、天津、北京、青岛、南京、上海。

二十一、文莱

（一）进境水果植物检疫要求概况

获得中国检疫准入的文莱水果为甜瓜（*Cucumis melo*），具体要求见《关于进口文莱鲜食甜瓜植物检疫要求的公告》（海关总署公告 2019 年第 225 号）。

（二）重点关注的检疫性有害生物

重点关注的检疫性有害生物见表 6–27。

表 6–27　重点关注的检疫性有害生物

水果	检疫性有害生物	
	中文名	学名
甜瓜	螺旋粉虱	*Aleurodicus disperses*
	杰克贝尔氏粉蚧	*Pseudococcus jackbeardsleyi*
	瓜枝孢	*Cladosporium cucumerinum*
	葫芦科刺盘孢	*Colletotrichum orbiculare*

（三）特殊要求

输华文莱甜瓜须来自批准的果园和包装厂。

小贴士　**挑选甜瓜小妙招**

甜瓜，也叫洋香瓜，原产于中东地区和非洲，可分为西方甜瓜（Western melon）和东方甜瓜（Oriental melon）两种类型。西方甜瓜常见的有网纹甜瓜、光皮甜瓜和哈密瓜，东方甜瓜常见的有白皮梨形和黄皮椭圆形。挑选带有网纹的甜瓜，网纹越突起丰满，果实成熟度越好。除看网纹外，还要看它的新鲜度，尤其春夏气温高时。蒂头有裂纹，果体硬实有重量感，无软化或裂果现象，有自然芳香味者，品质最为可靠。光皮甜瓜成熟时较不容易辨认，刚采收时肉质较硬，须经数天的后熟，待果肉软化后食用，品质才能发挥出来。整粒果实中以果顶肉壁的果肉最为好吃，汁多入口即化，香甜可口。一般冬、春较冷季节的瓜果比夏、秋较热季节的瓜果要香甜好吃。

非　洲

一、埃及

（一）进境水果植物检疫要求概况

获得中方检疫准入的埃及水果有柑橘类（*Citrus* spp.）、葡萄（*Vitis vinifera*）、椰枣（*Phoenixdactylifera*）等，具体要求见《关于印发埃及柑橘进境植物检疫要求的通知》（国质检动〔2007〕141号）、《质检总局关于出口新西兰葡萄及进口新西兰苹果、墨西哥蓝莓、秘鲁蓝莓、智利油桃、埃及葡萄植物检验检疫要求的公告》（国家质检总局公告2017年第1号）、《关于进口埃及新鲜椰枣植物检疫要求的公告》（海关总署公告2019年第153号）等。

（二）重点关注的检疫性有害生物

重点关注的检疫性有害生物见表6-28。

表6-28　重点关注的检疫性有害生物

水果	检疫性有害生物	
	中文名	学名
柑橘类	石榴螟	*Ectomyelois ceratoniae*
	桃实蝇	*Bactrocera zonata*
	地中海实蝇	*Ceratitis capitata*
	无花果蜡蚧	*Ceroplastes rusci*
	高粱穗隐斑螟	*Cryptoblabes gnidiella*
	芒果白轮蚧	*Aulacaspis tubercularis*
	黑丝盾蚧	*Ischnaspis longirostris*
	柑橘溃疡病	*Xanthomonas campest* p. v. *citri*
	柠檬干枯菌	*Phoma tracheiphila*

续表

水果	检疫性有害生物	
	中文名	学名
葡萄	桃实蝇	*Bactrocera zonata*
	地中海实蝇	*Ceratitis capitata*
	无花果蜡蚧	*Ceroplastes rusci*
	榆蛎盾蚧	*Lepidosaphes ulmi*
	葡萄小卷蛾	*Lobesia botrana*
	葡萄粉蚧	*Pseudococcus maritimus*
	海灰翅夜蛾	*Spodoptera littoralis*
	加州短须螨	*Brevipalpus californicus*（*citrusflatmite*）
	小爪螨	*Oligonychus mangiferus*
	大丽花轮枝孢/棉花黄萎病菌	*Verticillium dahliae*
	散大蜗牛	*Helix aspersa*
椰枣	地中海实蝇	*Ceratitis capitata*
	桃实蝇	*Bactrocera zonata*
	石榴灰蝶	*Deudorix*（*Virachola*）*livia*
	石榴螟	*Ectomyelois ceratoniae*
	织螟属一种	*Aphomia sabella*
	枣尖蛾	*Batrachedra amydraula*
	枣椰蚧	*Parlatoria blanchardi*
	无花果刺粉蚧	*Pseudococcus maritimus*
	紫红短须螨	*Brevipalpus phoenicis*
	小爪螨属一种	*Oligonychus afrasiaticus*
	二点傲扁蜡蝉	*Ommatissus binotatus*
	傲扁蜡蝉属一种	*Ommatissus lybicus*

（三）特殊要求

1. 输华埃及柑橘类、葡萄、椰枣须来自批准的果园和包装厂。

2. 输华埃及柑橘，加工过程中应进行采后消毒处理，药剂包括 1.25%

碳酸钠溶液、0.1%硫酸铜溶液、2%高锰酸钾溶液或8%硼酸溶液等。

3. 输华埃及柑橘须进行针对实蝇的冷处理。冷处理技术指标见表6-29。

表 6-29 冷处理技术指标

果肉温度（℃）	处理持续时间（天）
0.00℃或以下	10
0.55℃或以下	11
1.11℃或以下	12
1.66℃或以下	14
2.22℃或以下	16

4. 输华埃及葡萄和椰枣必须在出口前或运输途中按照表 6-30 要求进行冷处理。

表 6-30 冷处理要求

果实中心温度范围	持续天数
1℃或以下	16 天以上
2.1℃或以下	21 天以上

5. 对于实施出口前冷处理的，应在植物检疫证书上注明冷处理的温度、持续时间及处理设施名称或编号等。对于实施运输途中冷处理的，应在植物检疫证书上注明冷处理的温度、处理时间、集装箱号码及封识编号等。

小贴士 **挑选葡萄小妙招**

挑选葡萄时，除了注意品种固有特性外，可以从以下几个方面进行甄别。

一看果粉：新鲜的葡萄表面覆有一层白霜，它是葡萄在生长过程中果糖液凝结形成的，也就是果粉。果粉越浓说明葡萄品质越好。果粉用手一碰就会掉，所以没有白霜的葡萄可能是被挑拣剩下的（绿色皮的葡萄看不出白霜，这个方法不适用）。

二看果穗：一般果粒越紧密的葡萄，营养成分越充足，如果营养不足它们就会长得松散（注意适用于同一品种葡萄的比较）。买葡萄时可以拿起来晃一晃，看看是否有落粒，如果落粒比较多，说明不新鲜。

三看果梗：新鲜的葡萄果梗硬，果梗与果粒之间比较结实，库存时间长的，提起果梗，果粒会摇摇欲坠要脱落的样子。

四闻味试吃：葡萄开始腐坏时，会散发出酒精的味道。可以挑选一串葡萄试吃最下面那颗，如果这颗葡萄很甜，一般整串葡萄都很甜。

二、摩洛哥

（一）进境水果植物检疫要求概况

获得中方检疫准入的摩洛哥水果有柑橘［橙（*Citrus sinensis*）、橘（*Citrus reticulata*）、克里曼丁橘（*Citrus clementina*）、葡萄柚（*Citrus paradisi*）］，具体要求见《关于印发摩洛哥柑橘进境植物检疫要求的通知》（国质检动函〔2010〕207号）。

（二）重点关注的检疫性有害生物

重点关注的检疫性有害生物见表6-31。

表6-31　重点关注的检疫性有害生物

水果	检疫性有害生物	
	中文名	学名
柑橘类	桔芽螨	*Aceria sheldoni*
	丝毛粉虱	*Aleurothrixus floccosus*
	荷兰石竹卷蛾	*Cacoecimorpha pronubana*
	地中海实蝇	*Ceratitis capitata*
	无花果蜡蚧	*Ceroplastes rusci*
	石榴螟	*Ectomyelois ceratoniae*
	玫瑰短喙象	*Pantomorus cervinus*
	橘花巢蛾	*Prays citri*
	柑橘顽固病菌	*Spiroplasma citri*
	柑橘鳞皮病毒	Citru spsorosis virus

（三）特殊要求

1. 输华摩洛哥柑橘应来自批准的果园和包装厂。

2. 输华柑橘应确保来自石榴螟和橘花巢蛾的非疫生产点果园。

3. 输华柑橘果园应监测确保没有玫瑰短喙象发生，或选择对收获后的柑橘果实采取在 21℃以上，实施剂量为 $32g/m^3$ 持续 2 小时的溴甲烷熏蒸处理；如低于 21℃，则每降低 5℃投药剂量应增加 $8g/m^3$，最低处理温度不低于 11℃。

4. 输华摩洛哥柑橘应在运输途中进行冷处理以杀灭地中海实蝇，指标为果实中心温度 1℃或以下持续 16 天以上。

5. 冷处理的温度、处理时间、集装箱号码和封识号码必须在植物检疫证书中注明。每个集装箱有一份由输出国（地区）官方检疫机构官员签字盖章的“果温探针校准记录”，正本须附在随货的植物检疫证书上。如针对玫瑰短喙象进行了溴甲烷熏蒸处理，处理的温度、剂量、时间必须在植物检疫证书处理栏中注明。

三、南非

（一）进境水果植物检疫要求概况

获得中方检疫准入的南非水果有柑橘［橘（*Citrus reticulata*）、橙（*Citrus sinensis*）、葡萄柚（*Citrus paradisi*）、柠檬（*Citrus limon*）］、苹果（*Malus domestica*）、葡萄（*Vitis vinifera*），具体要求见《国家质量监督检验检疫总局关于印发新修订的〈南非柑橘进境植物检疫要求〉的通知》（国质检动〔2006〕335 号）、《质检总局关于进口南非鲜食苹果植物检验检疫要求的公告》（国家质检总局公告 2015 年第 13 号）、《关于印发南非葡萄进境植物检疫要求的通知》（国质检动〔2007〕140 号）。

（二）重点关注的检疫性有害生物

重点关注的检疫性有害生物见表 6-32。

表 6-32 重点关注的检疫性有害生物

水果	检疫性有害生物	
	中文名	学名
橙、葡萄柚、橘、柠檬	地中海实蝇	*Ceratitis capitata*
	非洲蜡实蝇	*Ceratitis rosa*
	苹果异形小卷蛾	*Cryptophlebia leucotreta*
	石榴螟	*Ectomyelois ceratoniae*
	橘花巢蛾	*Prays citri*
	玫瑰短喙象	*Pantomorus cervina*
	圆盾蚧	*Chrysomphalus pinnulifera*
	黑丝盾蚧	*Ischnaspis longirostris*
	非洲龟蜡蚧	*Ceroplastis destructor*
	盔蚧	*Saissetia somereni*
	非洲奥粉蚧	*Paracoccus burnerae*
	须霉病菌	*Penicillium uliaense*
	柑橘黄龙病	*Iiberobacter africanum*
苹果	地中海实蝇	*Ceratitis capitata*
	纳塔尔实蝇	*Ceratitis rosa*
	苹果异形小卷蛾	*Cryptophlebia leucotreta*
	苹果蠹蛾	*Cydia pomonella*
	(盾蚧科)	*Diaspidiotus africanus*
	南非麝香石竹卷蛾	*Epichoristodes acerbella*
	苹果绵蚜	*Eriosoma lanigerum*
	拟长尾粉蚧	*Pseudococcus longispinus*
	加州短须螨	*Brevipalpus californicus*

续表

水果	检疫性有害生物	
	中文名	学名
葡萄	地中海实蝇	*Ceratitis capitata*
	非洲蜡实蝇	*Ceratitis rosa*
	苜蓿蓟马	*Frankliniella occidentalis*
	葡萄粉蚧	*Pseudococcus maritimus*
	葡萄顶枯病菌	*Eutypa lata*
	吴刺粉虱	*Aleurocanthus woglumi*
	槟栉盾蚧	*Hemiberlesia rapax*
	葡萄 A 病毒	Grapevine Virus A
	一种蝽科昆虫	*Ragliusa picalis*
	苹果异形小卷蛾	*Thaumatotibia* （=*Cryptophlebia*） *leucotreta*

苹果异形小卷蛾成虫见图 6-20。

图 6-20　苹果异形小卷蛾雄成虫（左）雌成虫（右）

（图片来源：《植物病虫害识别图谱》）

（三）特殊要求

1. 南非输华柑橘、苹果、葡萄须来自批准的果园和包装厂。

2. 南非输华柑橘允许进境的产地包括南非林波波省（Limpopo）、姆普马兰加省（Mpumalanga）、西开普省（WesternCape）、北开普省（Nothern-Cape）、东开普省（EasternCape）和夸祖鲁—纳塔尔省（KwaZulu-Natal）。

3. 南非输华柑橘须进行针对实蝇、苹果异形小卷蛾的冷处理。冷处理技术指标为-0.6℃或以下持续至少 24 天。冷处理前，应在-0.6℃温度下预冷 72 小时。

如果随航冷处理过程中部分时间段的温度高于-0.3℃，则冷处理时间相应延长 8 小时；如果高于-0.3℃温度的时间段超过或跨过 1 天，则按超出天数每天增加 8 小时来确定冷处理的延长时间。如果温度超过 0℃，则冷处理无效。

4. 南非输华苹果须在运输前或者运输途中针对地中海实蝇和纳塔尔实蝇进行冷处理。冷处理的指标如下：果肉中心温度 1℃连续时间不少于 16 天，或者果肉中心温度 2.1℃连续处理时间不少于 21 天。冷处理前须在 0℃条件下预冷 72 小时。如果某天或某天的部分时间中冷处理温度高于 1.3℃，则相应延长处理 8 小时/天。如果温度超过 1.5℃，则本次冷处理视为无效，需重新进行。

5. 南非输华葡萄须进行针对地中海实蝇和苹果异形小卷蛾的冷处理。针对地中海实蝇，可采用 3 种冷处理指标：果实中心温度 1.11℃或以下，持续 15 天以上；或果实中心温度 1.67℃或以下，持续 17 天以上；或果实中心 2.22℃或以下，持续 21 天以上。针对苹果异形小卷蛾，可采用 2 种冷处理指标：果实中心温度 0.8℃或以下，持续 20 天；或者-0.6℃或以下，持续 18 天。

6. 冷处理的温度、处理时间和集装箱号码及封识号必须在植物检疫证书中处理栏注明。

四、赞比亚

（一）进境水果植物检疫要求概况

获得中方检疫准入的赞比亚水果有蓝莓（*Vaccinium* spp.），具体要求见《关于进口赞比亚鲜食蓝莓植物检疫要求的公告》（海关总署公告 2020 年第 101 号）。

（二）重点关注的检疫性有害生物

重点关注的检疫性有害生物见表 6-33。

表 6-33　重点关注的检疫性有害生物

水果	检疫性有害生物	
	中文名	学名
蓝莓	地中海实蝇	*Ceratitis capitata*
	纳塔尔实蝇	*Ceratitis rosa*
	非洲芒果实蝇	*Ceratitis cosyra*
	可可实蝇	*Ceratitis punctata*
	无花果蜡蚧	*Ceroplastes rusci*
	拟长尾粉蚧	*Pseudococcus longispinus*
	黑丝盾蚧	*Ischnaspis longirostris*

（三）特殊要求

1. 赞比亚输华蓝莓须来自批准的果园和包装厂。

2. 赞比亚输华蓝莓产地仅限于赞比亚 Chisamba 地区。

3. 赞比亚输华蓝莓包装盒若有通气孔，须用带有网眼最大孔径 1.6 毫米的袋罩住每个包装盒的通气孔或整个托盘。

4. 赞比亚输华蓝莓必须采取冷处理，具体要求见表 6-34。

表 6-34　冷处理要求

温度要求	持续天数
1.11℃或以下	15
1.67℃或以下	17
2.22℃或以下	21

欧 洲

一、比利时

（一）进境水果植物检疫要求概况

获得中方检疫准入的比利时水果有梨（*Pyrus communis*），具体要求见《关于印发比利时梨进境植物检疫要求的通知》（国质检动函〔2010〕986号）。

（二）重点关注的检疫性有害生物

重点关注的检疫性有害生物见表6-35。

表6-35 重点关注的检疫性有害生物

水果	检疫性有害生物	
	中文名	学名
梨	苹果蠹蛾	*Cydia pomonella*
	梨火疫病菌	*Erwinia amylovora*
	玫瑰苹果蚜	*Dysaphis plantaginea*
	梨西圆尾蚜	*Dysaphis pyri*
	桃白圆盾蚧	*Epidiaspis leperii*
	梨锈瘿螨	*Epitremerus pyri*
	苹果绵蚜	*Eriosoma lanigerum*
	梨叶蜂	*Hoplocampa brevis*
	苹实叶蜂	*Hoplocampa testudinea*
	榆蛎盾蚧	*Lepidosaphes ulmi*
	梨叶疹螨	*Phytoptus pyri*
	八仙花棉蚧	*Pulvinaria hydrangeae*
	苹草缢管蚜	*Rhopalosiphum insertum*

苹果绵蚜无翅、有翅孤雌蚜见图6-21、图6-22。

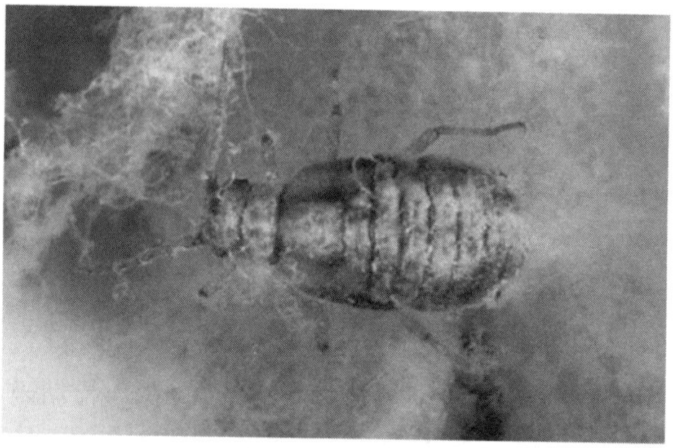

图 6-21　苹果绵蚜无翅孤雌蚜

图 6-22　苹果绵蚜有翅孤雌蚜

（图片来源：《植物病虫害识别图谱》）

（三）特殊要求

1. 比利时输华梨产地仅限于比利时弗拉芒—布拉邦省（Vlaams Brabant）、林堡省（Limburg）、东弗兰德省（East Flanders）产区。

2. 比利时输华梨须来自梨火疫病及苹果蠹蛾非疫产区。

3. 植物检疫证书中要注明产地和包装厂。

二、波兰

（一）进境水果植物检疫要求概况

获得中方检疫准入的波兰水果有苹果（*Malus domestica*），具体要求见

《质检总局关于进口波兰苹果植物检验检疫要求的函》（质检动函〔2016〕205号）。

（二）重点关注的检疫性有害生物

重点关注的检疫性有害生物见表6-36。

表6-36　重点关注的检疫性有害生物

水果	检疫性有害生物	
	中文名	学名
苹果	蔷薇黄卷蛾	*Archips rosanus*
	悬钩子花象	*Anthonomus rubi*
	苹果蠹蛾	*Cydia pomonella*
	苹果绵蚜	*Eriosoma lanigerum*
	桃白圆盾蚧	*Epidiaspis leperii*
	苹叶蜂	*Hoplocampa testudinea*
	榆蛎盾蚧	*Lepidosaphes ulmi*
	苹草缢管蚜	*Rhopalosiphum insertum*
	苹果牛眼果腐病菌/苹果树炭疽病菌	*Neofabraea malicorticis*
	苹果牛眼果腐病菌	*Neofabraea alba*
	苹果牛眼果腐病菌/多年生溃疡病菌	*Neofabraea perennans*
	苹果黑星病	*Venturia inaequalis*
	美澳型核果褐腐病	*Monilinia fructicola*
	梨火疫病菌	*Erwinia amylovora*

苹果牛眼果腐病菌见图6-23。

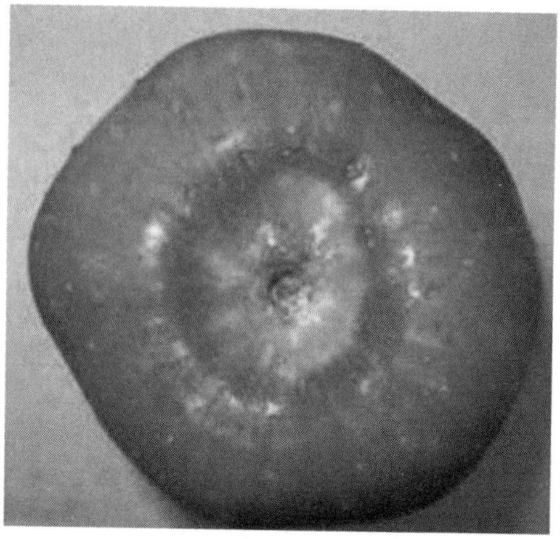

图 6-23　苹果上似牛眼状的腐烂病斑
（苹果牛眼果腐病菌）

（图片来源：《植物病虫害识别图谱》）

（三）特殊要求

波兰输华苹果必须来自梨火疫病非疫产区、苹果蠹蛾的非疫生产点或采取有效预防控制措施的果园。须来自注册果园和包装厂。

三、法国

（一）进境水果植物检疫要求概况

获得中方检疫准入的法国水果有苹果（*Malus domestica*）、猕猴桃（*Actinidia chinensis*，*Actinidia deliciosa*），具体要求见《关于执行〈中国从法国输入苹果果实的植物检疫卫生条件议定书〉有关问题的通知》（国质检动函〔2001〕506 号）、《关于印发《法国猕猴桃进境植物检疫要求》的通知》（国质检动函〔2009〕847 号）。

（二）重点关注的检疫性有害生物

重点关注的检疫性有害生物见表 6-37。

表 6-37　重点关注的检疫性有害生物

水果	检疫性有害生物	
	中文名	学名
猕猴桃	地中海实蝇	*Ceratitis capitata*
	葡萄花翅小卷蛾	*Lobesia botrana*
	细卷蛾	*Cochylis molliculana*
	卷蛾	*Ditula angustiorana*
	黑小卷蛾	*Endothenia nigricostana*
	新小卷蛾	*Olethreutes bifasciana*
	无花果蜡蚧	*Ceroplastes rusci*
苹果	地中海实蝇	*Ceratitis capitata*
	梨火疫病菌	*Erwinia amylovora*
	苹果蠹蛾	*Cydia pomonella*
	美国白蛾	*Hyphantria cunea*
	苹果棉蚜	*Eriosoma lanigerum*
	车前圆尾蚜	*Dysaphis plantaginea*

（三）特殊要求

1. 法国输华苹果、猕猴桃须来自批准的果园和包装厂。

2. 法国输华猕猴桃限于法国洛特—加龙、朗德、大西洋岸比利牛斯、多尔多涅、热尔、塔恩 6 个省。

3. 法国输华猕猴桃在运输途中，须进行冷处理以杀灭地中海实蝇。冷处理的指标为果肉中心温度 1. 1℃或以下持续 14 天，或 1. 7℃或以下持续 16 天，或 2. 1℃或以下持续 18 天。运输途中集装箱冷处理的温度、处理时间、集装箱号码和封识号，必须在植物检疫证书中处理栏内注明。

四、荷兰

（一）进境水果植物检疫要求概况

目前获得中方检疫准入的荷兰水果有梨（*Pyrus communis*），具体要求见《质检总局关于进口荷兰鲜梨植物检验检疫要求的公告》（国家质检总局公告2014年第112号）。

（二）重点关注的检疫性有害生物

重点关注的检疫性有害生物见表6-38。

表6-38　重点关注的检疫性有害生物

水果	检疫性有害生物	
	中文名	学名
梨	果黄卷蛾	*Archips podana*
	玫瑰黄卷蛾	*Archips rosana*
	苹果蠹蛾	*Cydia pomonella*
	超小卷蛾属某种	*Pammene argyrana*
	超小卷蛾属某种	*Pammene rhediella*
	玫瑰苹果蚜	*Dysaphis plantaginea*
	梨西圆尾蚜	*Dysaphis pyri*
	苹果绵蚜	*Eriosoma lanigerum*
	灰圆盾蚧	*Diaspidiotus pyri*
	桃白圆盾蚧	*Epidiaspis leperii*
	榆蛎盾蚧	*Lepidosaphes ulmi*
	梨叶蜂	*Hoplocampa brevis*
	李虎象	*Rhynchites cupreus*
	梨蓟马	*Taeniothrips inconsequens*
	牛眼果腐病菌/苹果树炭疽病菌	*Neofabraea malicorticis*
	牛眼果腐病菌/多年生溃疡病菌	*Neofabraea perennans*
	丁香疫霉	*Phytophthora syringae*
	苹果黑星病菌	*Venturia inaequalis*
	梨火疫病菌	*Erwinia amylovora*

（三）特殊要求

输华荷兰梨须来自批准的果园和包装厂。同时，还应在植物检疫证书上注明该批货物的产区、包装厂和冷藏信息。

小贴士 **挑选梨的小妙招**

梨的果实是一种假果，大部分果肉由包围子房的筒状花萼发育而来，这种类型的果实叫“梨果”，是蔷薇科苹果亚科特有的果实形态，具有这种果实形态的水果除了梨还有苹果、海棠、山楂等。

在梨的果实发育过程中，萼筒组织通常按果肉的方式发育，细胞壁薄，内含大量的水和糖分，萼片则很早脱落，成熟果实形成圆而凹入的脐部，称为“脱萼果”。然而，部分果实的萼筒组织顽固地按照花萼的方式生长，这可能导致果皮变厚，内部的输导组织更发达，大量的细胞壁增厚而形成坚硬的“石细胞”，萼片不仅不脱落，还长得更加肥厚，于是成熟后果实则具有不整齐而凸出的脐部，称为“宿萼果”。

宿萼果严格来说是不正常的果实，吃起来硌牙（因为石细胞多），甜味也淡。

五、塞浦路斯

（一）进境水果植物检疫要求概况

获得中方检疫准入的塞浦路斯水果主要为柑橘类，包括橙（*Citrus sinensis*）、柠檬（*Citrus limon*）、葡萄柚（*Citrus paradisi*）、橘橙（*Citrus sinensis*×*Citrus reticulata*），具体要求见《关于印发〈塞浦路斯柑橘进境植物检验检疫要求〉的通知》（国质检动函〔2011〕166号）。

（二）重点关注的检疫性有害生物

重点关注的检疫性有害生物见表6-39。

表 6-39　重点关注的检疫性有害生物

水果	检疫性有害生物	
	中文名	学名
柑橘类	丝绒粉虱	*Aleurothrixus floccosus*
	地中海实蝇	*Ceratitis capitata*
	无花果蜡蚧	*Ceroplastes rusci*
	石榴螟	*Ectomyelois ceratoniae*
	柑橘蓟马	*Pezothrips kellyanus*
	橘花巢蛾	*Prays citri*

（三）特殊要求

1. 塞浦路斯输华柑橘仅限于塞浦路斯的尼科西亚（Necosia）、利马索（Lemesos）和帕福斯（Paphos）地区。

2. 塞浦路斯输华柑橘须来自石榴螟的非疫生产点果园，来自批准的果园和包装厂。

3. 塞浦路斯输华柑橘在运输途中须进行冷处理以杀灭地中海实蝇，冷处理指标为果肉中心温度 1.1℃或以下持续 15 天，或 1.7℃或以下持续 17 天，或 2.1℃或以下持续 21 天。冷处理的温度、处理时间、集装箱号码和封识号码必须在植物检疫证书中注明。每个集装箱有一份由输出国（地区）官方检疫机构官员签字盖章的“果温探针校准记录”，正本须附在随货的植物检疫证书上。

六、西班牙

（一）进境水果植物检疫要求概况

获得中方检疫准入的西班牙水果有柑橘［橘（*Citrus reticulata*）、橙（*Citrus sinensis*）、葡萄柚（*Citrus paradisi*）、柠檬（*Citrus limon*）］、桃（*Prunus persica*）、李（*Prunus salicina*，*Prunus domoestica*）、葡萄（*Vitis-vinifera*），具体要求见《关于印发〈西班牙柑橘进境植物检疫要求〉的通知》（国质检动〔2006〕579 号）、《质检总局动植司关于印发进口西班牙

鲜食李和桃植物检验检疫要求的函》（质检动函〔2016〕105号）、《关于进口西班牙鲜食葡萄植物检疫要求的公告》（海关总署公告2019年第79号）。

（二）重点关注的检疫性有害生物

重点关注的检疫性有害生物见表6-40。

表6-40 重点关注的检疫性有害生物

水果	检疫性有害生物	
	中文名	学名
柑橘类	地中海实蝇	*Ceratitis capitata*
	石榴螟	*Ectomyelois ceratoniae*
	橘花巢蛾	*Prays citri*
	石竹卷蛾	*Cacoecia pronubana*
	梨形原绵腊蚧	*Protopulvinaria pyriformis*
	长椭圆软蚧	*Coccus longulus*
	苜蓿蓟马	*Frankliniella occidentalis*
	柑橘粉虱	*Bemisia citricola*
	软毛粉虱	*Aleurothrixus floccosus*
	粉虱	*Paraleyrodes* sp. nr. *citri*
	台湾罗里螨	*Lorryia formosa*
	螺原体	*Spiroplasma citri*
李	桃黑短尾蚜	*Brachycaudus persicae*
	地中海实蝇	*Ceratitis capitata*
	苹果蠹蛾	*Cydia pomonella*
	桃白圆盾蚧	*Epidiaspis leperii*
	醋栗褐蚧	*Eulecanium tiliae*
	李小食心虫	*Grapholita funebrana*
	美澳型核果褐腐病	*Monilinia fructicola*
	拟长尾粉蚧	*Pseudococcus longispinus*

续表

水果	检疫性有害生物	
	中文名	学名
桃	桃黑短尾蚜	*Brachycaudus persicae*
	地中海实蝇	*Ceratitis capitata*
	苹果蠹蛾	*Cydia pomonella*
	桃白圆盾蚧	*Epidiaspis leperii*
	李小食心虫	*Grapholita funebrana*
	美澳型核果褐腐菌	*Monilinia fructicola*
	壳梭孢桃溃疡病菌	*Fusicoccum amygdali*
	李属坏死环斑病毒	Prunus necrotic ringspot virus
	拟长尾粉蚧	*Pseudococcus longispinus*
	大带蓟马	*Thrips major*
葡萄	地中海实蝇	*Ceratitis capitata*
	葡萄花翅小卷蛾	*Lobesia botrana*
	海灰翅夜蛾	*Spodoptera littoralis*
	西花蓟马	*Frankliniella occidentalis*
	橘臀纹粉蚧	*Planococcus citri*
	葡萄根瘤蚜	*Daktulosphaira vitifoliae*
	褐枝顶孢霉	*Phaeomoniella aleophilum*
	厚孢小褐球壳	*Phaeomoniella chlamydospora*
	葡萄皮尔斯病菌	*Xylella fastidiosa* subsp. *fastidiosa*

石榴螟成虫、幼虫见图6-24、图6-25。

图 6-24　石榴螟成虫

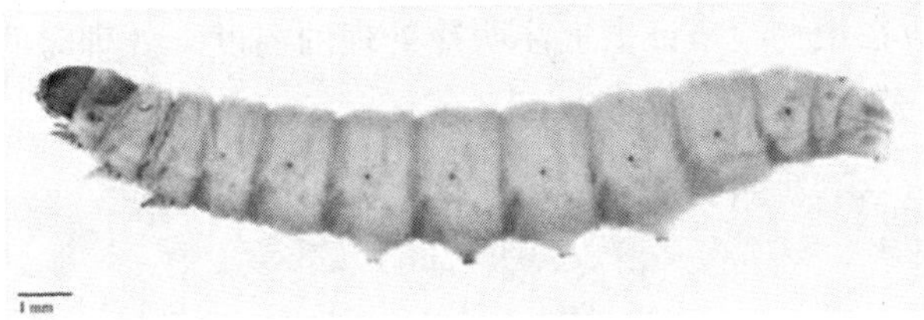

图 6-25　石榴螟幼虫

（图片来源：《植物病虫害识别图谱》）

（三）特殊要求

1. 西班牙输华柑橘、桃、李、葡萄须来自注册的果园和包装厂。

2. 西班牙输华柑橘仅限于西班牙巴伦西亚（Valencia）、穆尔西亚（Murcia）、卡斯蒂利翁（Castellón）和韦尔瓦（Huelva）。

3. 西班牙输华葡萄应在葡萄包装箱中使用二氧化硫（SO_2）保鲜膜。须用带有网眼最大孔径 1.6 毫米的袋罩住每个包装盒的通气孔或整个托盘，或采用其他能防止葡萄感染有害生物的包装材料。

4. 输华柑橘在装箱前需预冷至果肉温度达 4℃或以下。在运输途中，柑橘须在制冷集装箱中进行针对地中海实蝇的冷处理。冷处理技术指标为果实中心温度 1.1℃持续 15 天或 1.7℃持续 17 天，或 2.1℃持续 21 天。

5. 西班牙输华桃李须在出口前冷处理或运输途中针对地中海实蝇进行冷处理。冷处理指标为：果实中心 1℃或以下，持续 16 天以上，或果实中心 2.1℃或以下，持续 21 天以上。

6. 西班牙输华葡萄须在出口前冷处理或运输途中进行冷处理。冷处理技术指标要求见表 6-41。

表 6-41　冷处理技术指标要求

温度范围	持续天数
1.11℃或以下	15
1.67℃或以下	17
2.22℃或以下	21

7. 对于实施出口前冷处理的，应在植物检疫证书上注明冷处理的温度、持续时间及处理设施名称或编号、集装箱号码等。对于实施运输途中冷处理的，应在植物检疫证书上注明冷处理的温度、处理时间、集装箱号码及封识号码等。

七、希腊

（一）进境水果植物检疫要求概况

获得中方检疫准入的希腊水果有猕猴桃（*Actinidia chinensis*、*Actinidia deliciosa*）。具体要求见《关于进口希腊鲜食猕猴桃植物检疫要求的公告》（海关总署公告 2019 年第 185 号）。

（二）重点关注的检疫性有害生物

重点关注的检疫性有害生物见表 6-42。

表 6-42　重点关注的检疫性有害生物

水果	检疫性有害生物	
	中文名	学名
猕猴桃	地中海实蝇	*Ceratitis capitata*
	无花果蜡蚧	*Ceroplastes rusci*
	芭蕉蚧	*Hemiberlesia lataniae*
	槟榔盾蚧	*Hemiberlesia rapax*
	葡萄花翅小卷蛾	*Lobesia botrana*
	褐枝顶孢霉	*Phaeoacremonium aleophilum*
	拟长尾粉蚧	*Pseudococcus longispinus*
	丁香假单胞菌猕猴桃致病变种	*Pseudomonas syringae*
	黄萎轮枝孢	*Verticillium albo-atrum*

（三）特殊要求

1. 输华希腊猕猴桃须来自批准的果园和包装厂。

2. 输华猕猴桃须进行冷处理。冷处理的技术指标要求见表 6-43。

表 6-43　冷处理技术指标要求

果实中心温度	持续天数
1.1℃或以下	14
1.7℃或以下	16
2.1℃或以下	18

3. 对于实施出口前冷处理的，应在植物检疫证书上注明冷处理方式、处理温度、持续时间及处理设施名称或编号等信息。对于实施运输途中冷处理的，应在植物检疫证书上注明冷处理的温度、处理时间、集装箱号码及封识号码等。

八、意大利

（一）进境水果植物检疫要求概况

获得中方检疫准入的意大利水果有猕猴桃（*Actinidia chinensis*, *Actinidia deliciosa*）；柑橘［橙（*Citrus sinensis*）、柠檬（*Citrus limon*）］，具体要求见《关于印发〈意大利猕猴桃进境植物检疫要求〉的通知》（国质检动函〔2009〕74 号）、《关于进口意大利鲜食柑橘植物检疫要求的公告》（海关总署公告 2019 年第 78 号）。

（二）重点关注的检疫性有害生物

重点关注的检疫性有害生物见表 6-44。

表 6-44　重点关注的检疫性有害生物

水果	检疫性有害生物	
	中文名	学名
猕猴桃	地中海实蝇	*Ceratitis capitata*
	无花果蜡蚧	*Ceroplastes rusci*
	葡萄花翅小卷蛾	*Lobesia botrana*
	蛾蜡蝉科	*Metcalfa pruinosa*
	丁香假单胞菌猕猴桃致病型	*Pseudomonas syringae*
橙、柠檬	地中海实蝇	*Ceratitis capitata*
	石榴螟	*Apomyelois ceratoniae*
	玫瑰短喙象	*Pantomorus cervinus*
	丝绒粉虱	*Aleurothrixus floccosus*
	橘刺皮瘿螨	*Aculops pelekassi*
	加州短须螨	*Brevipalpus californicus*
	柑橘瘤瘿螨	*Eriophyes sheldoni*
	芒果白轮蚧	*Aulacaspis tubercularis*
	无花果蜡蚧	*Ceroplastes rusci*
	美地绵粉蚧	*Phenacoccus madeirensis*
	柑橘蓟马	*Pezothrips kellyanus*
	橘花巢蛾	*Prays citri*
	柠檬干枯病菌	*Phoma tracheiphila*
	柑橘壳针孢斑点病菌	*Septoria citri*
	柑橘冬生疫霉褐腐病菌	*Phytophthora hibernalis*
	柑橘丁香疫霉褐腐病菌	*Phytophthora syringae*

玫瑰短喙象成虫见图 6-26。

图 6-26　玫瑰短喙象成虫

（图片来源：《植物病虫害识别图谱》）

（三）特殊要求

1. 输华意大利猕猴桃、橙、柠檬须来自批准的果园和包装厂。

2. 输华意大利猕猴桃须来自以下产区：皮埃蒙特、威尼托、拉齐奥、艾米利亚—罗马涅。

3. 输华意大利猕猴桃在出口前或运输途中，须进行冷处理以杀灭地中海实蝇，冷处理的指标为果肉中心温度 1.1℃或以下持续 14 天，或 1.7℃或以下持续 16 天，或 2.1℃或以下持续 18 天。

4. 输华意大利柑橘橙、柠檬必须采取运输前或运输途中冷处理，处理要求见表 6-45。

表 6-45　冷处理技术指标要求

温度范围	持续天数
1.1℃或以下	15
1.7℃或以下	17
2.1℃或以下	21

5. 对于实施出口前检疫处理的，应在植物检疫证书上注明检疫处理方式、处理温度、持续时间及处理设施名称或编号等信息。对于实施运输途中冷处理的，应在植物检疫证书上注明冷处理的温度、处理时间、集装箱号码及封识号码等。

九、葡萄牙

（一）进境水果植物检疫要求概况

获得中方检疫准入的葡萄牙水果有葡萄（*Vitisvinifera*），具体要求见《关于进口葡萄牙鲜食葡萄植物检疫要求的公告》（海关总署公告 2019 年第 147 号）。

（二）重点关注的检疫性有害生物

重点关注的检疫性有害生物见表 6-46。

表 6-46　重点关注的检疫性有害生物

水果	检疫性有害生物	
	中文名	学名
葡萄	地中海实蝇	*Ceratitis capitata*
	葡萄花翅小卷蛾	*Lobesia botrana*
	葡萄粉蚧	*Pseudococcus maritimus*
	葡萄根瘤蚜	*Daktulosphaira vitifoliae*
	醋栗褐蚧	*Eulecanium tiliae*
	无花果蜡蚧	*Ceroplastes rusci*
	海灰翅夜蛾	*Spodoptera littoralis*
	葡萄叶绣螨	*Calepitrimerus vitis*
	葡萄细菌性疫病菌	*Xylophilus ampelinus*
	芒果小新壳梭孢	*Neofusicoccum mangiferae*
	褐枝顶孢霉	*Phaeoacremonium minimum*
	厚孢小褐球壳	*Phaeomoniella chlamydospora*

无花果蜡蚧成虫见图 6-27。

图 6-27　无花果蜡蚧成虫

（图片来源：《植物病虫害识别图谱》）

（三）特殊要求

1. 输华葡萄牙葡萄须来自批准的果园和包装厂。
2. 输华葡萄牙葡萄应在包装箱中使用二氧化硫（SO_2）保鲜膜。
3. 输华葡萄必须采取冷处理，冷处理指标见表 6-47。

表 6-47　冷处理技术指标要求

温度范围	持续天数
1.11℃或以下	15
1.67℃或以下	17
2.22℃或以下	21

4. 对于实施出口前检疫处理的，应在植物检疫证书上注明检疫处理方式、处理温度、持续时间及处理设施名称或编号等信息。对于实施运输途中冷处理的，应在植物检疫证书上注明冷处理的温度、处理时间、集装箱号码及封识号码等。

北美洲

一、巴拿马

（一）进境水果植物检疫要求概况

获得中方检疫准入的巴拿马水果有香蕉（*Musa* sp.）、菠萝（*Ananas comosus*），具体要求见《中华人民共和国农业部和巴拿马共和国农牧业发展部关于巴拿马食用香蕉输华植物检疫要求的议定书》（农业部公告第65号）、《关于进口巴拿马鲜食菠萝植物检疫要求的公告》（海关总署公告2019年第47号）。

（二）重点关注的检疫性有害生物

重点关注的检疫性有害生物见表6-48。

表6-48　重点关注的检疫性有害生物

水果	检疫性有害生物	
	中文名	学名
菠萝	甘蔗小型蛾	*Elaphria nucicolora*
	菠萝褐灰蝶	*Thecla basilides*
	西印度蔗象	*Metamasius hemipterus*
	棕榈象甲	*Rhynchophorus palmarum*
	香蕉灰粉蚧	*Dysmicoccus grassii*
	新菠萝灰粉蚧	*Dysmicoccus neobrevipes*
	美地绵粉蚧	*Phenacoccus madeirensis*
	菝葜黑圆盾蚧	*Melanaspis smilacis*
	杰克贝尔氏粉蚧	*Pseudococcus jackbeardsleyi*
	暗色粉蚧	*Pseudococcus viburni*
	飞机草	*Chromolaena odorata*
	刺茄	*Solanum torvum*
香蕉	地中海实蝇	*Ceratitis capitata*
	咖啡美洲叶斑病菌	*Mycena citricolor*

棕榈象甲成虫见图 6-28。

图 6-28 棕榈象甲成虫

（图片来源：《植物病虫害识别图谱》）

（三）特殊要求

1. 输华巴拿马菠萝须来自批准的果园和包装厂。

2. 输华巴拿马香蕉不能带成熟香蕉。

3. 输华巴拿马香蕉包装箱上注明批号、果园和包装厂的信息，以及官方检疫印章。

二、哥斯达黎加

（一）进境水果植物检疫要求概况

获得中方检疫准入的哥斯达黎加水果有菠萝（*Ananas comosus*）、香蕉（*Musa* sp.），具体要求见《关于印发〈哥斯达黎加香蕉进境植物检疫要求〉的通知》（国质检动函〔2008〕300 号）、《质检总局关于进口墨西哥玉米、英国大麦和哥斯达黎加菠萝等植物检验检疫要求的公告》（国家质检总局公告 2015 年第 139 号）。

（二）重点关注的检疫性有害生物

重点关注的检疫性有害生物见表 6-49。

表 6-49　重点关注的检疫性有害生物

水果	检疫性有害生物	
	中文名	学名
菠萝	菠萝蛀虫（蝶类）	*Strymon megarus*（*Syn. S. basilides*）
	菠萝蛀虫（蝶类）	*Strymon gabatha*
	夜蛾	*Elaphria nucicolora*
	新菠萝灰粉蚧	*Dysmicoccus neobrevipes*
	大洋臀纹粉蚧	*Planococcus minor*
	西印度蔗象	*Metamasius hemipterus*
	罗氏草	*Rottboellia cochinchinensis*
	甲虫	*Metamasius dimidiatipennis*
	杂草	*Eleusina digitaria*
	蜗牛科	Physidae
香蕉	加州短须螨	*Brevipalpus californicus*
	地中海实蝇	*Ceratitis capitata*
	蓟马	*Chaetanaphothrips signipennis*
	棕榈栉圆盾蚧	*Hemiberlesia lataniae*
	香蕉粉蚧	*Pseudococcus elisae*
	刺盾蚧	*Selenaspidus articulatus*
	夜蛾	*Spodoptera albula*
	香蕉枯萎病菌（2 号小种）	*Fusarium oxysporum* f. sp. *cubense* race 2
	菊基腐病菌	*Erwinia chrysanthemi*
	香蕉细菌性枯萎病菌（2 号小种）	*Ralstonia solanacearum* race 2

（三）特殊要求

1. 输华哥斯达黎加香蕉、菠萝须来自注册果园和包装厂。

2. 输华哥斯达黎加香蕉应为未成熟的青香蕉果实（Musa AAA）。

3. 所有出口中国的哥斯达黎加菠萝均需要采取高压喷射水流清洗，100ppm 氯水，浸入保持 25s～1min。

小贴士 **挑选菠萝的小妙招**

菠萝依外表选择，果实结实饱满，有重量感，果目明显突起，果实闻起来有一股浓郁特殊香味，手指弹打声音像弹打肉的声音者，质量最佳。

一般来说，菠萝果皮呈橙黄且微带红色、有光泽的，生长发育较为成熟，口味也更香甜。如果果皮还呈青绿色，就表示菠萝还没熟透，含有的糖分较低，口感会差很多。同时，菠萝顶部的叶子青翠鲜绿，通常表示其在生长过程中日照良好，非常新鲜，吃起来会更味美多汁。

还有一些挑选香甜菠萝的小窍门。一般来说，个头较矮并且体粗的菠萝果肉比个头瘦长者要多，也更结实，这样的“矮胖子”也相对更好吃、更香甜。挑选菠萝的时候还要注意看大小，大个的菠萝熟得比较透，比小个的“发育”得更好，味道比较甜。还可以仔细闻一下水果的底部，香气越浓表示菠萝越甜。

此外，还可用手轻轻按压菠萝，以判断它的成熟度。坚硬而无弹性的是带生采摘果，所含糖分不足；挺实而微软的是成熟度最适宜的，果肉也饱满；有凹陷的则为成熟过度的菠萝；如果有汁液溢出则说明已经变质，不能再吃了。

三、加拿大

（一）进境水果植物检疫要求概况

获得中方检疫准入的加拿大水果有樱桃（*Prunus avium*）、蓝莓（*Vaccinium* spp.），具体要求见《关于印发 2013 年加拿大 BC 省鲜食樱桃试进口检验检疫要求的通知》（质检动函〔2013〕198 号）、《动植司关于下发进口加拿大不列颠哥伦比亚省鲜食蓝莓植物检疫要求的函》（质检动函〔2015〕169 号）

（二）重点关注的检疫性有害生物

重点关注的检疫性有害生物见表 6-50。

表 6-50 重点关注的检疫性有害生物

水果	检疫性有害生物	
	中文名	学名
樱桃	黑樱桃绕实蝇	*Rhagoletis fausta*
	西部樱桃实蝇	*Rhagoletis indifferens*
	苹果实蝇	*Rhagoletis pomonella*
	樱桃峰斑螟	*Acrobasis tricolorella*
	果黄卷蛾	*Archips podana*
	玫瑰色卷蛾	*Choristoneura rosaceana*
	樱小食心虫	*Grapholita packardi*
	杏小食心虫	*Grapholita prunivora*
	芽广翅小卷蛾	*Hedya nubiferana*
	苹果芽小卷蛾	*Platynota idaeusalis*
	李瘤蚜	*Myzus cerasi*
	美澳型核果褐腐病菌	*Monilinia fructicola*
	核果树细菌性溃疡病菌	*Pseudomonas syringae* pv. *morsprunorum*
	樱桃小果病毒	Little cherry virus
	斑翅果蝇	*Drosophila suzukii*
蓝莓	越橘峰斑螟	*Acrobasis vaccinii*
	李象	*Conotrachelus nenuphar*
	樱小食心虫	*Grapholita packardi*
	榆蛎盾蚧	*Lepidosaphes ulmi*
	玫瑰短喙象	*Pantomorus cervinus*
	暗色粉蚧	*Pseudococcus viburni*（*Signoret*）
	越橘绕实蝇	*Rhagoletis mendax*
	蓝莓果腐病菌	*Diaporthe vaccinii*
	蓝莓端腐病菌	*Godronia cassandrae*
	蓝莓盘多毛孢果腐病菌	*Pestalotia vaccinii*
	蓝莓干枯病菌	*Monilinia vaccinii-corymbosi*

感染美澳型核果褐腐病菌的樱桃见图 6-29。

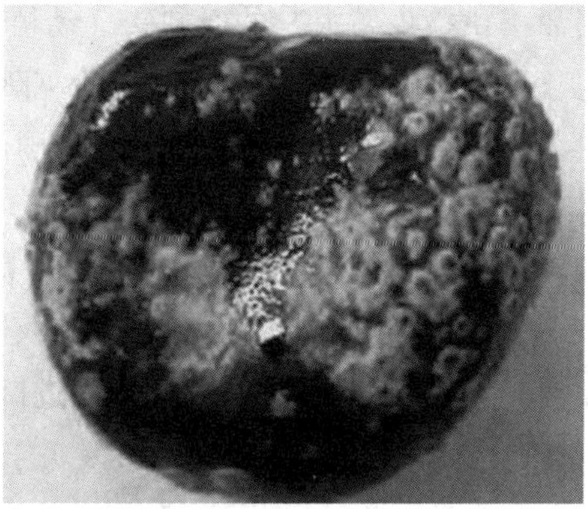

图 6-29　感染美澳型核果褐腐病菌的樱桃果实变褐腐烂

（图片来源：《植物病虫害识别图谱》）

（三）特殊要求

1. 输华加拿大樱桃应来自加拿大不列颠哥伦比亚省（BC 省）。蓝莓应来自加拿大不列颠哥伦比亚省。

2. 输华加拿大樱桃、蓝莓包装箱如有通气孔，须用防虫纱网（最大孔径 1.6 毫米）覆盖以防有害生物进入，或者将整个托盘用防虫纱网覆盖。

3. 输华加拿大樱桃允许进境口岸为北京首都机场、上海、广州、南沙海港、深圳海港、大连海港。

4. 输华加拿大樱桃须由中方派人预检，合格的，中加双方检验检疫人员联合签发预检证书。

四、美国

（一）进境水果植物检疫要求概况

获得中方检疫准入的美国水果有柑橘（*Citrus* spp.）、梨（*Pyrus communis*）、苹果（*Malus domestica*）、油桃（*Prunus persica* var. *nucipersica*）、蓝莓（*Vaccinium corymbosum*、*V. virgatum* 及其杂交种）、鳄梨（*Persea americana*）、李（*Prunus salicina*）、樱桃（*Prunus avium*）、葡萄（*Vitis vinifera*）、草莓（*Fragaria ananassa*）。具体要求见《关于印发“进口美国加利福尼亚州鲜食葡萄检疫要求”的通知》（动植检植字〔1997〕23 号）、《关于印发

“进口美国华盛顿州甜樱桃检疫要求”的通知》（动植检植字〔1997〕21号）、《关于执行〈美国佛罗里达州、亚利桑那州、得克萨斯州和加利福尼亚州柑橘输华植物卫生条件议定书〉有关问题的通知》（国检动函〔2000〕142号）、《关于印发〈美国李子进境检疫要求〉的通知》（国检动函〔2006〕286号）、《关于进口美国鲜梨植物检验检疫要求的公告》（2013年第11号公告）、《质检总局关于进口美国苹果植物检验检疫要求的公告》（国家质检总局公告2015年第60号）、《质检总局动植司关于印发进口美国加州草莓植物检验检疫要求的函》（质检动函〔2016〕100号）、《关于进口美国油桃植物检疫要求的公告》（海关总署公告2020年第37号）、《关于进口美国鲜食鳄梨植物检疫要求的公告》（海关总署公告2020年第60号）、《关于进口美国鲜食蓝莓植物检疫要求的公告》（海关总署公告2020年第64号）。

（二）重点关注的检疫性有害生物

重点关注的检疫性有害生物见表6-51。

表6-51 重点关注的检疫性有害生物

水果	检疫性有害生物	
	中文名	学名
油桃	墨西哥按实蝇	*Anastrepha ludens*
	山榄按实蝇	*Anastrepha serpentina*
	条纹按实蝇	*Anastrepha striata*
	加勒比按实蝇	*Anastrepha suspensa*
	果树黄卷蛾	*Archips argyrospila*
	橘带卷蛾	*Argyrotaenia citrana*
	芒果白轮盾蚧	*Aulacaspis rosae*
	地中海实蝇	*Ceratitis capitata*
	玫瑰色卷蛾	*Choristoneura rosaceana*
	苹果蠹蛾	*Cydia pomonella*
	桃白圆盾蚧	*Epidiaspis leperii*
	杏小食心虫	*Grapholita prunivora*
	槟榔盾蚧	*Hemiberlesia rapax*
	榆蛎蚧	*Lepidosaphes ulmi*
	美澳型核果褐腐病菌	*Monilinia fructicola*
	荷兰石竹小卷蛾	*Platynota stultana*

续表1

水果	检疫性有害生物	
	中文名	学名
蓝莓	越橘蜂斑螟	*Acrobasis vaccinii*
	李象	*Conotrachelus nenuphar*
	樱小食心虫	*Grapholita packardi*
	榆蛎盾蚧	*Lepidosaphes ulmi*
	越橘绕实蝇	*Rhagoletis mendax*
	蓝莓果腐病菌	*Diaporthe vaccinii*
	蓝莓端腐病菌	*Godronia cassandrae*
	蓝莓盘多毛孢果腐病菌	*Pestalotia vaccinii*
	蓝莓干枯病菌	*Monilinia vaccinii-corymbosi*
鳄梨	鳄梨卷蛾	*Amorbia cuneana*
	柑带卷蛾	*Argyrotaenia citrana*
	苹果淡褐卷蛾	*Epiphyas postvittana*
	蔗根象	*Diaprepes abbreviates*
	枝芽钻蛀象	*Melalgus confertus*
	玫瑰短喙象	*Pantomorus cervinus*
	拂粉蚧	*Ferrisa malvastra*
	大粉蚧	*Aleurodicusdugesi*
	桑粉虱	*Tetraleurodes mori*
	红条斑粉虱	*Tetraleurodes perseae*
	梗蓟马	*Scirtothrips aceri*
	鳄梨蓟马	*Scirtothrips perseae*
	鳄梨小爪螨	*Oligonychus perseae*
	冠瘿螨	*Tegolophus myersi*
	鳄梨日斑类病毒	*Avocado sunblotch*

续表2

水果	检疫性有害生物	
	中文名	学名
苹果	红足巨顶叶蜂	*Ametastegia glabrata*
	南美按实蝇	*Anastrepha fraterculus*
	加勒比实蝇	*Anastrepha suspens*
	苹果花象	*Anthonomus quadrigibbus*
	地中海实蝇	*Ceratitis capitata*
	玫瑰色卷蛾	*Choristoneura rosaceana*
	榅桲象甲	*Conotrachelus crataegi*
	梅球颈象	*Conotrachelus nenuphar*
	杏小食心虫	*Cydia*（*Grapholita*）*prunivora*
	樱小食心虫	*Cydia*（*Grapholita*）*packardi*
	苹果蠹蛾	*Cydia pomonella*
	苹叶瘿蚊	*Dasineura mali*
	车前圆尾蚜	*Dysaphis plantaginea*
	苹淡褐卷蛾	*Epiphyas postvittana*
	苹果绵蚜	*Eriosoma lanigerum*
	苹果实蝇	*Rhagoletis pomonella*
	茱萸实蝇	*Rhagoletis tabellaria*
	梨蓟马	*Taeniothrips inconsequens*
	迈叶螨	*Tetranychus mcdanieli*
	太平洋叶螨	*Tetranychus pacificus*
	梨火疫病菌	*Erwinia amylovora*
	苹果、梨锈病菌	*Gymnosporangium clavipes*
	美澳型核果褐腐病菌	*Monilinia fructicola*
	苹果牛眼果腐病	*Neofabraea malicorticis*；*N. perennans*
	苹果星裂壳孢果腐病菌	*Phacidiopycnis washingtonensis*
	苹果、梨边腐病菌	*Phialophora malorum*
	苹果、梨球壳孢果腐病菌	*Sphaeropsis pyriputrescens*
	苹果黑星菌	*Venturia inaequalis*

续表3

水果	检疫性有害生物	
	中文名	学名
柑橘	地中海实蝇	*Ceratitis capitata*
	墨西哥实蝇	*Anastrepha ludent*
	加勒比实蝇	*Anastrepha suspensa*
	首蓿蓟马	*Frankliniella occidentalis*
	柑橘皱叶病毒	Citrus crinkly
	柑橘侵染性杂色病毒	Citrus infectious variegation virus
	柑橘鳞皮病毒	Citrus psorosis virus
	柑橘干坚类病毒	Citrus xyloporsis viroid
	柑橘溃疡病菌	*Xanthomonas citri*
梨	地中海实蝇	*Ceratitis capitata*
	梨蓟马	*Thrips inconsequens*
	苹果棉蚜	*Eriosoma lanigerum*
	梨灰盾蚧	*Epidiaspis leperii*
	南非苹粉蚧	*Pseudococcus obscures*
	车前圆尾蚜	*Dysaphis plantaginea*
	苹果蠹蛾	*Cydia pomonella*
	橘带卷蛾	*Argyrotaenia citrana*
	果树黄卷蛾	*Archips argyrospila*
	玫瑰色卷蛾	*Choristoneura rosaceana*
	美澳型核果褐腐	*Monilinia fructicola*
	苹果花象	*Anthonomus quadrigibbus*
	梨波氏盘果腐病菌	*Potebniamyces pyri*
	苹果、梨球壳孢果腐病菌	*Sphaeropsis pyriputrescens* sp.
	苹果、梨边腐病	*Phialophora malorum*

续表4

水果	检疫性有害生物	
	中文名	学名
梨	牛眼果腐病	*Neofabraea malicortis*；*Neofabraea perennan*
	美洲山楂锈病菌	*Gymnosporangium globosum*
	欧洲梨锈病菌	*Gymnosporangium fuscum*
	苹果、梨锈病菌	*Gymnosporangium clavipes*
	梨火疫病	*Erwinia amylovora*
	太平洋叶螨	*Tetranychus pacificus*
	迈叶螨	*Tetranychus mcdanieli*
葡萄	美澳型核果褐腐病	*Monilinia fructicola*
	番茄环斑病毒	Tomato ringspot virus
	鲜食葡萄扇叶病毒	Grapevine fanleaf virus
	鲜食葡萄皮尔斯病	*Xylella fastidiosa*
	地中海实绳	*Ceratitis capitata*
	苜蓿蓟马	*Frankliniella occidentalis*
	鲜食葡萄镰蓟马	*drepanothrips reuteri*
	红带卷蛾	*Argyrotaenia velutinana*
	鲜食葡萄小卷蛾	*Lobesia botrana*
	荷兰石竹小卷蛾	*Platynota stultana*
	魏始叶螨	*Eotetranychus williamettei*
	太平洋叶螨	*Tetranychus pacificus*
	二班叶螨	*Tetranychus urticae*
	西班牙麻疹病	Measles

续表5

水果	检疫性有害生物	
	中文名	学名
樱桃	西部樱桃实蝇	*Rhagoletis indifferens*
	黑樱桃实蝇	*Rhagoletis fausta*
	樱小食心虫	*Grapholitha packardi*
	苹小果蠹（杏小食心虫）	*Grapholitha prunivora*
	亚心叶李螟	*Acrobasis tricolorella*
	嗜橘粉蚧	*Pseudococcus calceolariae*
	苹果贝蚧	*Lepidosaphes ulmi*
	槟栉盾蚧	*Hemiberlesia rapax*
	果树黄卷蛾	*Archips argyrospila*
	蔷薇斜条卷叶蛾	*Choristoneura rosaceana*
	迈叶螨	*Tetranychus mcdanieli*
	鹅耳枥东方叶螨	*Eotetranychus carpini brealis*
	苹白小卷蛾	*Spilonota ocellana*
	地中海实蝇	*Ceratitis capitata*
	苹果实蝇	*Rhapoletis pomonella*
	苹果蠹蛾	*Laspeyresia Pomonella*
	李属坏死环斑病毒	Prunus necrotic ringspot virus
	李矮缩病毒	Prune dwarf virus
	樱桃 X 病	Cherry X-Disease
	樱桃绿环斑驳病毒	Green ring mottle virus
	番茄环斑病毒	Tomato ringspot virus
李	地中海实蝇	*Ceratitis capitata*
	苹果实蝇	*Rhagoletis pomonella*
	西部樱桃实蝇	*Rhagoletisindifferens*
	杏小食心虫	*Grapholita prunivora*
	南非苹粉蚧	*Pseudococcus obscures*

续表6

水果	检疫性有害生物	
	中文名	学名
李	太平洋叶螨	*Tetranychus pacificus*
	北方啄螟	*Zophodia convolutella*
	苹果蠹蛾	*Cydia pomonella*
	桃白圆盾蚧	*Epidiaspis leperii*
	梨火疫病菌	*Erwinia amylovora*
	美澳型核果褐腐菌	*Monilinia fructicola*
	李矮化病毒	Prune dwarf virus
	李属坏死环斑病毒	Prunus necrotic ringspot virus
	李痘病毒	Plum pox virus
	番茄环斑病毒	Tomato ringspot virus
草莓	拟绿蝽	*Acrosternum hilare*
	鸢尾粉虱	*Aleyrodes spiraeoides*
	草莓镰翅小卷蛾	*Ancylus comptana fragariae*
	草莓花象	*Anthonomus signatus*
	草莓钉蚜	*Chaetosiphon fragaefolii*
	杂食云卷蛾	*Cnephasia longana*
	李象	*Conotrachelus nenuphar*
	苹淡褐卷蛾	*Epiphyas postvittana*
	盐泽枝灯蛾	*Estigmene acrea*
	欧洲球螋	*Forficula auricularia*
	豆荚草盲蝽	*Lygus hesperus*
	美国牧草盲蝽	*Lygus lineolaris*
	苹果耳象	*Otiorhynchus cribricollis*
	草莓根耳象	*Otiorhynchus ovatus*
	粗糙草莓耳喙象	*Otiorhynchus rugosostriatus*
	黑葡萄耳象	*Otiorhynchus sulcatus*

续表7

水果	检疫性有害生物	
	中文名	学名
草莓	玫瑰短吻象	*Pantomorus cervinus*
	褐卷蛾	*Pandemis pyrusana*
	铅卷蛾	*Ptycholoma peritana*
	草莓粉虱	*Trialeurodes packardi*
	樱草植食螨	*Phytonemus pallidus*
	草莓枯萎病菌	*Fusarium oxysporum* f. sp. *fagariae*

感染苹果星裂壳孢果腐病菌和苹果、梨球壳孢果腐病菌的苹果见图 6-30、图 6-31。

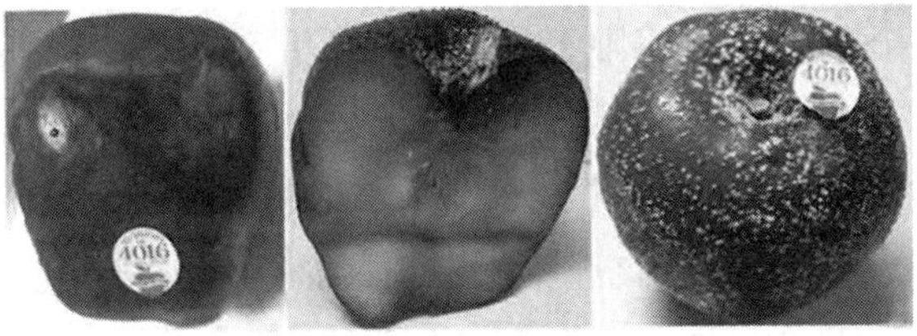

图 6-30　感染苹果星裂壳孢果腐病菌的腐烂苹果（表面及剖面症状）

图 6-31　感染苹果、梨球壳孢果腐病菌的苹果表面现白色菌丝体

（图片来源：《植物病虫害识别图谱》）

（三）特殊要求

1. 输华美国梨、苹果、油桃、蓝莓、鳄梨、柑橘、李、樱桃、葡萄、草莓须来自批准的果园和包装厂。

2. 输华美国鲜梨产地仅限于美国加利福尼亚州、华盛顿州及俄勒冈州。

3. 输华美国油桃、李子产地仅限于加利福尼亚州的5个产区。

4. 输华美国蓝莓产地仅限于加利福尼亚州、佛罗里达州、佐治亚州、印第安纳州、路易斯安那州、密歇根州、密西西比州、新泽西州、北卡罗来纳州、俄勒冈州、华盛顿州等蓝莓产区。

5. 输华美国鳄梨、草莓产地仅限于加利福尼亚州。

6. 输华美国柑橘产地仅限于加利福尼亚州、佛罗里达州、亚利桑那州、得克萨斯州。

7. 输华美国鲜食葡萄产地仅限于美国加利福尼亚州的5个县。

8. 输华美国樱桃产地仅限于华盛顿州、俄勒冈州、爱达荷州。

9. 输华美国鳄梨果柄不长于3毫米。包装加工过程中，须经毛刷刷果（或高压喷淋水洗结合毛刷刷果），以确保没有昆虫和螨虫。

10. 输华美国鲜梨须来自经中方认可的地中海实蝇非疫区。如来自地中海实蝇疫区，需在中方认可的设施中进行冷处理：果实中心温度1℃或以下，持续16天或以上；或果实中心温度2.1℃或以下，持续21天或以上。

11. 产自佛罗里达州、佐治亚州、印第安纳州、路易斯安那州、密歇根州、密西西比州、新泽西州、北卡罗来纳州的输华蓝莓，须进行溴甲烷熏蒸处理。具体熏蒸指标如下：

（1）在27.7℃或更高温度下，32 g/m^3持续2小时；

（2）在22.2℃~27.2℃，32 g/m^3持续2.5小时；

（3）在16.6℃~21.6℃，32 g/m^3持续3小时；

（4）在10℃~16.1℃，32 g/m^3持续3.5小时。

对于实施熏蒸处理的，还须在植物检疫证书上注明溴甲烷剂量、处理温度和持续时间。

12. 输华美国苹果在以下情况，须进行除害处理。对于实施冷处理的，应在植物检疫证书上同时注明冷处理的温度、持续时间及处理设施名称或编号等。对于运输途中实施冷处理的，应在植物检疫证书上同时注明冷处理的温度、要求持续的处理时间、集装箱封识号等。

(1) 对不符合苹果实蝇低度流行区状态要求的以及来自苹果实蝇疫区的，需在中方认可的设施中进行冷处理：预冷后，果实在0℃下持续40天或在3.3℃下持续90天。

(2) 如来自相关实蝇疫区的，需在中方认可的设施中进行冷处理：果实在1℃（果心温度）或以下，持续16天以上；或果实在2.1℃（果心温度）或以下，持续21天以上。

(3) 针对苹果、梨球壳孢果腐病菌，苹果、梨星裂壳孢果腐病菌，苹果牛眼果腐病菌，对采后果实使用杀菌剂进行浸淋处理，或在进入冷藏库的7天内在冷藏间使用雾化杀菌剂处理。

13. 美国苹果和樱桃入境指定口岸为广州、上海、大连、北京、天津、海口、厦门、福州、青岛和南京。美国葡萄入境指定口岸为广州、上海、大连、海口、南京和天津。

五、墨西哥

（一）进境水果植物检疫要求概况

获得中方检疫准入的墨西哥水果有鳄梨（*Persea anericana*，仅限于Hass品种）、葡萄（*Vitis vinifera*）、黑莓（*Rubus ulmifo - lius*），树莓（*Rubus idaeus*）、蓝莓（*Vaccinium* spp.）、香蕉（*Musa* spp.），具体要求见《关于印发〈墨西哥鳄梨进境植物检疫要求〉的通知》（国质检动〔2005〕183号）、《关于印发〈墨西哥葡萄进境植物检疫要求〉的通知》（国质检动〔2006〕252号）、《关于新增西班牙、埃及和墨西哥水果入境口岸的通知》（国质检动函〔2007〕1064号）、《质检总局关于进口墨西哥鲜食黑莓和树莓植物检验检疫要求的公告》（国家质检总局公告2014年第134号）、《关于进口墨西哥香蕉植物检疫要求的公告》（海关总署公告2019年第187号）。

（二）重点关注的检疫性有害生物

重点关注的检疫性有害生物见表6-52。

表 6-52 重点关注的检疫性有害生物

水果	检疫性有害生物	
	中文名	学名
黑莓和树莓	樱草植食螨	*Phytonemus pallidus*
	草莓疫霉红心病菌	*Phytophthora fragariae*
	大丽轮枝菌	*Verticillium dahliae*
	梨火疫病菌	*Erwinia amylovora*
	地中海实蝇	*Ceratitis capitata*
	斑翅果蝇	*Drosophila suzukii*
葡萄	南美按实蝇	*Anastrepha fraterculus*
	西印度实蝇	*Anastrepha obliqua*
	地中海实蝇	*Ceratitis capitata*
	葡萄镰蓟马	*Drepanothrips reuteri*
	苜蓿蓟马	*Frankliniella occidentalis*
	美澳型核果褐腐病	*Monilinia fructicola*
	葡萄粉蚧	*Pseudococcus maritimus*
	豆带巢针蓟马	*Caliothrips fasciatus*
	杂色斑叶蝉	*Erythroneura variabilis*
鳄梨	墨西哥鳄梨象	*Conotrachelus aguacatae*
	鳄梨象	*Conotrachelas perseae*
	李象	*Heilpus lauri*
	鳄梨枝象	*Copturus aguacatae*
	鳄梨织蛾	*Stenoma catenifre*
	地中海实蝇	*Ceratitis capitata*
	墨西哥实蝇	*Anastrepha ludens*
	美洲番石榴实蝇	*Anastrepha striata*
	南美按实蝇	*Anastrepha fraterculus*
	西印度实蝇	*Anastrepha obliqua*
	人心果实蝇	*Anastrepha serpentina*

续表1

水果	检疫性有害生物	
	中文名	学名
香蕉	粉虱	*Aleurodicus dugessi*
	飞蓬圆盾蚧	*Aspidiotus excisus*
	香蕉绣蓟马	*Chaetanaphothrips signipennis*
	香蕉幼苗肖叶甲	*Colaspis hypochlora*
	香蕉花蓟马	*Frankliniella parvula*
	新菠萝灰粉蚧	*Dysmicoccus neobrevipes*
	大洋臀纹粉蚧	*Planococcus minor*
	杰克贝尔氏粉蚧	*Pseudococcus jackbeardsleyi*
	刺盾蚧	*Selenaspidus articulatus*
	香蕉细菌性枯萎病菌（2号小种）	*Ralstonia solanacearum* race 2
	香蕉黄条叶斑病菌	*Mycosphaerella musicola*
蓝莓	越橘蜂斑螟	*Acrobasis vaccinii*
	越橘绕实蝇	*Rhagoletis mendax*
	蓝莓果腐病菌	*Diaporthe vaccinii*
	蓝莓端腐病菌	*Godronia cassandrae*
	蓝莓盘多毛孢果腐病菌	*Pestalotia vaccinii*
	蓝莓干枯病菌	*Monilinia vaccinii-corymbosi*

鳄梨织蛾成虫、幼虫分别见图6-32、图6-33。

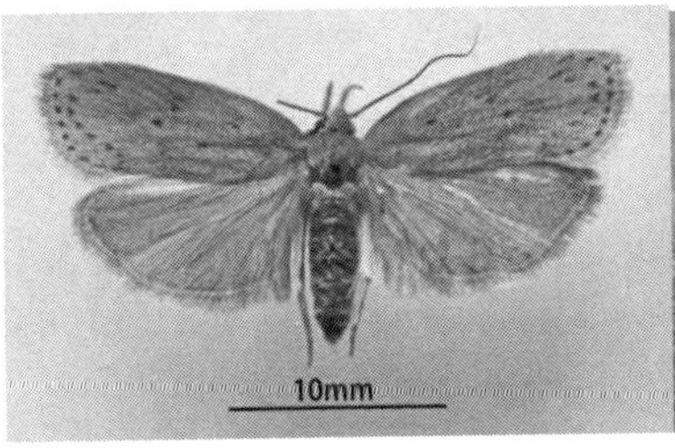

图6-32　鳄梨织蛾成虫

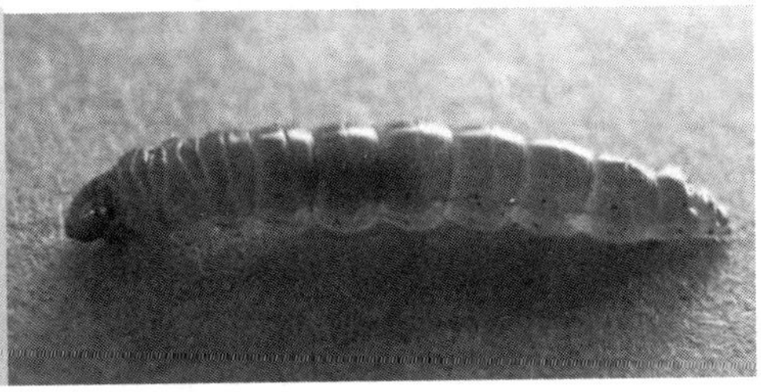

图6-33　鳄梨织蛾幼虫

（图片来源：《植物病虫害识别图谱》）

（三）特殊要求

1. 墨西哥输华鳄梨、葡萄、黑莓、树莓、蓝莓、香蕉须来自批准的果园、包装厂或冷藏库。

2. 墨西哥输华葡萄产地仅限于墨西哥索诺拉州。

3. 墨西哥输华鳄梨产地仅限于墨西哥米却肯州。

南美洲

一、阿根廷

（一）进境水果植物检疫要求概况

获得中方检疫准入的阿根廷水果有梨（*Pyrus communis*）、苹果（*Malus domestica*）、蓝莓（*Vaccinium* L.）、樱桃（*Prunus avium*）、葡萄（*Vitis vinifera* L.）、柑橘［包括橘及其杂交种（*Citrus reticulata* and its hybrids）、橙（*Citrus sinensis*）、葡萄柚（*Citrus paradisi*）及柠檬（*Citrus limon*）］。具体要求见《质检总局关于进口阿根廷苹果和梨植物检验检疫要求的公告》（国家质检总局公告 2015 年第 2 号）、《关于进口阿根廷鲜食蓝莓植物检疫要求的公告》（海关总署公告 2018 年第 136 号）、《关于进口阿根廷樱桃植物检疫要求的公告》（海关总署公告 2019 年第 16 号）、《关于进口阿根廷鲜食葡萄植物检疫要求的公告》（海关总署公告 2019 年第 194 号）、《关于进口阿根廷鲜食柑橘植物检疫要求的公告》（海关总署公告 2020 年第 3 号）。

（二）重点关注的检疫性有害生物

重点关注的检疫性有害生物见表 6-53。

表 6-53　重点关注的检疫性有害生物

水果	检疫性有害生物	
	中文名	学名
柑橘类	南美按实蝇	*Anastrepha fraterculus*
	地中海实蝇	*Ceratitis capitata*
	柑橘扁软蚧	*Coccus perlatus*
	橄榄片盾蚧	*Parlatoria oleae*
	柑橘澳洲痂囊腔菌	*Elsinoe australis*
	柑橘溃疡病菌 B 型	*Xanthomonas axonopodis* pv. *citri*（type B）
	柑橘鳞片病毒	Citrus psorosis virus
	柑橘疯病菌	*Citrus Leprosis rhabdovirus*
	柑橘顽固病菌	*Spiroplasma citri*
	柑橘枯萎病菌	Citrus blight disease（declinamiento 或 fruta bolita）
葡萄	南美按实蝇	*Anastrepha fraterculus*
	地中海实蝇	*Ceratitis capitata*
	澳洲花蓟马	*Frankliniella australis*
	禾花蓟马	*Frankliniella gemina*
	葡萄花翅小卷蛾	*Lobesia botrana*
	美澳核果褐腐病菌	*Monilinia fructicola*
	南美果树象甲	*Naupactus xanthographus*
	褐枝顶孢霉	*Phaeoacremonium aleophilum*
	寄生褐枝顶孢霉	*Phaeoacremonium parasiticum*
	厚孢小褐球壳	*Phaeomoniella chlamydospora*
	无花果刺粉蚧	*Pseudococcus maritimus*
	葡萄根瘤蚜	*Viteus vitifoliae*

续表

水果	检疫性有害生物	
	中文名	学名
蓝莓	南美按实蝇	*Anastrepha fraterculus*
	地中海实蝇	*Ceratitis capitata*
	梳缺花蓟马	*Frankliniella schultzei*
	榆蛎盾蚧	*Lepidosaphes ulmi*
	蓝莓果腐病菌	*Diaporthe vaccinii*
	蓝莓端腐病菌	*Godronia cassandrae*
	越橘盘多毛孢	*Pestalotia vaccinii*
樱桃	南美按实蝇	*Anastrepha fraterculus*
	地中海实蝇	*Ceratitis capitata*
	黑桃蚜	*Brachycaudus persicae*
	叶蝉	*Edwarsiana crataegi*
	桃白圆盾蚧	*Epidiaspis leperii*
	梳缺花蓟马	*Frankliniella schultzei*
	管蓟马	*Haplothrips trellesi*
	榆蛎盾蚧	*Lepidosaphes ulmi*
	美澳型核果褐腐菌	*Monilinia fructicola*
	核果树细菌性溃疡病菌	*Pseudomonas syringae* pv. *morsprunorum*
苹果、梨	南美按实蝇	*Anastrepha fraterculus*
	地中海实蝇	*Ceratitis capitata*
	苹果蠹蛾	*Cydia pomonella*
	苹果棉蚜	*Eriosoma lanigerum*
	橄榄片盾蚧	*Parlatoriaoleae*
	美澳型核果褐腐病菌	*Monilinia fructicola*

蓝莓果腐病菌为害，花芽受害萎蔫枯死症状见图 6-34。

图 6-34　蓝莓果腐病菌为害，花芽受害萎蔫枯死症状

（图片来源：《植物病虫害识别图谱》）

（三）特殊要求

1. 阿根廷输华柑橘、葡萄、蓝莓、樱桃须来自批准的果园和包装厂。

2. 阿根廷输华葡萄、蓝莓、樱桃包装箱如有通气孔，应使用防尘网或带有微孔的包装袋以防有害生物进入（微孔孔径应小于 1.6 毫米）。

3. 阿根廷输华苹果和梨须针对地中海实蝇和南美按实蝇在运输途中进行冷处理。冷处理温度应为 1.11℃或以下，连续 15 天；或 1.67℃或以下，连续 17 天。

4. 阿根廷输华葡萄必须进行冷处理。冷处理技术要求为：果实中心温度1℃或以下，持续 16 天以上；或果实中心温度 2.1℃或以下，持续 21 天以上。

5. 阿根廷输华蓝莓须进行冷处理或熏蒸处理。输华樱桃如来自实蝇非疫区之外，则必须采取冷处理。

（1）冷处理温度要求见表 6-54。

表 6-54 冷处理温度要求

温度范围	持续天数
1℃或以下	16 天
2.1℃或以下	21 天

（2）熏蒸处理要求见表 6-55。

表 6-55 熏蒸处理要求

温度（℃）	剂量（g/m^3）	处理过程的最低浓度（g/m^3）		
		0.5 小时	2 小时	3.5 小时
15.6℃或以上	32	26	22	21

6. 阿根廷输华柑橘必须进行冷处理，具体要求见表 6-56。

表 6-56 冷处理要求

柑橘种类	处理温度	持续处理天数
葡萄柚	2.3℃或以下	21 天
橙	2.2℃或以下	21 天
柠檬	3℃或以下	24 天
橘及其杂交种	1.1℃或以下	15 天
	1.67℃或以下	17 天

7. 对于实施出口前检疫处理的，应在植物检疫证书上注明处理温度、剂量（熏蒸处理）、持续时间及处理设施名称或编号、集装箱号码等。对于实施运输途中冷处理的，应在植物检疫证书上注明冷处理的温度、处理时间、集装箱号码及封识号码等。冷处理应附有由 SENSA（阿根廷农牧渔业和食品秘书处）和 AQSIQ（原国家质检总局）共同指定签名检疫官签发的"果温探针校正记录"正本。由船运公司下载的冷处理记录须符合要求。

二、厄瓜多尔

（一）进境水果植物检疫要求概况

获得中方检疫准入的厄瓜多尔水果有香蕉（*Musa* sp.）、芒果（*Mangifera indica*）。具体要求见《中华人民共和国农业部和厄瓜多尔共和国农牧部关于厄瓜多尔食用香蕉输华植物检疫要求的议定书》（农业部公告1977年第66号）、《质检总局动植司关于印发进口厄瓜多尔芒果植物检验检疫要求的函》（质检动函〔2016〕23号）。

（二）重点关注的检疫性有害生物

重点关注的检疫性有害生物见表6-57。

表6-57　重点关注的检疫性有害生物

水果	检疫性有害生物	
	中文名	学名
芒果	螺旋粉虱	*Aleurodicus dispersus*
	丝绒粉虱	*Aleurothrixus floccosus*
	南美按实蝇	*Anastrepha fraterculus*
	西印度按实蝇	*Anastrepha obliqua*
	暗色实蝇	*Anastrepha serpentina*
	条纹按实蝇	*Anastrepha striata*
	地中海实蝇	*Ceratitis capitata*
	蜡蚧	*Ceroplastes* spp.
	可可花瘿病菌	*Nectria rigidiuscula*
	粉蚧	*Pseudococcus* spp.
	刺盾蚧	*Selenaspidus articulatus*
香蕉	地中海实蝇	*Ceratitis capitata*
	香蕉黑条叶斑病菌	*Mycosphaerella figiensis*

（三）特殊要求

1. 厄瓜多尔输华香蕉不得带成熟香蕉。

2. 厄瓜多尔输华芒果须来自批准的果园和包装厂。

3. 厄瓜多尔输华芒果须实施热水处理。处理指标为：热水处理的水温为46.1℃或以上，处理时间从水温达到46.1℃持续5分钟后算起。水果必须沉浸在水面10.2厘米以下。处理持续时间依被处理的果实重量而定：果实小于500克的，处理时间不少于75分钟；果实介于500克至650克之间的，处理时间不少于90分钟；果实大于650克的，处理时间不少于110分钟。

果实如果热水处理后需水冷，则热水处理时间应相应延长10分钟，且芒果须在室温下放置30分钟，冷却水的温度不得低过21.1℃。

热处理后，AGROCALIDAD（厄瓜多尔植物和动物卫生调控局）检疫官员必须剖果检查，若发现活的实蝇幼虫，该批芒果不能出口到中国。

所签发的植物检疫证书应同时附有经AGROCALIDAD盖章确认的该批芒果热水处理温度记录复印件和探针校正报告。

三、哥伦比亚

（一）进境水果植物检疫要求概况

获得中方检疫准入的哥伦比亚水果有香蕉（*Musa* sp.）、鳄梨（*Persea americana*）。具体要求见《国家质检总局动植司关于进口哥伦比亚香蕉有关检疫事宜的通知》（质检动函〔2002〕218号）、《关于进口哥伦比亚鲜食鳄梨植物检疫要求的公告》（海关总署公告2019年第195号）。

（二）重点关注的检疫性有害生物

重点关注的检疫性有害生物见表6-58。

表 6-58　重点关注的检疫性有害生物

水果	检疫性有害生物	
	中文名	学名
鳄梨	鳄梨织蛾	*Stenoma catenifer*
	墨西哥英象	*Heilipus lauri*
	巴拿马英象	*Heilipus trifasciatus*
	棒球大粉蚧	*Puto barberi*
	拟长尾粉蚧	*Pseudococcus longispinus*
	鳄梨蓟马	*Scirtothrips perseae*
	七角星蜡蚧	*Vinsonia stellifera*
	鳄梨疮痂病菌	*Sphaceloma perseae*
	鳄梨斑枯病	*Pseudocercospora purpurea*
	可可花瘿病菌	*Albonectria rigidiuscula*
香蕉	地中海实蝇	*Ceratitis capitata*
	香蕉黑条叶斑病菌	*Mycosphaerella figiensis*

（三）特殊要求

1. 哥伦比亚输华鳄梨须来自注册的果园和包装厂。

2. 哥伦比亚输华香蕉不得带有成熟香蕉。

3. 哥伦比亚输华香蕉产地仅限于哥伦比亚乌拉巴地区。

4. 哥伦比亚输华鳄梨仅限于哥伦比亚海拔 1500 米以上的鳄梨产区，以及鳄梨织蛾、墨西哥英象、巴拿马英象等蛀果类有害生物的非疫产区。

5. 哥伦比亚输华鳄梨果柄不得长于 5 毫米。

四、秘鲁

（一）进境水果植物检疫要求概况

获得中方检疫准入的秘鲁水果有葡萄（*Vitis vinifera*）、芒果（*Mangifera indica*）、柑橘［包括葡萄柚（*Citrus×paradisii*）、橘子（*Citrus reticulate*）及其杂交种、橙（*Citrus sinensis*）、莱檬（*Citrus aurantifolia*）和

塔西提莱檬（*Citrus latifolia*）]、鳄梨（*Persea americana*）、蓝莓（*Vaccinium* spp.）。具体要求见《中华人民共和国国家质量监督检验检疫总局与秘鲁共和国农业部关于秘鲁葡萄输华植物检疫要求的议定书》、《中华人民共和国国家质量监督检验检疫总局与秘鲁共和国农业部关于秘鲁芒果输华植物检疫要求的议定书》、《关于印发〈秘鲁柑橘进境植物检疫要求〉的通知》（国质检动函〔2009〕596号）、《关于进口秘鲁鳄梨植物检验检疫要求的公告》（国家质检总局公告2015年第80号）、《质检总局关于出口新西兰葡萄及进口新西兰苹果、墨西哥蓝莓、秘鲁蓝莓、智利油桃、埃及葡萄植物检验检疫要求的公告》（国家质检总局公告2017年第1号）。

（二）重点关注的检疫性有害生物

重点关注的检疫性有害生物见表6-59。

表6-59 重点关注的检疫性有害生物

水果	检疫性有害生物	
	中文名	学名
鳄梨	南美按实蝇	*Anastrepha fraterculus*
	西印度按实蝇	*Anastrepha obliqua*
	暗色实蝇	*Anastrepha serpentina*
	美洲番石榴实蝇	*Anastrepha striata*
	地中海实蝇	*Ceratitis capitata*
	鳄梨织蛾	*Stenoma catenifer*
	白点椰盾蚧	*Acutaspis albopicta*
	香蕉灰粉蚧	*Dysmicoccus grassii*
	拂粉蚧	*Ferrisia malvastra*
	榆白片盾蚧	*Lopholeucaspis cockerelli*
	西印度红圆蚧	*Selenaspidus articulatus*
	暗色粉蚧	*Pseudococcus viburni*
	椰子粉虱	*Aleurodicus cocois*
	椰粉虱	*Aleurodicus pulvinatus*
	小瓜螨	*Oligonychus peruvianus*
	鳄梨斑枯病	*Pseudocercospora purpurea*

续表1

水果	检疫性有害生物	
	中文名	学名
柑橘	音加按实蝇	*Anastrepha distincta*
	南美按实蝇	*Anastrepha fraterculus*
	西印度按实蝇	*Anastrepha obliqua*
	山榄按实蝇	*Anastrepha serpentina*
	地中海实蝇	*Ceratitis capitata*
	咖啡绿软蚧	*Coccus viridis*
	菠萝灰粉蚧	*Dysmicoccus brevipes*
	双条拂粉蚧	*Ferrisai virgata*
	玫瑰短喙象	*Pantomorus cervinus*
	木薯绵粉蚧	*Phenacoccus madeirensis*
	苏铁褐点并盾蚧	*Pinnaspis aspidistrae*
	刺盾蚧	*Selenaspidus articulatus*
芒果	南美按实蝇	*Anastrepha fraterculus*
	地中海实蝇	*Ceratitis capitata*
	西印度按实蝇	*Anastrepha obliqua*
	印加按实蝇	*Anastrepha distincta*
	山榄按实蝇	*Anastrepha serpentina*
	条纹按实蝇	*Anastrepha striata*
	刺盾蚧	*Selenaspidus articulatus*
	芒果畸形病	*Fusarium moniliforme* var. *subglutinans*
蓝莓	地中海实蝇	*Ceratitis capitata*
	南美按实蝇	*Anastrepha fraterculus*
	玫瑰短喙象	*Pantomorus cervinus*
	梨豆花蛾	*Anticarsia gemmatalis*
	榆蛎盾蚧	*Lepidosaphes ulmi*
	突圆蚧属（非中国种）	*Hemiberlesia* sp.
	椰粉虱	*Aleurodicus pulvinatus*
	螺旋粉虱	*Aleurodicus dispersus*
	一种粉虱	*Aleurodicus juleikae*
	烟芽夜蛾	*Heliothis virescens*

续表2

水果	检疫性有害生物	
	中文名	学名
葡萄	地中海实蝇	*Ceratitis capitata*
	南美按实蝇	*Anastrepha fraterculus*
	西印度按实蝇	*Anastrepha obliqua*
	葡萄瘿螨	*Eriophyes vitis*
	苜蓿蓟马	*Frankliniella occidentalis*
	美澳核果褐腐病菌	*Monilinia fructicola*

螺旋粉虱成虫和卵粒分别见图 6-35、图 6-36。

图 6-35　螺旋粉虱成虫

图 6-36　螺旋粉虱卵粒（典型的螺旋状）

（图片来源：《植物病虫害识别图谱》）

（三）特殊要求

1. 秘鲁输华鳄梨、柑橘、芒果、蓝莓、葡萄须来自注册的果园和包装厂。

2. 秘鲁输华鳄梨仅限于 Hass 非过成熟果（果实为绿色），果柄不得长于 3 毫米。

3. 秘鲁输华芒果入境口岸为：大连、天津、北京、上海、青岛、南京和广州。

4. 秘鲁输华葡萄入境口岸为：广州、深圳、大连、天津、北京、上海、青岛、南京。

5. 鳄梨应来自鳄梨织蛾非疫生产点。

6. 来自不是实蝇非疫区的秘鲁输华柑橘（葡萄柚、橘子及其杂交种、橙），应在运输途中实施冷处理，以杀灭任何可能存在的实蝇幼虫。冷处理技术指标见表 6-60。

表 6-60　冷处理技术指标

温度范围（℃）	处理时间（天）
≤1.11	15
≤1.67	17
≤2.22	21

7. 秘鲁输华莱檬和塔西提莱檬不需要冷处理，但这些水果应为绿色。

8. 秘鲁输华芒果应进行热处理，处理技术要求如下：

芒果应在不低于 46.1℃的水中进行热处理，处理时间根据果实大小而定。果实小于 425 克，则处理时间不少于 75 分钟；果实介于 425 克至 650 克之间的，则处理时间不少于 90 分钟。

备注：如果热水处理需要水冷，则热水处理时间应相应延长 10 分钟，且必须在室温下放置至少 30 分钟后方可冷却。冷却水的温度不得低于 21.1℃。

9. 秘鲁输华蓝莓必须采取冷处理，冷处理指标为：果肉中心温度 1.11℃或以下持续 15 天，或 1.67℃或以下 17 天，或 2.00℃或以下 22 天。

秘鲁输华葡萄须进行冷处理，冷处理指标为：1.5℃或以下，连续维持19天以上。

10. 实施冷处理的，应将冷处理的温度、处理时间和集装箱号码及封识号在植物检疫证书中注明。需提供由船运公司下载的冷处理记录（运输途中冷处理的）和由CAPQ官员签字盖章的“果温探针校正记录”正本。热水处理详细记录数据复印件应随附植物检疫证书。

五、乌拉圭

（一）进境水果植物检疫要求概况

获得中方检疫准入的乌拉圭水果有柑橘类［*Citrus* spp.，除柠檬（*Citrus limon*）之外的柑橘属水果］、蓝莓（*Vaccinium* spp.）。具体要求见《中华人民共和国国家质量监督检验检疫总局与乌拉圭东岸共和国农牧渔业部关于乌拉圭柑橘输华植物检疫要求的议定书》、《质检总局动植司关于印发进口乌拉圭蓝莓柑橘植物检验检疫要求的函》（质检动函〔2016〕172号）。

（二）重点关注的检疫性有害生物

重点关注的检疫性有害生物见表6-61。

表6-61　重点关注的检疫性有害生物

水果	检疫性有害生物	
	中文名	学名
柑橘	南美按实蝇	*Anastrepha fraterculus*
	地中海实蝇	*Ceratitis capitata*
	无花果蜡蚧	*Ceroplastes rusci*
	柑橘扁软蚧	*Coccus perlatus*
	玫瑰短喙象	*Pantomorus cervinus*
	大洋臀纹粉蚧	*Planococcus minor*
	柑橘澳洲痂囊腔菌	*Elsinoe australis*

续表

水果	检疫性有害生物	
	中文名	学名
蓝莓	地中海实蝇	*Ceratitis capitata*
	南美按实蝇	*Anastrepha fraterculus*
	玫瑰短喙象	*Pantomorus cervinus*
	暗色粉蚧	*Pseudococcus viburni*
	谷实夜蛾球	*Helicoverpa zea*
	越橘球座菌（球座菌果腐病菌）	*Guignadia vaccinii*（*Phyllosticta elongata*）
	蓝莓盘多毛孢果腐病菌	*Pestalotia vaccinii*

（三）特殊要求

1. 乌拉圭输华柑橘、蓝莓须来自批准的果园和包装厂。

2. 乌拉圭输华柑橘应产自地中海实蝇和南美按实蝇的非疫区，否则应针对上述实蝇采取随航集装箱冷处理。

3. 乌拉圭输华蓝莓应实施出口前或出口运输途中冷处理。冷处理指标见表 6–62。

表 6–62　冷处理指标

温度范围	持续天数（天）
1.11℃或以下	15
1.67℃或以下	17
2.22℃或以下	21

空运的蓝莓，也可采取熏蒸处理，15.6℃或以上，溴甲烷剂量为 $32g/m^3$，处理 4 小时。熏蒸处理指标见表 6–63。

表 6–63　熏蒸处理指标

温度（℃）	剂量（g/m^3）	处理过程的最低浓度（g/m^3）		
		0.5h	2h	3.5h
15.6℃或以上	32	26	22	21

4. 乌拉圭输华蓝莓包装箱必须用带有防虫网（最大孔径 1.6mm）罩住每个包装盒的通气孔或整个托盘。

5. 对于实施出口前检疫处理的，应在植物检疫证书上注明检疫处理方式、处理温度、持续时间及处理设施名称或编号等信息。对于实施运输途中冷处理的，应在植物检疫证书上注明冷处理的温度、处理时间、集装箱号码及封识号码等。

六、智利

（一）进境水果植物检疫要求概况

获得中方检疫准入的智利水果有猕猴桃（*Actinidia chinensis*）、苹果（*Malus domestica*）、葡萄（*Vitis vinifera*）、李（*Prunus salicina*）、樱桃（*Prunus avium*）、蓝莓（*Vaccinium* spp.）、鳄梨（*Persea americana*，仅限于 Hass 品种）、柑橘［包括桔及其杂交种（*Citrus reticulata*）、葡萄柚（*Citrus paradisi*）、橙（*Citrus sinensis*）和柠檬（*Citrus limon*）］、油桃（*Pyrus persica*）、梨（*Pyrus communis*）。具体要求见《关于印发智利水果输华植物检疫要求议定书的通知》（国质检动函〔2004〕527 号）、《关于修订中智水果植物检疫要求的通知》（国质检动函〔2009〕763 号）、《质检总局关于出口新西兰葡萄及进口新西兰苹果、墨西哥蓝莓、秘鲁蓝莓、智利油桃、埃及葡萄植物检验检疫要求的公告》（国家质检疫总局公告 2017 年第 1 号）、《关于允许进口智利鲜梨的公告》（海关总署公告 2019 年第 88 号）。

（二）重点关注的检疫性有害生物

重点关注的检疫性有害生物见表 6-64。

表 6-64　重点关注的检疫性有害生物

水果	检疫性有害生物	
	中文名	学名
柑橘	软毛粉虱	*Aleurothrixus floccosus*
	智利短须螨	*Brevipalpus chilensis*
	地中海实蝇	*Ceratitis capitata*
	藤壶蜡蚧	*Ceroplastes cirripediformis*
	石榴螟	*Ectomyelois ceratoniae*
	槟榔盾蚧	*Hemiberlesia rapax*
	南美果树象甲	*Naupactus xanthographus*
	玫瑰短喙象	*Pantomorus cervinus*
	卷蛾一种	*Proeulia auraria*
	卷蛾一种	*Proeulia chrysopteris*
	拟长尾粉蚧	*Pseudococcus longispinus*
	暗色粉蚧	*Pseudococcus viburni*
	椤粉虱	*Siphoninus phillyreae*
	丁香疫霉	*Phytophthora syringae*
	柑桔壳针孢	*Septoria citri*
鳄梨	地中海实蝇	*Ceratitis capitata*
	芭蕉蚧	*Hemiberlesia lataniae*
	桂花栉圆盾蚧	*Hemiberlesia rapax*
	拟长尾粉蚧	*Pseudococcus longispinus*
	暗色粉蚧	*Pseudococcus viburni*
	象甲	*Naupactus xanthographus*
	玫瑰短喙象	*Pantomorus cervinus*
	樟小爪螨	*Oligonychus yothersi*
	棉花黄萎病菌	*Verticillium dahliae*
苹果	地中海实蝇	*Ccratitis capitata*
	南美按实蝇	*Anastrepha fraterculus*
	苹果蠹蛾	*Cydia pomonella*
	苹果绵蚜	*Eriosoma lanigerum*

续表1

水果	检疫性有害生物	
	中文名	学名
蓝莓	玫瑰短喙象	*Pantomorus cervinus*
	地中海实蝇	*Ceratitis capitata*
	榆蛎盾蚧	*Lepidosaphes ulmi*
	暗色粉蚧	*Pseudococcus viburni*
	蓝莓果腐病菌	*Diaporthe vaccinii*
	蓝莓端腐病菌	*Fusicoccum putrefaciens*
	蓝莓盘多毛孢果腐病菌	*Pestalotia vaccinii*
	塔特雷镰螯螨	*Tydeus tuttlei*
葡萄	地中海实蝇	*Ceratitis capitata*
	苜蓿蓟马	*Frankliniella occidentalis*
	短须螨	*Brevipalpus chilensis*
	葡萄缺节瘿螨	*Colomerus vitis*
	葡萄蓟马	*Drepanothrips reuteri*
	卷蛾一种	*Proeulia chrysopteris*
猕猴桃	地中海实蝇	*Ceratitis capitata*
李	地中海实蝇	*Ceratitis capitata*
	苹果蠹蛾	*Cydia pomonella*
	卷蛾	*Proeulia auraria*
	卷蛾	*Proeulia chrysopteris*
	桃白圆盾蚧	*Epidiaspis leperii*
	西花蓟马	*Frankliniella occidentalis*
	嗜果小点霉	*Wilsonomyces carpophilum*
	李痘病毒	Plum pox virus
	李属坏死环斑病毒	Prunus necrotic ringspot virus

续表2

水果	检疫性有害生物	
	中文名	学名
樱桃	地中海实蝇	*Ceratitis capitata*
	苹果蠹蛾	*Cydia pomonella*
	桃白圆盾蚧	*Epidiaspis leperii*
	澳花蓟马	*Frankliniella australis*
	西花蓟马	*Frankliniella occidentalis*
	智利果卷蛾	*Proeulia auraria*
	卷蛾	*Proeulia chrysopteris*
	樱桃卷叶病菌	*Taphrina cerasi*
梨	李痘病毒	Plum pox virus
	地中海实蝇	*Ceratitis capitata*
	苹果蠹蛾	*Cydia pomonella*
	桃白圆盾蚧	*Epidiaspis leperii*
	榆蛎盾蚧	*Lepidosaphes ulmi*
	暗色粉蚧	*Pseudococcus viburni*
	苹果绵蚜	*Eriosoma lanigerum*
	南美果树象甲	*Naupactus xanthographus*
	卷蛾	*Proeulia auraria*
	葡萄树卷叶蛾	*Proeulia chrysopteris*
	梨黑星病菌	*Venturia pirina*
	苹果黑星病菌	*Venturia innaequalis*
	葡萄孢链格孢	*Stemphylium botryosum*
	美澳型核果褐腐病	*Monilinia fructicola*
	丁香假单胞菌丁香致病变种	*Pseudomonas syringae* pv. *syringae*
	梨疱状溃疡类病毒	Pear Blister Canker Viroid（PBCVd）

续表3

水果	检疫性有害生物	
	中文名	学名
油桃	地中海实蝇	*Ceratitis capitata*
	苹果蠹蛾	*Cydia pomonella*
	葡萄花翅小卷蛾	*Lobesia botrana*
	桃黑短尾蚜	*Brachycaudus persicae*
	玫瑰短喙象	*Pantomorus cervinus*
	番茄环斑病毒	Tomato ringspot virus
	李痘病毒	Plum pox virus
	李属坏死环斑病毒	Prunus necrotic ringspot virus

嗜果小点霉在桃子上的为害状见图6-37。

图6-37　嗜果小点霉在桃子上的为害状

（三）特殊要求

1. 智利输华柑橘、鳄梨、苹果、蓝莓、樱桃、猕猴桃、李子、葡萄须来自批准的果园和包装厂。

2. 智利输华柑橘产地仅限于智利第3区至第6区，以及圣地亚哥首都区。智利输华苹果产地仅限于智利第6区、第7区、第8区和第9区的指定种植者。智利输华蓝莓产地仅限于智利第3区至第11区和第14区以及首都区。智利输华葡萄产地仅限于智利第3、第4、第5、第7、第8、第9区和首都区。智利输华猕猴桃产地仅限于智利第6、第7、第8、第9区。智利输华李子产地仅限于智利第3区至第9区和首都区。智利输华樱桃产地仅限于智利地中海实蝇非疫区，如来自疫区（第5、第6区及首都区），应在出口前或运输途中采取针对地中海实蝇的冷处理。智利输华油桃产地仅限于智利第4至7区和首都区。智利输华鲜梨产地仅限于智利第4至9区和首都区。

3. 允许智利苹果从以下口岸入境：大连、天津、上海、南沙（广东）、黄埔（广东）、蛇口（深圳）、盐田（深圳）。智利输华葡萄指定入境口岸：广州、上海、大连、北京、天津、海口、南京、深圳。智利输华猕猴桃指定入境口岸：大连、天津、北京、上海、南京、广州、深圳和海口。

4. 智利输华鳄梨果实须为绿色或自然色的非过熟果。所有输华鳄梨需带果柄，且果柄不得长于5mm；果面上带有伤疤的，其伤疤面积不得超过$2cm^2$；果面带伤疤面积超过$2cm^2$的果实比例不能多于5%，以保证不带任何中方重点关注的有害生物安全风险。

5. 智利输华鲜梨包装材料，带通风孔的包装箱必须内衬网罩或有孔袋（最大直径1.6mm）。

6. 所有来自地中海实蝇疫区（管制区）的智利输华柑橘，应在出口前或出口运输途中实施冷处理，冷处理技术要求为：处理温度≤2℃，连续处理19天；或处理温度≤3℃，连续处理23天。

7. 来自智利地中海实蝇疫区（管制区，目前为第3区、第5区、第6区和首都区）内的苹果、蓝莓、葡萄、猕猴桃、葡萄、李子、樱桃、油桃、梨，应实施运输途中集装箱冷处理措施。冷处理指标为：0.5℃或以下，连续处理15天或以上。

8. 对于实施出口前冷处理的，应在植物检疫证书上注明冷处理的温度、持续时间及处理设施名称或编号、集装箱号码等。对于实施运输途中冷处理的，应在植物检疫证书上注明冷处理的温度、处理时间、集装箱号码及封识号码等。须附有由SAG（智利农牧局）官员签字盖章的"果温探针校正记录"正本。由船运公司下载的冷处理记录须符合要求。

七、巴西

（一）进境水果植物检疫要求概况

获得中方检疫准入的巴西水果鲜食甜瓜（*Cucumis melo*），具体要求见《关于进口巴西鲜食甜瓜植物检疫要求的公告》（海关总署公告2020年第12号）。

（二）重点关注的检疫性有害生物

重点关注的检疫性有害生物见表6-65。

表6-65　重点关注的检疫性有害生物

水果	检疫性有害生物	
	中文名	学名
甜瓜	南美葫芦实蝇	*Anastrepha grandis*
	地中海实蝇	*Ceratitis capitata*
	大洋臀纹粉蚧	*Planococcus minor*
	甜瓜绢野螟	*Diaphania hyalinata*
	黄瓜绢野螟	*Diaphania nitidalis*
	杰克贝尔氏粉蚧	*Pseudoccus jackbeardsleyi*
	甜瓜黑点根腐病菌	*Monosporascus cannonballus*
	瓜类细菌性果斑病菌	*Acidovorax citrulli*

（三）特殊要求

1. 输华巴西甜瓜须来自批准的果园、包装厂。

2. 输华巴西甜瓜若来自或经过实蝇发生区，外包装如有通气孔，则需用防虫纱网覆盖（纱网的网眼小于1.6mm）。

大洋洲

一、澳大利亚

（一）进境水果植物检疫要求概况

获得中方检疫准入的澳大利亚水果有柑橘［具体品种包括橙（*Citrus sinensis*）、橘（*Citrus reticulata*）、柠檬（*Citrus limon*）、葡萄柚（*Citrus paradisi*）、酸橙（*Citrus aurantifolia*, *Citrus latifolia*, *Citrus limonia*）、橘柚（*Citrus tangelo*）、甜葡萄柚（*Citrus grandis* × *Citrus paradisi*）］、芒果

(*Mangifera indica*)、苹果（*Malus domestica*)、葡萄（*Vitis vinifera*)、樱桃(*Prunus avium*)、核果［包括油桃（*Prunus persica* var. *nectarina*)、桃(*Prunus persica*)、李（*Prunus domestica/salicina*)、杏（*Prunus armeniacat*)，包括杂交在内的所有的栽培品种］，具体要求见《关于印发〈澳大利亚柑橘进境植物检疫要求〉的通知》（国质检动函〔2009〕490 号)、《关于印发〈澳大利亚芒果进境植物检疫要求〉的通知》（国质检动函〔2009〕489 号)、《关于澳大利亚塔斯马尼亚州苹果输华植物检疫要求的议定书》、《质检总局关于进口澳大利亚鲜食葡萄植物检验检疫要求的公告》（国家质检总局公告 2015 年第 16 号)、《质检总局关于中国核果、苹果、梨出口澳大利亚和进口新西兰鳄梨及澳大利亚核果、葡萄、樱桃、柑橘植物检验检疫要求的公告》（国家质检总局公告 2018 年第 1 号)。

（二）重点关注的检疫性有害生物

重点关注的检疫性有害生物见表 6-66。

表 6-66　重点关注的检疫性有害生物

水果	检疫性有害生物	
	中文名	学名
芒果	白轮盾蚧	*Aulacaspis* sp.
	番荔枝果实蝇	*Bactrocera aquilonis*
	单带果实蝇	*Bactrocerafrauenfeldi*
	澳洲果实蝇	*Bactrocera jarvisi*
	褐肩果实蝇	*Bactrocera neohumeralis*
	昆士兰果实蝇	*Bactrocera tryoni*
	地中海实蝇	*Ceratitis capitata*
	盘长孢	*Coniella castaneicola*
	隐斑螟	*Crytoblabes adoceta*
	芒果蒂腐病菌	*Cytosphaera mangiferae*
	长小穴壳菌	*Dothiorella* sp.
	芒果小穴壳菌	*Dothiorella mangiferae*
	粉斑螟	*Ephestia* sp.

续表1

水果	检疫性有害生物	
	中文名	学名
芒果	苹果褐卷蛾	*Epiphyas postvittana*
	橙实卷蛾	*Isotenes miserana*
	花翅小卷蛾	*Lobesia* sp.
	盾蚧	*Phenacaspis dilatata*
	囊状匍柄霉	*Stemphylium vesicarium*
	芒果果核象	*Sternochetus mangiferae*
	芒果细菌性黑斑病菌	*Xanthomonas campestris* pv. *Mangiferae indicae*
柑橘	地中海实蝇	*Ceratitis capitata*
	昆士兰实蝇	*Bactrocera tryoni*
	澳北果实蝇	*Bactrocera aquilionis*
	扎氏果实蝇	*Bactrocera jarvisi*
	黑肩果实蝇	*Bactrocera newhumeralis*
	弟实蝇	*Dirioxa pornia*
	玫瑰短喙象	*Pantomorus cervinus*
	遮颜蛾	*Blastobasis* spp.
	加州短须螨	*Brevipalpus californicus*
	隐斑螟	*Cryptoblabes adoceta*
	苹果褐卷蛾	*Epiphyas postvittana*
	黑丝盾蚧	*Ischnaspis longirostris*
	橙实卷蛾	*Isotenes miserana*
	刺粉虱	*Aleurocanthus valenciae*
	洋衫鳞粉蚧	*Nipaecoccus aurilanatus*
	大洋刺粉蚧	*Planococcus minor*
	冬生疫霉	*Phytophthora hibernalis*
	丁香疫霉	*Phytophthora syringae*
	壳针孢菌	*Septoria citri*

续表2

水果	检疫性有害生物	
	中文名	学名
葡萄	地中海实蝇	*Ceratitis capitata*
	昆士兰实蝇	*Bactrocera tryoni*
	褐肩果实蝇	*Bactrocera neohumeralis*
	苹淡褐卷蛾	*Epiphyas postvittana*
	(单管蓟马属)	*Haplothrips froggatti*
	(单管蓟马属)	*Haplothrips victoriensis*
	拟长尾粉蚧	*Pseudococcus longispinus*
	葡萄根瘤蚜	*Daktulosphaira vitifoliae*
	加州短须螨	*Brevipalpus californicus*
	葡萄叶绣螨	*Calepitrimerus vitis*
	葡萄苦腐病菌	*Greeneria uvicola*
	葡萄藤猝倒病菌	*Eutypa lata*
	阿根廷蚁	*Linepithema humile*
	赤背寡蜘蛛	*Latrodectus hasselti*
	散大蜗牛	*Helix aspersa*
	南方三棘果	*Emex australis*
	毒莴苣	*Lactucaserriola*
	红蓝甲虫	*Dicranolaius bellullus*
	白条象甲	*Perperus lateralis*
	庭院象甲	*Phlyctinus callosus*
	黄斑露尾甲	*Carpophilus hemipterus*
	欧洲球螋	*Forficula auricularia*
	灯芯草粉苞苣	*Chondrilla juncea*

续表3

水果	检疫性有害生物	
	中文名	学名
樱桃	昆士兰实蝇	*Bactrocera tryoni*
	地中海实蝇	*Ceratitis capitata*
	李瘤蚜	*Myzus cerasi*
	黑桃蚜	*Brachycaudus persicae*
	玫瑰短喙象	*Pantomorus cervinus*
	庭园象甲	*Phlyctinus callosus*
	拟长尾粉蚧	*Pseudococcus longispinus*
	苹淡褐卷蛾	*Epiphyas postvittana*
	米氏淡褐卷蛾	*Epiphyas xylodes*
	澳洲疫蓟马	*Thrips imaginis*
	疫兵花萤甲	*Chauliognathus lugubris*
	果生链核盘菌/美澳型核果褐腐病菌	*Monilinia fructicola*
	丁香疫霉	*Phytophthora syringae*
	核果树细菌性溃疡病菌	*Pseudomonas syringae* pv. *morsprunorum*
苹果	昆士兰实蝇	*Bactrocera tryoni*
	地中海实蝇	*Ceratitis capitata*
	苹果蠹蛾	*Cydia pomonella*
	苹淡褐卷蛾	*Epiphyas postvittana*
	苹果绵蚜	*Eriosoma lanigerum*
	美澳型褐腐病	*Monilinia fructicola*
	苹果树炭疽病	*Neofabraea malicorticis*
	苹果枝溃疡病	*Leucostoma cincta*
	梨火疫病	*Erwinia amylovory*

续表4

水果	检疫性有害生物	
	中文名	学名
核果（包括油桃、桃、李、杏）	地中海实蝇	*Ceratitis capitata*
	昆士兰实蝇	*Bactrocera tryoni*
	褐肩果实蝇	*Bactrocera neohumeralis*
	扎氏果实蝇	*Bactrocera jarvisi*
	苹淡褐卷蛾	*Epiphyas postvittana*
	苹果蠹蛾	*Cydia pomonella*
	单管蓟马属	*Haplothrips froggatti*
	玫瑰短喙象	*Pantomorus cervinus*
	桃黑短尾蚜	*Brachycaudus persicae*
	灰圆盾蚧	*Diaspidiotus pyri*
	庭园象甲	*Phlyctinus callosus*
	澳洲疫蓟马	*Thrips imaginis*
	美澳型核果褐腐病菌	*Monilinia fructicola*
	石榴螟	*Ectomyelois ceratoniae*
	丁香疫霉	*Phytophthora syringae*
	李属坏死环斑病毒	Prunus necrotic ringspot virus

携带菊科种子的澳大利亚葡萄见图 6–38。

图 6–38　澳大利亚葡萄携带菊科种子

（图片来源：《植物病虫害识别图谱》）

（三）特殊要求

1. 澳大利亚输华芒果、柑橘、葡萄、樱桃、苹果、核果（油桃、桃、李、杏）须来自注册的果园和包装厂。

2. 澳大利亚输华芒果应来自没有橙实卷蛾、芒果细菌性黑斑病发生的产区或果园。

3. 澳大利亚输华柑橘应来自没有苹果褐卷蛾发生的果园。

4. 澳大利亚葡萄的产地限于澳大利亚维多利亚州和新南威尔士州。

5. 澳大利亚苹果产地仅限于塔斯马尼亚州。

6. 来自 Mildura 和 Robinvale 地区之外的澳大利亚输华葡萄，包装箱中应铺垫二氧化硫（SO_2）保鲜膜。

7. 输华油桃、桃、李、杏如果包装盒中有通风孔，则必须用防虫纱布、使用期限长的袋子或者塑料纸盒衬（包括穿孔的）等材料全部罩住水果，避免有害生物的感染。如果集装箱需要进行熏蒸处理，则必须使用带孔的衬层或者防虫纱布。

8. 澳大利亚输华芒果应采取针对实蝇的热处理措施，包括蒸热处理、高温高压热气处理或热水处理等方式。热处理指标为：果肉温度 47℃以上持续 15 分钟，或 46℃以上持续 20 分钟。

9. 澳大利亚输华柑橘果园应没有玫瑰短喙象发生；或选择在 21℃以上，实施剂量为 32g/m^3 持续 2 小时的溴甲烷熏蒸处理（如低于 21℃，则每降低 5℃投药剂量应增加 8g/m^3，最低处理温度不低于 11℃）。

10. 澳大利亚输华柑橘、葡萄、樱桃（实蝇非疫区塔斯马尼亚州除外）须在出口前冷处理或运输途中针对实蝇采取冷处理措施，技术指标为果实中心温度 1℃或以下持续 16 天，或 2. 1℃或以下持续 21 天。

11. 对来自有害生物非疫区的澳大利亚输华油桃、桃、李、杏，应在植物检疫证书注明相关有害生物的非疫区。

（1）对来自地中海实蝇疫区的或暂停其非疫状态地区的油桃、桃、李、杏须采取以下任一措施：

①冷处理，具体技术指标：果实中心温度 1℃或以下，持续 16 天或以上；果实中心温度 2. 1℃或以下，持续 21 天或以上。

②溴甲烷熏蒸后冷处理：在果肉温度不低于 21℃的情况下，以不超过 50%的处理室装载密度，用 32g/m^3 的溴甲烷连续处理 2 小时，然后在

2.77℃或以下处理4天；在果肉温度不低于21℃的情况下，以不超过50%的处理室装载密度，用32g/m^3的溴甲烷连续处理2.5小时，然后在4.44℃或以下处理4天；在果肉温度不低于21℃的情况下，以不超过50%的处理室装载密度，用32g/m^3的溴甲烷连续处理3小时，然后在8.33℃或以下处理4天。

如果集装箱需要进行熏蒸处理，则必须使用带孔的衬层或者防虫纱布。

（2）对来自昆士兰实蝇、褐肩果实蝇和扎氏果实蝇疫区（但为地中海实蝇非疫区）的，或暂停以上3种果实蝇非疫状态地区的油桃、桃、李、杏，须采取以下任一措施：

①冷处理，具体指标：果实中心温度3℃或以下，持续18天或以上。

②溴甲烷熏蒸，具体指标：在果肉温度不低于18℃的情况下，以不超过34%的处理室装载密度，用18g/m^3的溴甲烷连续处理5.5小时。

③采取中方认可的其他等效措施。

12. 对于实施出口前冷处理的，应在植物检疫证书上注明冷处理的温度、持续时间及处理设施名称或编号、集装箱号码等。对于实施运输途中冷处理的，应在植物检疫证书上注明冷处理的温度、处理时间、集装箱号码及封识号码等。

热处理设施操作者应提交详细的处理记录数据，这些数据复印件将随附植物检疫证书。

对于实施出口前熏蒸处理的，植物检疫证书上应注明剂量、熏蒸处理的温度和持续时间、集装箱号和封识号（海运）。

二、新西兰

（一）进境水果植物检疫要求概况

获得中方检疫准入的新西兰水果有柑橘［包括橙（*Citrus sinensis*）、橘（*Citrus reticulata*）、柠檬（*Citrus limon*）］、苹果（*Malus domestic*）、樱桃（*Prunus avium*）、葡萄（*Vitis vinifera*）、猕猴桃（*Actinidia chinensis*、*A. deliciosa*、*A. chinensis*×*A. deliciosa*）、李（*Prunus domestica/salicina*）、柿子（*Diospyros kaki*）、梨（*Pyrus pyrifolia*、*P. communis*）、梅（*Prunus mume*）、鳄梨（*Persea americana*），其中柑橘（橘、橙、柠檬）、樱桃、葡萄、猕猴桃、李、梨、梅是中新传统贸易水果，按照《进境水果检疫监督管理办

法》执行；其中苹果、柿子、鳄梨，双方签署的双边议定书的具体要求见《关于印发进口新西兰苹果检验检疫要求的通知》（国质检动〔2014〕48号）、《质检总局关于进口新西兰柿子和土耳其樱桃植物检验检疫要求的公告》（国家质检总局公告2016年第51号）、《质检总局关于中国核果、苹果、梨出口澳大利亚和进口新西兰鳄梨及澳大利亚核果、葡萄、樱桃、柑橘植物检验检疫要求的公告》（国家质检总局公告2018年第1号）。

（二）重点关注的检疫性有害生物

重点关注的检疫性有害生物见表6-67。

表6-67 重点关注的检疫性有害生物

水果	检疫性有害生物	
	中文名	学名
苹果、梨	梨火疫病菌	*Erwinia amylovora*
	新西兰斜栉柄卷蛾	*Ctenopseustis obliquana*
	褐头卷叶蛾	*Ctenopseustis herana*
	苹淡褐卷蛾	*Epiphyas postvittana*
	绿头卷叶蛾	*Planotortrix excessana*
	浅绿头卷叶蛾	*Planotortrix octo*
	新西兰桉松卷蛾	*Pyrgotis plagiatana*
	苹叶瘿蚊	*Dasineura mali*
	苹果边腐病菌	*Phialophora malorum*
	苹果蠹蛾	*Cydia pomonella*
	苹果绵蚜	*Eriosoma lanigerum*
	拟长尾粉蚧	*Pseudococcus longispinus*
	欧洲枝溃疡病菌	*Neonectria galligena*
	苹果壳色单隔孢溃疡病菌	*Botryosphaeria stevensii*
	美澳型核果褐腐菌	*Monilinia fructicola*
	苹果树炭疽病菌	*Pezicula malicorticis*
	牛眼果腐病菌	*Neofabraea alba*
	苹果黑星病	*Venturia inaequalis*

续表1

水果	检疫性有害生物	
	中文名	学名
柿子	玫瑰短喙象	*Pantomorus cervinus*
	斜纹卷蛾	*Ctenopseustis obliquana*
	苹淡褐卷蛾	*Epiphyas postvittana*
	拟长尾粉蚧	*Pseudococcus longispinus*
	柿子芽螨	*Aceria diospyri*
	甲螨	*Crassoribatula maculosa*
	灰家蜘蛛	*Badumna longinqua*
	隐秘蜘蛛	*Scotophaeus pretiosus*
鳄梨	新西兰卷叶蛾	*Cnephasia jactatana*
	褐头卷叶蛾	*Ctenopseustis herana*
	斜纹卷蛾	*Ctenopseustis obliquana*
	苹淡褐卷蛾	*Epiphyas postvittana*
	绿头卷叶蛾	*Planototrix excessana*
	浅绿头卷叶蛾	*Planototrix octo*
	玫瑰短喙象	*Pantomorus cervinus*
	非洲龟蜡蚧	*Ceroplastes destructor*
	拟长尾粉蚧	*Pseudococcus longispinus*
	新西兰花蓟马	*Thrips obscuratus*
	葡萄座腔菌	*Botryopshaeria lutea*
	葡萄座腔真菌	*Botryosphaeria parva*
柑橘	地中海实蝇	*Ceratitis capitata*
	斐济实蝇	*Bactrocera passiflora*
	橘花巢蛾	*Prays citri*
	玫瑰短喙象	*Pantomorus cervinus*

续表2

水果	检疫性有害生物	
	中文名	学名
葡萄	地中海实蝇	*Ceratitis capitata*
	苹淡褐卷蛾	*Epiphyas postvittana*
	拟长尾粉蚧	*Pseudococcus longispinus*
	葡萄叶绣螨	*Calepitrimerus vitis*
	葡萄苦腐病菌	*Greeneria uvicola*
	葡萄藤猝倒病菌	*Eutypa lata*
	赤背寡蜘蛛	*Latrodectus hasselti*
	散大蜗牛	*Helix aspersa*
	南方三棘果	*Emex australis*
	毒莴苣	*Lactucaserriola*
	红蓝甲虫	*Dicranolaius bellullus*
	白条象甲	*Perperus lateralis*
	庭院象甲	*Phlyctinus callosus*
樱桃	地中海实蝇	*Ceratitis capitata*
	玫瑰短喙象	*Pantomorus cervinus*
	庭园象甲	*Phlyctinus callosus*
	美澳型核果褐腐病菌	*Monilinia fructicola*
猕猴桃	散大蜗牛	*Helix aspersa*
	地中海实蝇	*Ceratitis capitata*
	新西兰斜栉柄卷蛾	*Ctenopseustis obliquana*
	褐头卷叶蛾	*Ctenopseustis herana*
	苹淡褐卷蛾	*Epiphyas postvittana*
	绿头卷叶蛾	*Planotortrix excessana*
	浅绿头卷叶蛾	*Planotortrix octo*
	新西兰桉松卷蛾	*Pyrgotis plagiatana*

续表3

水果	检疫性有害生物	
	中文名	学名
李、梅	地中海实蝇	*Ceratitis capitata*
	苹淡褐卷蛾	*Epiphyas postvittana*
	玫瑰短喙象	*Pantomorus cervinus*
	桃黑短尾蚜	*Brachycaudus persicae*
	庭园象甲	*Phlyctinus callosus*
	美澳型核果褐腐病菌	*Monilinia fructicola*
	丁香疫霉	*Phytophthora syringae*
	李属坏死环斑病毒	Prunus necrotic ringspot virus

苹淡褐卷蛾初龄幼虫见图6-39。

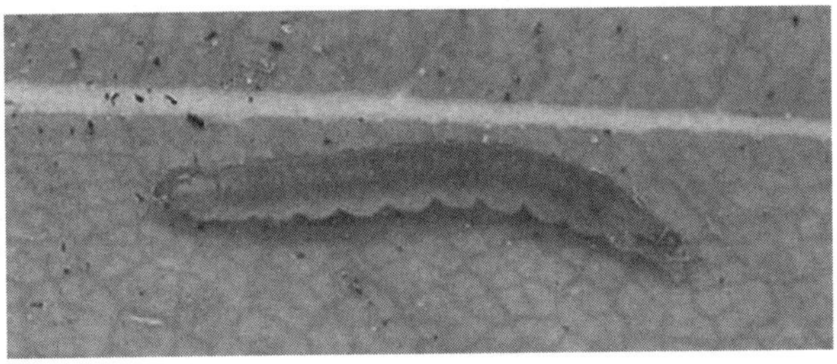

图6-39　苹淡褐卷蛾初龄幼虫

（图片来源：《植物病虫害识别图谱》）

（三）特殊要求

1. 新西兰输华苹果、柿子、鳄梨须来自批准的果园和包装厂。

2. 新西兰输华鳄梨仅限于Hass品种。所有鳄梨的果柄不得长于5毫米。

3. 新西兰输华鳄梨在果实采后加工和包装过程中，须经高压喷淋水洗，为有效去除鳄梨果上的虫卵和异物，喷淋水洗设施须按照去卵率至少为95%的条件进行操作。

4. 新西兰输华柿子应针对中方关注的所有有害生物，采取运输前气调冷处理措施，技术指标为：0℃及以下连续35天。

第七章
出境水果检疫实务

CHAPTER 7

随着我国对外开放的不断深入，尤其是加入 WTO 以来，水果对外贸易得到了快速发展，我国出境水果检疫管理体系也不断完善，在风险评估基础上，形成了注册登记、监督管理、出口前检验检疫等多项管理制度。本章重点介绍出境水果果园和包装厂注册登记、监督管理以及水果出口前查验具体操作要求。

第一节 出境水果果园和包装厂注册登记

20 世纪 90 年代初，美国、加拿大等发达国家开始对我国出口水果果园和包装厂提出注册要求。2006 年，国家质检总局制定了《出境水果检验检疫监督管理办法》，将向与我国签订双边协议、议定书的国家或地区出口水果的果园和包装厂纳入注册登记管理范围。同年，下发《关于加强供港、澳水果检疫监管工作的通知》（国质检动函〔2006〕407 号），将供港、澳果园、包装厂纳入注册登记管理范围。2007 年，国家质检总局下发《关于加强对输往加拿大、欧盟国家水果检疫及监管工作的通知》（国质检动函〔2007〕345 号）、《关于进一步加强输往俄罗斯水果、花卉和蔬菜检验检疫及监管工作的紧急通知》（国质检动函〔2007〕68 号），将输往加拿大、欧盟、俄罗斯水果果园、包装厂纳入注册登记管理范围，后根据《国务院关于加强食品等产品安全监督管理的特别规定》，下发《关于进一步加强进出境水果检验检疫工作的通知》（国质检动函〔2007〕699 号），全面实施出口水果果园、包装厂注册登记制度。

出境水果果园和包装厂注册登记属于行政许可事项。

一、依据

（一）《中华人民共和国进出境动植物检疫法实施条例》。

（二）《出境水果检验检疫监督管理办法》（国家质检总局令第 91 号）。

（三）《关于进一步加强进出境水果检验检疫工作的通知》（国质检动函〔2007〕699号）。

二、申请条件

（一）申请注册登记的出境水果果园应当具备的条件。

1. 连片种植，面积在100亩①以上；

2. 周围无影响水果生产的污染源；

3. 有专职或者兼职植保专业技术人员，负责果园有害生物监测防治等工作；

4. 建立完善的质量管理体系，质量管理体系文件包括组织机构、人员培训、有害生物监测与控制、农用化学品使用管理、良好农业操作规范等有关资料；

5. 近两年未发生重大植物疫情；

6. 双边协议、议定书或输入国家或地区法律法规对注册登记有特别规定的，还须符合其规定。

（二）申请注册登记的出境水果包装厂应当具备的条件。

1. 厂区整洁卫生，有满足水果贮存要求的原料场、成品库；

2. 水果存放、加工、处理、储藏等功能区相对独立、布局合理，且与生活区采取隔离措施并有适当的距离；

3. 具有符合检疫要求的清洗、加工、防虫防病及除害处理设施；

4. 加工水果所使用的水源及使用的农用化学品均须符合有关食品卫生要求及输入国家或地区的要求；

5. 有完善的卫生质量管理体系，包括对水果供货、加工、包装、储运等环节的管理；对水果溯源信息、防疫监控措施、有害生物及有毒有害物质检测等信息有详细记录；

6. 配备专职或者兼职植保专业技术人员，负责原料水果验收、加工、包装、存放等环节防疫措施的落实、有毒有害物质的控制、弃果处理和成品水果自检等工作；

7. 有与其加工能力相适应的提供水果货源的果园，或与供货果园建有

---

① 1亩≈666.67平方米。

固定的供货关系；

8. 双边协议、议定书或输入国家或地区法律法规对注册登记有特别规定的，还须符合其规定。

（三）已注册登记的果园、包装厂如果出现果园种植面积扩大、果园或包装厂负责人及植保员变化、向包装厂提供水果货源的注册登记果园改变、包装厂加工水果种类改变以及其他较大变更情况，应当向所在地海关办理申请变更手续。

（四）已注册登记的果园、包装厂如果出现果园位置及种植水果种类发生变化以及包装厂改建、扩建、迁址等重大变更情况，应当向所在地海关重新申请注册登记。

三、办理细则

（一）办理方式

线上办理或线下办理。

（二）需提交的材料

1. 首次申请/重新申请注册登记的果园，应当向所在地海关提出申请，并提交出境水果果园注册登记申请表以及果园示意图、平面图等材料。

2. 首次申请/重新申请注册登记的包装厂，应当向所在地海关提出申请，并提交出境水果包装厂注册登记申请表、包装厂厂区平面图、包装厂工艺流程及简要说明、供货果园名单以及包装厂与果园签订的有关水果生产、收购合约复印件等材料。

3. 如需变更，应当向所在地海关提出申请，并提交变更申请以及与变更内容相关的资料（包括变更项目的生产工艺说明、产业政策证明材料）。

4. 如需延续，应当向所在地海关提出申请，并提交延期申请书。

5. 如需注销，应当向所在地海关提出申请，并提交注销申请书。

（三）网上办理流程

1. 果园和包装厂申请

在线申请通过中国国际贸易单一窗口，或通过中国电子口岸点击“海关行政审批网上办理平台”，或登录“互联网+海关”全国一体化在线政务服务平台。

2. 海关人员办理

登录海关通关作业辅助系统。

3. 具体流程

（1）申请人向所在地隶属海关提出网上申请，提交电子版申请材料。

（2）隶属海关接收人将申请单转经办人受理。

（3）隶属海关经办人按照规定对申请材料进行审核，确定材料是否齐全、是否符合有关规定要求，作出受理或者不受理的决定。申请人提交的材料不齐全或不符合要求的，须在接到申请后5个工作日内一次告知申请人补正。

（4）隶属海关受理后，提交直属海关，如需实施现场考核，由直属海关组织专家组或委派隶属海关进行现场考核。

（5）直属海关根据考核意见作出准予许可或者不予许可的决定。

首次、变更、延续、注销申请均按上述流程办理。

四、时限要求

（一）法定办结时限

自受理申请之日起20个工作日内作出行政许可决定。20个工作日内不能作出决定的，经直属海关负责人批准，可以延长10个工作日，并将延长期限的理由书面告知申请人。

（二）承诺办结时限

自受理申请之日起20个工作日内作出行政许可决定。20个工作日内不能作出决定的，经直属海关负责人批准，可以延长10个工作日，并将延长期限的理由书面告知申请人。

首次、变更、延续、注销申请均按上述时限办理。

五、审批决定法律文书以及相关证件

（一）注册登记证书。

（二）中华人民共和国×××海关行政许可申请不予受理通知书。

（三）中华人民共和国×××海关准予行政许可决定书。

（四）中华人民共和国×××海关不予行政许可决定书。

六、注册登记证书有效期及编号规则

注册登记证书有效期为 3 年。

编号规则为“关区代码（4 位）+GY/GC+流水号（4 位）”，其中“GY”表示果园，“GC”表示包装厂。

七、对外公布及推荐

各直属海关应当将获得注册登记的出境水果果园、包装厂名单报海关总署备案，由海关总署统一对外公布。

我国与输入国家或地区签订的双边协议、议定书等明确规定，或者输入国家或地区法律法规要求对输入该国家或地区的水果果园和包装厂实施注册登记的，出境水果果园、包装厂应当经海关总署集中组织推荐，获得输入国家或地区检验检疫部门认可后，方可向有关国家或地区输出水果。

具体信息可在海关总署动植物检疫司网站“企业信息”专栏查询。

小贴士　出境水果果园注册登记考核时间选择

出境水果果园注册登记现场考核主要是对果园田间管理和卫生状况、有害生物发生与防治、有害生物监测措施的落实、双边协议中关于果园管理要求的落实等情况的现场验证，应选择在水果产季（挂果后、近成熟期）进行，以临近采收期完成为宜。

案例　中国苹果历经 17 年终于打入美国市场

1998 年，国家质检总局正式向美国农业部提出中国苹果输美申请。美国农业部在经过风险分析的基础上，向中方提交了一份中国输美苹果上可能携带的 800 多种有害生物的清单。为尽早破解输美苹果技术难题，国家质检总局一方面按不同专业领域分别成立病害、昆虫、安全风险管理等专家组，查询、收集千余篇科技文献，分析并提出中方反驳意见，最终使美方将关注的有害生物名单压缩至 21 种；另一方面，积极邀请美方专家分别于 2009 年 9 月和 2014 年 10 月，两次到中国对苹果果园和包装厂进行考察。经过 17 年不懈努力和多轮技术磋商，在 2015 年 1 月举行的第 22 届中美双边植物检疫会谈上，中美双方终于就中国苹果输美植物检疫要求达成一致，签署了《中国苹果输往美国植物检疫工作计划》。同年4月26日，美国公布了关于中国苹果输美植物检疫要求的法案，并经过一个月公示期后，于5月26日正式生效，这标志着中国苹果终于打开美国市场。2015年6月，山西华荣果业有限公司包装加工的首批中国苹果顺利在美通关。

第二节
出境水果果园和包装厂监督管理

根据《出境水果检验检疫监督管理办法》要求，海关对所辖地区出境水果果园、包装厂进行有害生物监测、有毒有害物质监控和监督管理。

一、有害生物监测

我国出口水果有害生物监测体系，主要由三部分组成：一是农业农村部门组织开展的有害生物监测，主要是针对《全国农业植物检疫性有害生物名单》中列明的有害生物，包括蜜柑大实蝇、苹果蠹蛾、葡萄根瘤蚜、香蕉穿孔线虫、瓜类果斑病菌、柑橘黄龙病菌（亚洲种）、亚洲梨火疫病菌、梨火疫病菌、香蕉镰刀菌枯萎病菌4号小种、李属坏死环斑病毒等；二是海关系统组织开展的有害生物监测，主要目的是维持《中华人民共和国进境植物检疫性有害生物名录》中和双边协议中列明的重要检疫性有害生物的非疫区地位，包括检疫性实蝇、苹果蠹蛾、葡萄花翅小卷蛾、亚洲梨火疫病菌、梨火疫病菌等有害生物；三是在海关指导和监督下，由出境水果果园和包装厂自行开展的监测，主要针对常发有害生物、双边协议中列明的有害生物。

（一）海关系统组织开展的有害生物监测

1. 检疫性实蝇监测

自2000年开始，海关总署开始组织开展全国性的检疫性实蝇监测工作，范围覆盖除香港、澳门、台湾以外的省（自治区、直辖市），布控地点主要集中在入境口岸（机场、港口、车站）、水果集散地等周边地区及出口果蔬种植基地等实蝇传入或发生风险较高的地点（见图 7-1）。操作细则详见《检疫性实蝇监测技术指南》。

图 7-1　实蝇监测

（图片来源：李玉香）

2. 苹果蠹蛾

2009—2020 年，海关总署先后组织开展了苹果蠹蛾监测。主要监测区域在我国苹果蠹蛾适宜寄主的出口基地果园、水果加工厂、果品集散地、已知疫情发生区域及周边 200 千米范围内的口岸及其附近的适宜寄主园片或零星寄主树，涉及北京、河北、山西、辽宁、吉林、黑龙江、山东、河南、陕西、甘肃、宁夏等产区。操作细则详见《苹果蠹蛾监测技术指南》。

3. 斑翅果蝇

2010—2019年，海关总署先后组织开展了斑翅果蝇监测。起初仅在出口葡萄产区开展监测，2016年后根据我国出口水果贸易情况，监测范围扩大到樱桃、油桃等斑翅果蝇适生寄主产区。具体操作细则详见《斑翅果蝇监测技术指南》。

4. 葡萄花翅小卷蛾

2016—2020年，海关总署在从境外疫区进口葡萄和樱桃的口岸海关及有意向出口葡萄的产区部署开展葡萄花翅小卷蛾监测工作，主要涉及天津、河北、山西、辽宁、山东、云南、陕西、甘肃、新疆等产区。操作细则详见《葡萄花翅小卷蛾监测技术指南》。

5. 梨火疫病菌和亚洲梨火疫病菌（苹果枝枯病菌）监测

自2018年开始，海关总署在梨火疫病菌和亚洲梨火疫病菌（苹果枝枯病菌）相关寄主的种植地区，尤其是梨、苹果、樱桃、山楂、李子等出口注册果园种植区，部署开展梨火疫病菌和亚洲梨火疫病菌（苹果枝枯病菌）监测，主要涉及河北、山西、辽宁、山东、河南、陕西、甘肃、新疆、安徽、福建、浙江等产区。操作细则详见《苹果枝枯病菌监测技术指南》《梨火疫病菌和亚洲梨火疫病菌监测技术指南》。

（二）出境水果果园和包装厂自行开展的有害生物监测

果园和包装厂植保员对常发有害生物和双边协议中列明的有害生物开展定期或不定期监测。监测的目的主要有两个：一是通过监测对达到防治指标的有害生物适时进行防治；二是通过对双边协议中要求非疫状态的有害生物的发生情况进行调查以确保其持续保持无疫状态。

常见监测方法包括：1. 有害生物转主寄主调查，如出口苹果、梨果园需开展锈病转主寄主调查；2. 系统调查，根据有害生物的生物学特性，定期开展监测，一般采用定点树调查法；3. 灯诱监测，采用黑光灯、虫情测报灯等进行监测，主要针对鳞翅目、鞘翅目成虫等有害生物；4. 性诱剂监测，主要针对可利用性诱剂作为诱饵的有害生物，如实蝇、苹果蠹蛾、食心虫等。

一旦监测发现突发有害生物，果园和包装厂须及时上报，并采取控制措施。海关定期对出境水果果园、包装厂开展的有害生物监测工作进行监督检查，以确保符合相关要求。

二、出口水果安全风险监控

随着水果种植业的快速发展，果树上农药使用也越来越普遍，由此引发了果品质量安全、水体污染乃至土壤质量下降等一系列问题，多个贸易国家曾向海关总署通报我国水果有毒有害物质残留超标情况。水果上的有毒有害物质主要包括水果种植与加工过程中使用的农用化学品残留、土壤大气或灌溉水污染造成的重金属残留和微生物污染等。出境水果有毒有害物质主要通过两方面控制：一是海关层面实施的安全风险监控；二是在海关的监管下，出境水果果园和包装厂对农用化学品的使用管理。目前，出境水果安全风险监控以企业自检自控和海关抽查监控相结合的方式进行。

（一）海关层面实施的抽查监控

为保障出口水果质量安全，海关总署在全国范围启动出口水果安全风险监控计划，旨在通过监控科学分析我国出口水果管理工作中的薄弱环节，以便更好地指导生产。在充分运用监控结果的基础上，出境水果果园和包装厂管理不断规范，果品质量安全合格率逐年提升。同时，监控方案日趋完善，取样送检批次和项目设置科学性更高、针对性更强、一线更有操作性，目前已实现系统自动布控抽检。

1. 安全风险监控项目的选择

安全风险监控项目的选择主要考虑以下因素：水果种植与加工储藏过程中农用化学品使用、输入国或地区的卫生安全要求、历年监控中检出不合格的物质、境外有关我国出口水果有毒有害物质残留超标的通报和退运等情况。

2. 开展形式

包括监督抽检和风险监测两种形式。海关总署每年年初制定出口水果安全监督抽检和风险监测计划。

监督抽检以出境电子底账申请批为单位按照一定比例进行抽检，系统命中取样送检后，按照要求可开展相关项目的检测。

风险监测以注册果园为单位，设定一定的抽检比例。隶属海关根据辖区注册果园类别和数量，按照计划中列明的风险监测推荐项目开展监测。风险监测在果实采收前完成。

3. 监控结果的处理

出境水果安全监督抽检结果可结合货物出口目的国家或地区以及我国的食品安全法律、法规、标准要求，作为实施本批次出境水果综合评定的依据。

4. 监控结果上报

出境水果安全监督抽检结果通过进出口食品化妆品安全监督抽检及风险监测管理系统上报。

（二）出境水果果园和包装厂对农用化学品的使用管理

按照《出境水果检验检疫监督管理办法》第十六条要求，出境水果果园和包装厂应当遵守相关法规标准，安全合理使用农用化学品，不得购买、存放和使用我国或输入国家或地区禁止在水果上使用的化学品。

出境水果果园和包装厂应通过以下几方面做好有毒有害物质的控制工作：一是掌握出口贸易国家或地区的有毒有害物质限量要求；二是安全合理使用农用化学品，积极使用生物防治、人工防治及物理防治技术；三是建立完善的自检自控体系，针对果园生产和包装厂加工过程中使用的化学品，做好有毒有害物质的自检自控工作。

海关定期对出境水果果园、包装厂的农用化学品的使用情况进行监督检查，以确保符合相关要求。

三、监督管理

（一）海关对出境水果果园实施监督管理

内容包括：果园周围环境、水果生长状况；果园管理人员（含植保员）履职情况；果园有害生物发生、监测、防治情况；果园农用化学品购买、领取、存放、使用情况；果园水果有毒有害物质检测情况；双边协议、议定书或输入国家或地区法律法规相关规定的落实情况。

海关监管人员应通过现场监督和记录检查开展上述工作。

（二）海关对出境水果包装厂实施监督管理

内容包括：包装厂区环境及卫生状况；生产设施及包装材料的使用情况；管理人员（含植保员）履职情况；加工过程中使用的化学品的购买、领取、存放、使用情况；原料果收购、水果加工、成品自检、储存、出口等管理情况；水果有毒有害物质检测情况；双边协议、议定书或输入国家或地区法律法规相关规定的落实情况。

海关监管人员应通过现场监督和记录检查开展上述工作。

（三）监督管理形式

1. 年度审核

按照《出境水果检验检疫监督管理办法》第二十条要求，海关在每年水果采收季节前对注册登记的出境水果果园、包装厂进行年度审核，对年审考核不合格的果园、包装厂限期整改，限期整改不合格的取消注册登记资格。

2. 日常监管

根据工作需要或双边协议以及出口贸易国家或地区要求实施定期或不定期监督管理。监督管理通过定期管理类核查开展，也可根据具体情况开展专项检查。

（四）监督管理发现不符合情况的处置

1. 出境果园和包装厂出现下列情况之一的，海关应责令其限期整改，并暂停受理报检，直至整改符合要求：

（1）违规使用农用化学品的；

（2）果园周围有环境污染源的；

（3）包装厂加工的出口水果来源不明或无法证明其来自注册果园的；

（4）包装厂内来源不同的水果混放，未采取隔离防疫措施的；

（5）海关在查验过程中发现包装箱上未按规定进行标识的；

（6）针对出口前须实施检疫除害处理的水果，包装厂检疫处理设施出现较大技术问题无法满足技术要求的；

（7）海关在查验中检出境外关注的检疫性有害生物；

（8）海关在安全风险监控中检出有毒有害物质超标的；

（9）出口水果被境外官方检出检疫性有害生物或有毒有害物质超标的。

2. 已注册登记的出境水果果园、包装厂如果出现限期整改不符合要求、隐瞒或瞒报质量和安全问题、拒不接受海关监管、不按规定重新申请注册登记等情况的，取消其注册登记资格。

小贴士 出口水果果园选择原则

1. 果园应远离工业“三废”等对水果种植、生产有影响的污染源。

2. 果园应为未被障碍物（如道路、沟渠和高速公路）隔离开的连续种植地，且与非注册果园有明显的分界线。

3. 果园内种植的水果应为同类品种或单一品种。

4. 果园应远离废弃果园。

案例 破解美国技术性贸易措施壁垒，河北鸭梨成功恢复出口

河北鸭梨以果形俊秀、皮薄肉细，脆嫩多汁、香甜爽口而享誉海内外。1997年，河北鸭梨实现对美首发，并在河北辛集举行了中国鸭梨输美首发式。这是中国在水果出口方面第一次打破国外技术壁垒，被《人民日报》评为当年的农业十大新闻之一。

2003年3月15日，因在进口中国鸭梨上截获黑斑病，美国暂停进口中国鸭梨。2003年10月，在美方专家对中方提出的降低鸭梨黑斑病风险措施进行了实地评估后，美方恢复中国鸭梨出口。但是，同年12月，美方在市场调查时发现大量来自中国的鸭梨感染了巧克力黑斑病，再次暂停进口中国鸭梨，并要求所有已通关货物作下架进行双层套袋深冷24小时后深埋处理，未通关及在运货物作退运处理。接着，加拿大称截获了与美方相同的梨黑斑病菌，于2004年1月27日起暂停进口河北鸭梨。美、加接连暂停河北鸭梨进口，不仅给出口企业造成5000万元的直接经济损失，还严重影响了河北鸭梨在国际市场上的良好形象。澳大利亚、新西兰等国也多次在双边会谈时提到这一问题，表示要给予关注，河北鸭梨在国内和国际市场的销售一度陷入低迷状态，河北鲜梨产业面临前所未有的困境。为尽快恢复鸭梨对美出口，国家质检总局组织检验检疫、农业等相关领域的技术专家，与美方技术专家进行了磋商。考虑到中美双方在梨黑斑病种类鉴定和检疫地位问题上短时间很难达成一致，中方积极推动与美方的合作研究，双方同意合作研究有效降低鸭梨黑斑病的风险措施。通过开展历时2年多的合作研究，终于找到了双方专家均满意的有效降低风险措施。

2005年4月，在国家质检总局与美方的不断交涉下，在中美双方合作研究基础上，中美签署了《2005—2006年度中国鸭梨输往美国植物检疫工作计划》。经过美方专家实地考察后，2006年初河北鸭梨正式恢复对美出口。同年3月，加拿大也恢复了河北鸭梨出口。2007年10月，中美签署《中国鸭梨输往美国植物检疫工作计划》，鸭梨输美实现了常态化管理。

第三节 出境水果检疫工作程序

按照《出境水果检验检疫监督管理办法》第二十三条规定，出境水果应向包装厂所在地海关报检，按报检规定提供有关单证及产地供货证明；出境水果来源不清楚的，不予受理报检。

一、检验检疫依据

（一）我国与输入国家或地区签订的双边检疫协议（含协定、议定书、备忘录等）。

（二）输入国家或者地区进境水果检疫规定或要求。

（三）国际植物检疫措施标准（ISPM）。

（四）我国出境水果检疫规定。

（五）贸易合同和信用证等订明的检验检疫要求。

二、检验检疫准备

（一）审核企业申报信息和随附单证是否齐全，是否符合规定要求。

（二）查阅有关法律法规和技术资料，明确输入国家或地区对我国出境水果的品种和产地等市场准入要求以及检验检疫要求，确定检验检疫时间、地点和方案。如需实施安全监督抽检的产品，还应当确定抽采样计划。

（三）准备用于现场查验的放大镜、毛刷、解剖刀、挑针、镊子、指形管、白瓷盘、样品袋、酒精瓶、记号笔、样品袋、标签等用具。

三、现场查验

（一）查验地点：一般在水果加工包装后的冷藏库或存放仓库实施检疫；政府间双边协议或议定书要求配备检验检疫室的，在检验检疫室实施查验。查验地点应清洁卫生、光线充足，具备一定的防控有害生物的条件（见图 7-2）。

图 7-2　出口鲜梨现场查验

（图片来源：楚伟）

（二）核查货证：核对包装上的唛头标记、水果的件数和重量等是否与申报相符；核对水果包装箱上的水果种类、产地、果园和包装厂名称及注册号以及批次号等信息是否符合输入国家或地区规定的检验检疫要求。如输入国家或地区对出境水果有冷藏时间要求，还应核实相关记录（见图 7-3）。

图 7-3　出口水果现场核查货物标识

（图片来源：王志祥）

（三）货物存放场所检查：检查水果的存放场所、苫盖物、铺垫物是否符合要求，是否清洁无污染。

（四）包装物检查：检查整批包装是否完整、有无破损；检查内外包装是否干净卫生、未使用过，有无虫体、霉菌、杂草、土壤、枝叶及其他污染物，是否符合安全卫生要求。带木包装或其他植物性包装材料的，按相关规定实施检疫。

（五）抽样。

1. 抽样方法：采用随机抽查的方式，对每批水果从码垛的上、中、下各部位，随机抽取代表样品。

2. 抽样数量：有双边协议要求的，按照双边协议要求的抽样比例（或数量）进行抽样；无双边协议要求的，以每一检验检疫批为单位进行取样，按水果总件数的 2%~5%（不少于 5 件）随机开箱抽查。

（六）样品检疫。

1. 对抽取的样品进行逐果检疫。具体内容包括：

（1）害虫检疫：用肉眼或借助放大镜逐个观察果实表面有无害虫、虫蛀孔、虫咬痕迹和排泄物等，重点检查果蒂部、果脐部等凹陷部位有无害虫隐藏，特别注意蓟马、螨类等个体较小的有害生物；轻按果表有无空虚感或流出汁液。收集各种虫体。

（2）病害检疫：用肉眼或借助放大镜仔细观察果实表面有无溃疡、腐烂、轮纹、斑点、霉变等可疑病害症状。收集可疑病果。

（3）其他项目检疫：检查水果表面是否带土壤、枝叶或其他附着物，有无裂果。

2. 如双边协议有剖果要求或者检验过程中发现可疑病虫害果实，须用小刀切开，仔细检查果实有无昆虫虫卵、幼虫及其为害状，有无病害症状。

（七）样品送检。

1. 将现场检疫发现的有可疑病虫症状的水果以及各种虫体、杂草送实验室进行有害生物鉴定。

2. 如需进行安全监督抽检或其他品质项目检测，按货物的 0.1%～0.5%（不少于 5 千克）随机抽取样品送实验室检测。

四、实验室检验检疫

（一）有害生物检疫鉴定：对现场检疫发现的病、虫、杂草标本或有可疑病虫症状的水果，按照有关检疫鉴定技术标准、生物学鉴定资料和实验室检疫规程进行检疫鉴定。

（二）安全卫生项目检验：按照相关国家和行业技术标准进行实验室检测。实验室出具检验检疫结果报告单。

五、有特殊要求的出境水果检疫除害处理

有特殊处理要求的出境水果，包括出口前冷处理、运输途中冷处理、出口前蒸热处理和蒸热低温杀虫、熏蒸处理等，应按相关要求和处理指标进行处理，出具相应的处理报告和植检证书，在植物检疫证书中应包含冷处理或热处理相关信息。

六、结果评定与处置

（一）评定原则

按照检验检疫依据，综合注册登记、监督管理、疫情监测、现场查验（含安全监督抽检）、实验室检疫、检疫处理等情况，对出境水果进行合格评定。对于系统命中现场查验的，依据现场查验（含安全监督抽检）、实验室检疫、检疫处理等结果，进行合格评定。符合要求的视为合格，不符

合要求的视为不合格；对于系统未命中现场查验的，系统自动采用假定合格评定方式，默认合格，直接形成电子底账数据。

（二）处置

1. 综合评定合格的，形成电子底账数据。需要出具植物检疫证书的，有关信息要准确详细填写，植检证书特殊要求见具体的双边协议。

2. 综合评定不合格的，经技术处理或检疫除害处理并重新检疫合格的，形成电子底账数据，出具有关单证。经技术处理或检疫除害处理，重新检疫后仍不合格的或未经技术处理、无有效检疫除害处理方法的，签发出境货物不合格通知单，不准出境。

七、信息上报

（一）对出境水果检疫过程中发现的重大疫情或可能造成重大安全隐患或影响的安全监督抽检不合格结果或境外提出特殊要求的，应及时向海关总署报告。

（二）出境水果安全监督抽检结果通过进出口食品化妆品安全监督抽检及风险监测管理系统上报。

小贴士　出口鲜梨查验要注意境外官方限定的品种问题

世界上梨树的栽培品种可分为东方梨（多汁脆肉型）和西洋梨（后熟软肉型）两大类。东方梨主要产于中国、日本和韩国等亚洲国家，包括砂梨、白梨和秋子梨等；西洋梨主要产于欧洲、美洲、非洲及大洋洲等地，主产国包括美国、意大利、西班牙、德国、智利、阿根廷等。我国是梨属植物中心发源地之一，国内主要栽培有砂梨（黄冠梨、黄金梨、丰水梨、新高梨、秋月梨等）、白梨（鸭梨、雪花梨等）、秋子梨（南果梨等）和新疆梨四大品系，近年来也有一些地方栽种西洋梨。

在我国与境外签署的双边协议中，经常会出现“出口商品名称”，其中限定了出口的具体品种。在出口查验时，一定要对出口货物进行核实，避免放行境外未准入的产品。

案例 美国取消输美鸭梨冷处理措施

依据美国进口鲜食水果的法律法规要求，为防止橘小实蝇通过鸭梨传入美国，2002 年之前，美国要求凡是输往美国的鸭梨必须进行冷处理，此项规定直接造成输美鸭梨每个集装箱增加 3000 美元的费用。为应对和消除国外技术贸易壁垒，努力扩大出口，自 1994 年开始，原河北出入境检验检疫局（现石家庄海关）在河北出口果园和包装厂开展了针对橘小实蝇的监测工作，连续几年的监测结果表明，河北没有橘小实蝇发生。为使美方取消针对橘小实蝇的冷处理措施，中方于 1999 年向美方提交了《橘小实蝇随河北鸭梨传入美国的风险为零》的分析报告，以及自 1997 年以来连续 3 年的实蝇监测记录等有关数据，随后中方就这一问题同美方进行了多次磋商，希望美方尽快取消鸭梨输美冷处理要求。为此，美方专家多次就河北实蝇监测体系进行实地考察，并对中方提供的数据及取消该措施所带来的影响进行了风险评估。2002 年美国动植物卫生检疫局（APHIS）向美国民众及 WTO 成员方提交了取消冷处理要求的分析报告，在充分征求意见后，于 2003 年在《联邦法典》中正式宣布取消该措施的决定。美方取消进口河北鸭梨冷处理要求的决定后，每年可直接减少因冷处理产生的相关费用 120 多万美元，同时减少了相应的检验检疫环节，加快了货物的通关放行速度，对促进和扩大河北鸭梨输美工作产生了积极影响。

在此基础上，我国又积极向其他国家开展实蝇非疫区磋商工作。目前，美国、澳大利亚、南非、巴西等国认可中国北纬 33 度以北地区为橘小实蝇等有经济意义的检疫性实蝇的非疫区。

第四节
主要贸易国家（地区）对中国出境水果的检验检疫要求

目前，进出境水果大致可以分为两类：一类是两国（地区）之间有悠久的贸易传统，且输入国（地区）对进口水果的管理一般采取到岸后检疫，发现问题后反馈给输出国家（地区）；另一类是检疫法规严格，在水果的准入方面采用SPS协定框架下的植物检疫措施国际标准，即进口前需要对输出国家（地区）的拟出口水果进行有害生物风险评估，并对输出国家（地区）水果的质量安全管控体系进行考核认可，在完成一系列程序后，签订双边议定书，明确检疫要求，再进行贸易。

随着各贸易国（地区）对本国（地区）水果产业发展和检疫问题的重视程度不断提高，第二种方式越来越成为双边水果贸易谈判和准入的首选方案。目前，我国已经与20多个国家（地区）签订了出口水果的双边协议/议定书/备忘录/工作计划。

这些签订的议定书，概括起来主要包括以下内容：一是允许进口的水果品种，如中国梨的品种很多，美国只允许进口中国的鸭梨、香梨和砂梨；二是限定产区，如中国香梨出口美国，产区最早限定在新疆库尔勒地区，后来增加了阿克苏地区；三是关注的检疫性有害生物名单，这是在PRA的基础上确定的；四是明确果园和包装厂的管理要求，如是否进行注册登记，是否在非疫区或是非疫生产点，是否套袋，针对哪些有害生物进行监测、如何监测，良好的田间农业操作规范和记录、包装厂加工包装规范和记录，建立有效的质量追溯体系等；五是对包装和标识进行规范，一般要求包装材料是新的、干净卫生的，包装箱上用英文清晰标明水果种类、果园注册号、包装厂名称或注册号、除害处理设施注册号等；六是规范出口检验检疫工作要点，如抽查比例、检查重点，是否进行有毒有害物质监控等；七是明确是否需要进行除害处理，除害处理的方式，技术指标，在出口前实施还是在运输途中实施等；八是对植物检疫证书提出要求，如证书是否标注水果的学名，是否标注水果的原产省份、包装厂名称或注册号，是否标注集装箱号，是否标注除害处理的内容，有没有附加声明等；九是规定在输入国（地区）进境后如何查验。

一、阿根廷对中国水果的检验检疫要求

（一）对中国水果植物检疫要求概况

阿根廷允许中国苹果和梨进口。具体要求见《中国与阿根廷签署〈中国苹果和梨输阿植物卫生要求的议定书〉的要求的公告》（国家质检总局公告2004年第176号）。

（二）重点关注的检疫性有害生物

阿根廷在进口的中国水果上关注的检疫性有害生物见表 7-1。

表 7-1　阿根廷在进口的中国水果上关注的检疫性有害生物

水果	检疫性有害生物	
	中文名	学名
苹果、梨	桃条麦蛾	*Anarsia lineatella*
	橘小实蝇	*Bactrocera dorsalis*
	桃小食心虫	*Carposina niponensis*
	日本龟蜡蚧	*Ceroplastes jiaponiam*
	大红蜡蚧	*Ceroplastes rubens*
	桃蛀螟	*Conogets punctiferalis*
	苹小食心虫	*Cydia inopinata*
	梨蛎蚧	*Diaspidiotus ostreaformis*
	梨大食心虫	*Ectomyelosis pyrivorella*
	梨锈病	*Gymnosporangium asiaticum*
	杏球蚧	*Sphaerolecanium prunastri*
	山楂叶螨	*Tetranychus viennensis*

（三）特殊要求

1. 需来自注册的果园和包装厂。

2. 须来自橘小实蝇非疫区，并在果园、包装厂及其周围 1 平方千米范围内设置诱捕器进行监测。

3. 须来自梨锈病的非疫生产点（或果园）。生产地周围 1 千米范围内不得有锈病的转主寄主树。

4. 套袋要求：出口梨（包括 *Pyrus bretsdneider*，*Pyrus pyrifolia*）应实施果实套袋，在水果到达加工厂前不得去袋；出口苹果应实施果实套袋，在收获 4 周前不得去袋。出口新疆香梨无须套袋。

5. 包装箱应具有英文标识，标出产地（省）、果园或其注册号、包装或其注册号的信息，每个托盘应标出输往阿根廷的英文字样。

6. 海关按2%的抽样比例对水果实施出口前检验检疫。

7. 植物检疫证书需注明产地和包装厂。

二、澳大利亚对中国水果的检验检疫要求

（一）对中国水果植物检疫要求概况

澳大利亚允许中国鲜龙眼、荔枝、葡萄、梨、苹果、核果（油桃、桃、李、杏）进口。具体要求见《关于向澳大利亚出口龙眼、荔枝有关问题的公告》（国家质检总局公告2004年第53号）、《关于调整输澳鲜龙眼、荔枝冷处理技术指标的通知》（质检动函〔2013〕250号）、《质检总局关于印发出口澳大利亚油桃、鲜食葡萄和进口澳大利亚油桃植物检疫要求的函》（质检动函〔2016〕124号）、《质检总局关于中国核果、苹果、梨出口澳大利亚和进口新西兰鳄梨及澳大利亚核果、葡萄、樱桃、柑橘植物检疫要求的公告》（国家质检总局公告2018年第1号）。

（二）重点关注的检疫性有害生物

澳大利亚在进口的中国水果上关注的检疫性有害生物见表7-2。

表7-2　澳大利亚在进口的中国水果上关注的检疫性有害生物

水果	检疫性有害生物		备注
	中文名	学名	
龙眼、荔枝	栗玛绒金龟	*Maladera castanea* (Arrow)	
	小青花金龟	*Oxycetonia jucunda* Faldermann	
	无斑弧丽金龟	*Popillia mutans* Newman	
	中华弧丽金龟	*Popillia quadriguttata* Fabricius	
	短跗星花金龟	*Potosia brevitarisis* Lewis	

续表1

水果	检疫性有害生物		备注
	中文名	学名	
龙眼、荔枝	棕星花金龟	* *Protaetia fusca* (Herbst)	为西澳大利亚州检疫性有害生物
	亮绿星花金龟	*Protaetia nitididorsis* (Fairmaire)	
	木犀金龟属中的一种	*Xylotrupes mniszechi* Thomson	
	瓜实蝇	*Bactrocera cucurbitae* Coquillet	需要采取风险管理措施
	橘小实蝇	*Bactrocera dorsalis* (Hendel)	需要采取风险管理措施
	咖啡绿软蜡蚧 *	* *Coccus viridis* Green	为西澳大利亚州检疫性有害生物，需要采取风险管理措施
	桔腺刺粉蚧 *	* *Ferrisia virgata* Cockerell	为西澳大利亚州检疫性有害生物，需要采取风险管理措施
	花角绿蝽	*Nezara antennata* Scott	
	臀纹粉蚧属中的一种	*Planococcus litchi* Cox	需要采取风险管理措施
	垫囊绿绵蜡蚧 *	* *Pulvinaria psidii* (Maskell)	为西澳大利亚州检疫性有害生物；需要采取风险管理措施

续表2

水果	检疫性有害生物		备注
	中文名	学名	
龙眼、荔枝	荔蝽	*Tessaratoma papillosa* (Drury)	
	柑桔褐带卷蛾	*Adoxophyes cyrtosema* Meyrick	
	棉褐带卷蛾	*Adoxophyes orana* Fisher von Röeslerstamm	
	龙眼、荔枝蒂蛀虫	*Conopomorpha sinensis* Bradley	需要采取风险管理措施
	龙眼、荔枝小灰蝶 *	* *Deudorix epijarbas* Moore	为西澳大利亚州检疫性有害生物
	龙眼、荔枝霜疫病	*Peronophythora litchii* Chen ex Ko et al.	
	溃疡病	*Phomopsis longanae* Chi & Jiang	
	龙眼丛枝病	LWBD Mycoplasma like / filamentous virus	
葡萄（包括所有杂交种类）	橘小实蝇	*Bactrocera dorsalis*	
	斑翅果蝇	*Drosophila suzukii*	
	葡萄根瘤蚜	*Daktulosphaira vitifoliae*	
	拟后黄卷叶蛾	*Archips micaceana*	
	果黄卷蛾	*Archips podana*	
	女贞细卷蛾	*Eupoecilia ambiguella*	
	葡萄长须卷蛾	*Sparganothis pilleriana*	
	腹钩蓟马	*Rhipiphorothrips cruentatus*	

续表3

水果	检疫性有害生物		备注
	中文名	学名	
葡萄（包括所有杂交种类）	西花蓟马	*Frankliniella occidentalis*	仅限出口到澳大利亚北部
	异色瓢虫	*Harmonia axyridis*	
	日本金龟子	*Popillia japonica*	
	弧丽金龟	*Popillia mutans*	
	四纹丽金龟	*Popillia quadriguttata*	
	日本臀纹粉蚧	*Planococcus kraunhiae*	
	康氏粉蚧	*Pseudococcus comstocki*	
	葡萄粉蚧	*Pseudococcus maritimus*	
	葡萄粉虱	*Aleurolobus taeonabe*	
	红斑蛛	*Latrodectus mactans*	
	间斑寇蛛	*Latrodectus tredecimguttatus*	
	神泽氏叶螨	*Tetranychus kanzawai*	仅限出口到西澳大利亚州
	葡萄囊孢壳菌	*Physalospora baccae*	
	葡萄黑腐病菌	*Guignardia bidwellii*	
	葡萄生链格孢	*Alternaria viticola*	
	梨褐腐病	*Monilinia fructigena*	
	真葡萄亚属层锈菌	*Phakopsora euvitis*	

续表4

水果	检疫性有害生物		备注
	中文名	学名	
梨（包括白梨、砂梨、秋子梨、香梨）	梨大食心虫	*Acrobasis pyrivorella* (Matsumura)	
	棉褐带卷蛾	*Adoxophyes orana* (Fischer von Röeslerstamm)	
	橘小实蝇	*Bactrocera dorsalis* (Hendel)	
	梨木虱	*Cacopsylla pyrisuga* (Forster)	
	桃小食心虫	*Carposina sasakii* Matsumura	
	香梨优斑螟	*Euzophera pyriella* Yang	
	苹小食心虫	*Grapholita inopinata* (Heinrich)	
	舞毒蛾	*Lymantria dispar* (Linnaeus)	
	康氏粉蚧	*Pseudococcus comstocki* (Kuwana)	
	梨黄粉蚜	*Sphanostigma iakusuiense* (Kishida)	
	山楂叶螨	*Tetranychus viennensis* Zacher	
	梨黑斑病菌	*Alternaria gaisen* Nagano	
	梨胶锈菌	*Gymnosporangium asiaticum* Miyabe ex G. Yamada	
	褐色胶锈菌（梨锈病菌）	*Gymnosporangium sabinae* (Dicks) G. Winter	
	梨褐腐病	*Monilinia fructigena* Honey	
	梨轮纹病	*Physalospora piricola* Nose	
	梨黑星病	*Venturia nashicola* Tanaka & Yamamoto	
	苹果蠹蛾	*Cydia pomonella*	仅限西澳大利亚州
	梨小食心虫	*Grapholita molesta* (Busck)	仅限西澳大利亚州

续表5

水果	检疫性有害生物		备注
	中文名	学名	
苹果	棉褐带卷叶蛾	*Adoxophyes orana*	
	山楂叶螨	*Amphitetranychus viennensis*	
	橘小实蝇	*Bactrocera dorsalis*	
	桃小食心虫	*Carposina sasakii*	
	丽新须螨	*Cenopalpus pulcher*	
	香梨优斑螟	*Euzopherapyriella*	
	苹小食心虫	*Grapholita inopinata*	
	槭树绵粉蚧	*Phenacoccus aceris*	
	康氏粉蚧	*Pseudococcus comstocki*	
	白小食心虫	*Spilonota albicana*	
	褐腐病	*Monilinia fructigena*	
	苹果枝溃疡病	*Neonectria ditissima*	
	苹果褐斑病	*Diplocarpon mali*	
	苹果锈病	*Gymnosporangium yamadae*	
	苹果圆斑病	*Phyllosticta arbutifolia*	
	苹果蠹蛾	*Cydia pomonella*	仅限西澳大利亚州

续表6

水果	检疫性有害生物		备注
	中文名	学名	
核果（油桃、桃、李、杏）	山楂叶螨	*Amphitetranychus viennensis*	
	康氏粉蚧	*Pseudococcus comstocki*	
	槭树绵粉蚧	*Phenacoccus aceris*	
	花蓟马	*Frankliniella intonsa*	
	棉褐带卷蛾	*Adoxophyes orana*	
	葡萄条卷蛾	*Argyrotaenia ljungiana*	
	桃白小卷蛾	*Spilonota albicana*	
	番石榴实蝇	*Bactrocera correcta*	
	橘小实蝇	*Bactrocera dorsalis*	
	斑翅果蝇	*Drosophila suzukii*	
	桃条麦蛾	*Anarsia lineatella*	
	桃小食心虫	*Carposinas asakii*	
	李小食心虫	*Grapholita funebrana*	
	李痘病毒	Plum pox virus	
	褐腐病菌（果生链核盘菌）	*Monilinia fructigena*	
	褐腐病菌（梅果串珠霉）	*Monilia mumecola*	
	褐腐病菌（串珠霉）	*Monilia polystroma*	
	褐腐病菌（云南松链核盘菌）	*Monilinia yunnanensis*	
	梨小食心虫	*Grapholita molesta*	仅限出口澳大利亚西部地区
	西花蓟马	*Frankliniella occidentalis*	仅限出口澳大利亚北部地区

（三）特殊要求

1. 需来自注册的果园和包装厂及处理设施（如需要）。

2. 澳方认可以下地区为非疫区：中国北纬33度以北地区为橘小实蝇和番石榴果实蝇的非疫区；新疆为斑翅果蝇非疫区；除湖南省外均为李痘病毒非疫区；除新疆外均为桃条麦蛾非疫区。

3. 输澳核果上检疫性有害生物管理要求。

（1）针对橘小实蝇和番石榴果实蝇的管理要求：来自非疫区，或者经过冷处理或熏蒸处理。冷处理可在出口前或运输中进行。

冷处理指标：果实中心温度3℃或以下，持续18天或以上。冷处理可在出口前或者出口运输途中进行。

溴甲烷熏蒸后冷处理指标：在果肉温度不低于21℃的情况下，以不超过50%的处理室装载密度，用32 g/m^{3}的溴甲烷连续处理2小时，然后在2.77℃或以下冷处理4天；在果肉温度不低于21℃的情况下，以不超过50%的处理室装载密度，用32 g/m^{3}的溴甲烷连续处理2.5小时，然后在4.44℃或以下冷处理4天；在果肉温度不低于21℃的情况下，以不超过50%的处理室装载密度，用32 g/m^{3}的溴甲烷连续处理3小时，然后在8.33℃或以下冷处理3天。

（2）针对斑翅果蝇的管理要求：来自非疫区，或者采取非疫区之外的系统管理措施（含冷处理），或者溴甲烷熏蒸处理。

冷处理指标：0.99℃或以下连续进行15天；1.38℃或以下连续进行18天；1.67℃或以下连续进行20天。冷处理可在出口前或运输中进行。

溴甲烷熏蒸处理指标：在果肉温度不低于13.9℃的情况下，以不超过38%的处理室装载密度，用48 g/m^{3}的溴甲烷连续处理2小时。

（3）针对来自橘小实蝇、番石榴果实蝇和斑翅果蝇3种有害生物共发区的管理要求：采取系统管理措施（含冷处理）或者采取澳方认可的其他等效措施。

冷处理指标：0.99℃或以下连续进行15天；1.38℃或以下连续进行18天；1.67℃或以下连续进行20天。冷处理可在出口前或运输中进行。

（4）针对桃条麦蛾、桃小食心虫、李小食心虫、梨小食心虫和褐腐病（果生链核盘菌、梅果串珠霉、串珠霉、云南松链核盘菌）的管理要求：产自非疫区、非疫生产点或低密度流行区，或者采取澳方批准和认可的系统方法。

（5）针对李痘病毒的管理要求：来自非疫区，或者采用澳方认可和同意的系统管理措施。

4. 输澳葡萄上检疫性有害生物管理要求。

（1）针对葡萄黑腐病菌、葡萄囊孢壳菌、葡萄生链格孢的管理要求：采取系统管理措施（澳方认可新疆为葡萄黑腐病菌、葡萄囊孢壳菌的非疫区，无须采取措施）。

（2）针对葡萄根瘤蚜的管理要求：来自非疫区或非疫生产点；或在输澳鲜食葡萄所有包装箱内的塑料袋中放置能有效防治葡萄根瘤蚜的硫垫；或采取二氧化硫/二氧化碳熏蒸再冷处理（具体指标：在果肉温度不低于15.6℃的条件下，以不超过33%处理室装载密度，用6%的二氧化碳和1%的二氧化硫熏蒸30分钟，然后进行冷处理。）。

（3）除来自新疆以外，所有输澳鲜食葡萄均须进行出口前处理。具体指标为：

方式一：在果肉温度不低于21℃的情况下，以不超过50%的处理室装载密度，用40 g/m^3的溴甲烷连续处理2小时，然后在2.77℃或以下冷处理4天。

方式二：在果肉温度不低于15.6℃的情况下，以不超过33%处理室装载密度，用6%的二氧化碳和1%的二氧化硫熏蒸30分钟，然后进行冷处理。冷处理方法分为两种：果肉温度为-0.50℃±0.50℃或以下，持续10天或以上；或果肉温度为0.9℃±0.50℃或以下，持续12天或以上。冷处理可在出口前或运输中进行。

5. 输澳鲜梨上检疫性有害生物管理要求。

（1）针对橘小实蝇的管理要求：来自非疫区，或者经过冷处理或熏蒸处理，或者采取澳方认可的其他等效措施。冷处理可在出口前或运输中进行。

冷处理及溴甲烷熏蒸后冷处理指标同输澳核果处理指标。

（2）针对桃小食心虫、苹小食心虫、梨小食心虫、苹果蠹蛾、梨黑斑病菌、梨褐腐病、梨轮纹病、梨黑星病、梨胶锈菌和欧洲梨锈的管理要求：来自非疫区、非疫生产点或低密度流行区，或者采取澳方批准和认可的系统方法，或者采取澳方认可的其他等效措施。

6. 输澳苹果上检疫性有害生物管理要求。

（1）针对橘小实蝇的管理要求：来自非疫区，或者经过冷处理或熏蒸处理，或者采取澳方认可的其他等效措施。冷处理可在出口前或运输中进行。

冷处理及溴甲烷熏蒸后冷处理指标同输澳核果处理指标。

（2）针对桃小食心虫、苹小食心虫、苹果蠹蛾、苹果褐斑病、苹果褐腐菌、苹果锈病和苹果圆斑病的管理要求：来自非疫区、非疫生产点或低密度流行区，或者采取澳方批准和认可的系统方法，或者采取澳方认可的其他等效措施。

7. 输澳龙眼、荔枝的除害处理措施包括出口前冷处理、运输途中冷处理和出口前热处理三种方式。

（1）冷处理指标：1℃ 或以下处理 15 天，或 1.39 ℃ 或以下处理 18 天。

针对东方实蝇，输澳龙眼的冷处理标准：0.99℃或以下，处理 15 天；或 1.38℃或以下，处理 18 天。

针对东方实蝇、瓜实蝇和荔枝蛀蒂虫，输澳龙眼或荔枝的冷处理标准：0.99℃或以下，处理 17 天；或 1.38℃或以下，处理 20 天。

（2）热处理指标：47℃（果心温度）或以上处理 15 分钟，或 46℃（果心温度）或以上处理 20 分钟。整个处理过程不能少于 2 小时。

8. 每个包装箱上应标注产地、果园的名称或注册号及包装厂的名称或注册号。

输澳鲜梨和苹果的每个托盘需用英文标注“输往澳大利亚”，如不使用托盘，例如空运，则每个包装箱上需用英文标注“输往澳大利亚”。需实施熏蒸处理的梨和苹果，包装箱必须使用带孔的衬层（如果使用）或者防虫纱布，以确保进行有效处理并防止在处理后再次感染有害生物。

输澳龙眼、荔枝包装箱标识内容包括中国产品、出口公司名称（商标）、果实类型（散果龙眼/龙眼果枝、荔枝）、品种、果园注册号、批号、包装日期及出口目的地。

9. 出口前查验要求。

海关对输澳的葡萄、梨、苹果、核果实施批批检疫，每批货物抽取 600 个/串样品，并对样品进行全部检查。对来自食心虫非疫区、非疫生产点或低密度流行区之外的梨、苹果、核果，还须选取 60 个果实进行剖果检查。货物不得带有澳方关注的检疫性有害生物和其他检疫物（包括土壤、动植物残体）。

海关对输澳龙眼、荔枝实施批批检疫，当货物多于1000件时，每批抽检600件；当少于或等于1000件时，每批抽检450件，或与此相当的程序。

10. 植物检疫证书要求。

对来自非疫区的水果，须在植物检疫证书上加以注明。实施出口前冷处理的，植物检疫证书上应注明冷处理的温度、持续时间及处理设施的名称和编号、集装箱号和封识号（海运）；实施运输途中冷处理的，植物检疫证书上应注明冷处理的温度、处理时间、集装箱号和封识号（海运）以及“运输途中进行冷处理”的字样；实施出口前熏蒸处理的，植物检疫证书上应注明剂量、熏蒸处理的温度和持续时间、集装箱号和封识号（海运）；实施蒸热处理的，需注明详细信息（如处理温度，处理时间，包装厂/设施号码）。

输澳鲜梨植检证书附加声明：“该批梨符合《中国梨输往澳大利亚植物检疫要求的议定书》，不带澳方关注的检疫性有害生物。”（“This consignment of pears complies with the Protocol of Phytosanitary Requirements for the Export of Pears from China to Australia, and is free of any pests of quarantine concern to Australia.”）

输澳苹果植检证书附加声明：“该批苹果符合《中国苹果输往澳大利亚植物检疫要求的议定书》，不带澳方关注的检疫性有害生物”（“This consignment of apples complies with the Protocol of Phytosanitary Requirements for the Export of Apples from China to Australia, and is free of any pests of quarantine concern to Australia.”）

输澳核果植检证书附加声明：“该批油桃/桃/李/杏符合《中国核果（油桃、桃、李、杏）输往澳大利亚植物检疫要求的议定书》要求，不携带澳方关注的有害生物。”［“This consignment of nectarines (or peaches or plums or apricots) complies with the Protocol of Phytosanitary Requirements for the Export of Nectarines, Peaches, Plums and Apricots from China to Australia, and is free of any pests of quarantine concern to Australia.”］

输澳葡萄植检证书附加声明：“该批鲜食葡萄符合《中国鲜食葡萄输往澳大利亚植物检疫要求的议定书》，不带澳方关注的检疫性有害生物。”

（ “This consignment of table grapes complies with the Protocol of Phytosanitary Requirements for the Export of table grapes from China to Australia, and is free of any pests of quarantine concern to China.” ）

输澳龙眼、荔枝植检证书附加声明：“该批货物中的龙眼、荔枝产自中国，符合澳大利亚对进境鲜龙眼、荔枝果实规定的条件，经检验未发现检疫性有害生物。”（ “The lychee in this consignment have been produced in China in accordance with the conditions governing entry of fresh lychee fruits to Australia and inspected and found to be free of quarantine pests.” ）此外，还须包含果园注册号、包装厂注册号、集装箱号和铅封等信息。

三、秘鲁对中国水果的检验检疫要求

（一）对中国水果植物检疫要求概况

秘鲁允许中国苹果、梨、柑橘进口。具体要求见《关于印发中国苹果输秘和秘鲁葡萄输华检疫议定书的通知》（国质检动〔2005〕61 号）、《关于印发中国梨输秘和秘鲁芒果输华检疫议定书的通知》（国质检动〔2005〕377 号）、《关于印发〈中国柑橘输往秘鲁植物检疫要求〉的通知》（国质检动函〔2009〕610 号）。

（二）重点关注的检疫性有害生物

秘鲁在进口的中国水果上关注的检疫性有害生物见表 7-3。

表 7-3　秘鲁在进口的中国水果上关注的检疫性有害生物

水果	检疫性有害生物	
	中文名	学名
梨	桃小食心虫	*Carposina sasakii*
	桃蛀螟	*Conogethes punctileralis*
	李小食心虫	*Grapholita funebrana*
	苹小食心虫	*Grapholfta inopinata*
	梨小食心虫	*Grapholitha molesta*
	梨象甲	*Rhynchites foveipennis*

续表

水果	检疫性有害生物	
	中文名	学名
梨	山楂叶螨	*Amphitetranychus viennensis*
	神泽叶螨	*Tetranychus kanzawai*
	轮纹病	*Botryosphaeria ribis*
	褐腐病	*Monilinia fructigena*
苹果	桃小食心虫	*Carposina sasakii*
	李小食心虫	*Grapholita funebrana*
	苹小食心虫	*Grapholfta inopinata*
	梨小食心虫	*Grapholitha molesta*
	山楂叶螨	*Tetranychus*（*Amphitetranychus*）*viennensis*
	神泽叶螨	*Tetranychus kanzawai*
	轮纹病	*Botryosphaeria ribis*
	褐腐病	*Monilinia fructigena*
柑橘（葡萄柚、橘子及其杂交种、橙、柠檬、柚子）	茶短须螨	*Brevipulpus obovatus*
	番石榴实蝇	*Bactrocera correcta*
	橘小实蝇	*Bactrocera dorsalis*
	橘大实蝇	*Bactrocera minax*
	蜜桔大实蝇	*Bactrocera tsuneonis*
	木槿曼粉蚧	*Maconellicoccus hirsutus*
	桔鳞粉蚧	*Nipaecoccus virdis*
	嗜桔粉蚧	*Pseudococcus calceolariae*
	橘小粉蚧	*Pseudococcus cryptus*
	康氏粉蚧	*Pseudococcus comstocki*
	西非平刺粉蚧	*Rastrococcus invadens*
	柑橘溃疡病菌	*Xanthomenas axonopodis* pv. *citri*
	柑橘黑斑病菌	*Guignardia critrcarpa*

（三）特殊要求

1. 需来自注册的果园和包装厂。

2. 输往秘鲁的中国梨果实应产自中国北方地区：山东、河北、新疆、陕西、山西、辽宁、安徽和北京。梨（香梨除外）应在果实直径达到2.5厘米时采用果实套袋措施，直到收获时。新疆香梨在种植期间，应针对梨小食心虫进行诱捕监测。

3. 输往秘鲁的中国苹果果实应产自中国北方地区：山东、陕西、山西、河南、河北、辽宁、甘肃、宁夏和北京。应在生长期间采用果实套袋技术。

4. 输秘鲁柑橘果实不得带有柑橘溃疡病症状，采摘后须采用加氯水（200ppm）浸泡或喷洒。

输秘鲁柑橘应产自寡毛实蝇复合种，包括番石榴实蝇、橘小实蝇、橘大实蝇和蜜橘大实蝇的非疫区，或采取针对上述实蝇的随航集装箱冷处理。冷处理技术指标如下：≤0.0℃，10天；≤0.56℃，11天；≤1.11℃，12天；≤1.67℃，14天；≤2.22℃，16天。冷处理措施不适用于柚子，但柚子果实应用塑料膜包裹。

每个包装箱上应用英文标明：产地（省）、果园或其注册号、包装厂或其注册号及“输往秘鲁共和国”的字样。

海关对出口水果实施出口批批检疫。在开始出口前2年，抽样比例为2%，如没有发现检疫问题，则随后抽样比例降到1%。

植物检疫证书上应注明产区。实施冷处理的，应将冷处理的温度、处理时间和集装箱号码及封识号在植物检疫证书中注明。

输秘鲁梨植检证书附加声明：“本批货物符合AQSIQ和SENASA签署的议定书。”

输秘鲁柑橘植检证书附加声明：“The consignment is in compliance with requirement described in the Protocol of phytosanitary requirements for the export of citrus from China to Peru and is free from quarantine pest concern to Peru.”（该批货物符合《中国柑橘输往秘鲁植物检疫要求议定书》，不带秘方关注的检疫性有害生物。）

四、韩国对中国水果的检验检疫要求

（一）对中国水果植物检疫要求概况

韩国允许中国樱桃、荔枝进口。具体要求见《关于印发〈中国鲜食甜樱桃输往韩国植物检疫要求〉的通知》（国质检动〔2007〕346号）、《质检总局关于泰国莲雾、斯里兰卡香蕉、韩国葡萄、埃塞俄比亚大豆输华和中国荔枝输韩等检验检疫要求的公告》（国家质检总局公告2015年第94号）。

（二）重点关注的检疫性有害生物

韩国在进口的中国水果上关注的检疫性有害生物见表7-4。

表7-4　韩国在进口的中国水果上关注的检疫性有害生物

水果	检疫性有害生物	
	中文名	学名
樱桃	叶斑病菌	*Blumeriella jaapii*
	樱桃卷叶病毒	Cherry leaf roll virus
	嗜果刀孢菌	*Clasterosporium carpophilum*
	桃潜隐花叶类病毒	Peach latent mosaic viroid
	拟茎点霉枝枯病菌	*Phomopsis amygdalina*
	李痘病毒	Plum pox virus
	桃条麦蛾	*Anarsia lineatella*
	橘小实蝇	*Bactrocera dorsalis*
	樱桃叶蜂	*Caliroa ceraci*
	杏仁蜂	*Eurytoma samsonovi*
	李小食心虫	*Grapholita funebrana*
	杏小食心虫	*Grapholita prunivorana*
	樱桃实叶蜂	*Hoplocampa danfengensis*
	李黄角实叶蜂	*Hoplocampa fulvicornis*
	葡萄褐卷蛾	*Pandemis cerasana*
	橄榄片盾蚧	*Parlatoria oleae*

续表

水果	检疫性有害生物	
	中文名	学名
樱桃	长尾粉蚧	*Pseudococcus longispinus*
	樱桃虎象	*Rhynchites auratus*
	虎象属	*Rhynchites auricapillus*
	桃虎象	*Rhynchites confragossicollis*
	杏虎象	*Rhynchites faldermanni*
	南欧梨虎象	*Rhynchites giganteus*
荔枝	荔枝霜疫霉	*Peronophythora litchii*
	拟茎点霉	*Phomopsis longanae*
	橘小实蝇	*Bactrocera dorsalis*
	瓜实蝇	*Bactrocera cucurbitae*
	荔枝异型小卷蛾	*Cryptophlebia ombrodelta*
	荔枝小灰蝶	*Deudorix epijarbas*
	荔枝锈螨	*Aceria litchii*
	拟小黄卷叶蛾	*Adoxophyes cyrtosema*
	同翅目盾蚧科红圆蚧	*Aonidiella orientalis*
	咖啡绿软蜡蚧	*Cocuus viridis*
	荔枝蛀蒂虫	*Conopomorpha sinensis*
	双条拂粉蚧	*Ferrisia virgata*
	茶卷叶蛾	*Homona coffearia*
	龙眼亥麦蛾	*Hypatima longanae*
	堆蜡粉蚧	*Nipaecoccus viridis*
	臀纹粉蚧	*Planococcus litchi*
	黄绿棉蚧	*Pulvinaria psidii*

（三）特殊要求

1. 需来自注册的果园和包装厂。

2. 输韩樱桃限定产自山东省的樱桃。在樱桃种植季节（4~8 月），海关针对李痘病毒、樱桃卷叶病毒、桃条麦蛾、李小食心虫、杏小食心虫、杏仁蜂、樱桃实叶蜂、李黄角实叶蜂、樱桃虎象、虎象、桃虎象、杏虎象、南欧梨虎象、叶斑病菌和嗜果刀孢菌等有害生物，每隔 10 天对果实和叶片进行检查。

3. 输韩樱桃包装箱上应有“For export to Korea”（出口韩国）的标识，同时标有出口公司、出口果园和包装厂的名称及海关注册号。在出口检疫完成以后，至少要在托盘的一侧标明“For export to Korea”（出口韩国）、“Inspection completed”（检疫完成）等字样。

4. 输韩荔枝包装纸箱上的所有通风孔，应用孔径小于 1.6 毫米×1.6 毫米的纱网覆盖，或者整个纸箱或托盘都必须用孔径小于 1.6 毫米纱网包裹。包装箱或者托盘的表面都必须标明出口韩国以及果园、包装加工厂的名称或注册号。

5. 输韩荔枝果园应重点针对荔枝异型小卷蛾和荔枝小灰蝶等有害生物进行监测。包装厂的包装加工区和储存区/设施必须安装适当的防疫隔离设备（如在进口处安装自动门、橡胶窗帘或风帘机，在窗户等开口处安装的防虫网等）。

6. 输韩荔枝果柄长度不得超过 10 厘米。输韩荔枝必须在蒸热设施内使用蒸汽蒸热处理，处理要求为：荔枝中心温度 47℃ 以上 15 分钟或 46.2℃以上 20 分钟（相对湿度 90%以上）。

7. 海关对输韩樱桃、荔枝实施批批检疫，抽检比例不少于 2%。

8. 输韩樱桃植物检疫证书附加声明：“This consignment is complied with the requirements agreed with NPQS, and found free from quarantine pest as a result of inspection.”（该批货物已经检疫，符合 NPQS 的要求，不带有韩方关注的检疫性有害生物。）海运货物，植物检疫证书中要注明集装箱铅封号；空运货物，植物检疫证书中要注明“Consignment transported by air flight”（货物由飞机运输）。

如果监测到橘小实蝇，监测实蝇地点半径 15 千米之内的区域应划定为疫区。产自疫区的樱桃（包括已经收获和储藏的水果）不能出口到韩国。

划定疫区后，产自疫区外的樱桃要在植物检疫证书上附加声明中注明“The cherries of this consignment are not infested with Bactrocera dorsalis, and produced outside of the quarantine area.”（该批樱桃没有感染橘小实蝇，并产自非疫区。）

9. 输韩荔枝植检证书附加声明：“本批荔枝是按韩国的进口要求进行生产、管理和除害处理，未携带荔枝异型小卷蛾和荔枝小灰蝶。”（The litchi consignment has been produced, managed and treated in compliance with the import requirements of Korea, and is believed to be free from Cryptophlebia ombrodelta and Deudorix epijarbas.）输韩荔枝植检证书上还须注明注册果园和包装加工厂的名称或注册号、货物批号、蒸热处理的详细信息，包括处理日期、温度和持续处理时间。

五、美国对中国水果的检验检疫要求

（一）对中国水果植物检疫要求概况

美国允许中国梨（鸭梨、砂梨、香梨）、苹果、龙眼、枣、柑橘、荔枝进口。具体要求见《关于印发〈中国鸭梨输往美国植物检疫要求〉的通知》（国质检动函〔2008〕299号）、《关于印发〈中国龙眼输往美国植物检疫工作计划〉的通知》（国质检动〔2004〕79号）、《质检总局关于中国砂梨出口美国植物检疫要求的公告》（国家质检总局公告2013年第18号）、《质检总局关于中国鲜苹果输往美国植物检验检疫要求的公告》（国家质检总局公告2015年第61号）、《海关总署关于中国鲜枣出口美国植物检疫要求的公告》（海关总署公告2020年第42号）、《海关总署关于中国新疆香梨出口美国植物检疫要求的公告》（海关总署公告2020年第52号）、《海关总署关于中国鲜食柑橘出口美国植物检疫要求的公告》（海关总署公告2020年第59号）等。

（二）重点关注的检疫性有害生物

美国在进口的中国水果上关注的检疫性有害生物见表7-5。

表 7-5　美国在进口的中国水果上关注的检疫性有害生物

水果	检疫性有害生物	
	中文名	学名
鸭梨	橘小实蝇	*Bactrocera dorsalis* Hendel
	桃小食心虫	*Carposina sasakii* Matsumura
	桃蛀野螟	*Conogethes punctiferalis* Guenee
	李小食心虫	*Cydia funebrana*（Treitschke）
	苹小食心虫	*Cydia inopinata*（Heinrich）
	梨大食心虫	*Numonia pirivorella* Matsumura
	木槿曼粉蚧	*Maconellicoccus hirsutus*
	梨虎象	*Rhynchites foveipennis* Fairm
	日本苹虎	*Rhynchites heros* Roel
	山楂叶螨	*Tetranychus viennensis* Zacher
	梨黑斑病菌	*Alternaria gaisen* Nagano
	梨黑斑病待定种	*Alternaria* sp.（美方认为是 *Alternaria yaliinficiens*，中方认为是一待定种）
	褐腐病	*Monilinia fructigena* Honey in whetzel
	黑星病	*Venturia nashicola* Tanake and Yamamoto [anamorph; *Fusicladium pyrorum*（Lib.）Fuckel]
砂梨	梨大食心虫	*Acrobasis pyrivorella*
	日本梨黑斑病	*Alternaria gaisen*
	山楂叶螨	*Amphitetranychus viennensis*
	梨黄粉蚜	*Aphanostigma jakusuiense*
	橘小实蝇	*Bactrocera dorsalis*
	内蒙上三脊瘿螨	*Calepitrimerus neimongolensis*
	桃蛀果蛾	*Carposina sasakii*
	日本龟蜡蚧	*Ceroplastes japonicus*
	红蜡蚧	*Ceroplastes rubens*

续表1

水果	检疫性有害生物	
	中文名	学名
砂梨	桃蛀螟	*Conogethes punctiferalis*
	轮纹病菌	*Guignardia pyricola*
	苹小食心虫	*Grapholita inopinata*
	褐腐病	*Monilinia fructigena*
	柿长绵粉蚧	*Phenacoccus pergandei*
	紫藤臀纹粉蚧	*Planococcus kraunhiae*
	日本梨黑星病	*Venturia nashicola*
香梨	龟纹蚧	*Eulecanium circumfluum* Borchsenius
	香梨优斑螟	*Euzophera pyriella* Yang
苹果	丽新须螨	*Cenopalpus pulcher*（Canestrini & Fanzago）
	樱桃虎象	*Rhynchites auratus*（Scopoli）
	欧洲苹虎象	*Rhynchites bacchus*（L.）
	南欧梨虎象	*Rhynchites giganteus*
	日本苹虎象	*Rhynchites heros* Roelofs
	橘小实蝇	*Bactrocera dorsalis*（Hendel）
	桃小食心虫	*Carposina sasakii* Matsumura
	旋纹潜蛾	*Leucoptera malifoliella*（Costa）
	高粱穗隐斑螟	*Cryptoblabes gnidiella*（Millière）
	枇杷暗斑螟	*Euzophera bigella*（Zeller）
	香梨优斑螟	*Euzophera pyriella* Yang
	苹小卷叶蛾	*Adoxophyes orana*（Fischer von Röslerstamm）
	拟后黄卷蛾	*Archips micaceana*（Walker）
	西宁卷蛾	*Argyrotaenia ljungiana*（Thunberg）
	李小食心虫	*Cydia funebrana*（Treitschke）
	苹小食心虫	*Grapholita inopinata* Heinrich
	桃白小卷蛾	*Spilonota albicana*（Motschulsky）
	苹果白小食心虫	*Spilonota prognathana* Snellen

续表2

水果	检疫性有害生物	
	中文名	学名
苹果	多齿卷蛾	*Ulodemis trigrapha* Meyrick
	褐腐病	*Monilia polystroma* van Leeuwen
	仁果褐腐病	*Monilinia fructigena* Honey
龙眼	橘小实蝇	*Bactrocera dorsalis*（Hendel）
荔枝	橘小实蝇	*Bactrocera dorsalis* Hendel
	荔枝蒂蛀虫	*Conopomorpha sinensis*
鲜枣	番石榴实蝇	*Bactrocera correcta*（Bezzi）
	瓜实蝇	*Bactrocera cucurbitae*（Coquillett）
	橘小实蝇	*Bactrocera dorsalis*（Hendel）
	枣实蝇	*Carpomyia vesuviana* Costa
	桃小食心虫	*Carposina sasakii* Matsumura
	木槿曼粉蚧	*Maconellicoccus hirsutus*（Green）
柑橘（包括蜜柚、南丰蜜桔、芦柑/椪柑、甜橙、温州蜜橘以及相关品种）	桔短须螨	*Brevipalpus junicus* Ma & Yuan
	克诺尔螨	*Tuckerella knorri* Baker & Tuttle
	柑橘实雷瘿蚊	*Resseliella citrifrugis* Jiang
	番石榴实蝇	*Bactrocera correcta*（Bezzi）
	瓜实蝇	*Bactrocera*（=*Zeugodacus*）*cucurbitae*（Coquillett）
	橘小实蝇	*Bactrocera dorsalis*（Hendel）
	芒果实蝇	*Bactrocera occipitalis*（Bezzi）
	梨实蝇	*Bactrocera pedestris*（Bezzi）
	橘大实蝇	*Bactrocera minax*（Enderlein）
	南瓜实蝇	*Bactrocera*（= *Zeugodacus*）*tau*（Walker）
	蜜柑大实蝇	*Bactrocera tsuneonis*（Miyake）
	桃小食心虫	*Carposina niponensis* Walsingham
	桃蛀果蛾	*Carposina sasakii* Matsumura

续表3

水果	检疫性有害生物	
	中文名	学名
柑橘（包括蜜柚、南丰蜜桔、芦柑/椪柑、甜橙、温州蜜橘以及相关品种）	亚洲玉米螟	*Ostrinia furnacalis* Guenée
	高粱穗隐斑螟	*Cryptoblabes gnidiella*（Millière）
	橘实叶点霉	*Phyllosticta citricarpa*（McAlpine）van der Aa
	柑橘溃疡病菌	*Xanthomonas citri* subsp. *citri*（ex Hesse）Gabriel et al.

（三）特殊要求

1. 需来自注册的果园和包装厂。

2. 输美鸭梨仅限产于河北、山东境内指定区域。香梨仅限产自新疆库尔勒和阿克苏地区。

3. 套袋要求。

（1）输美鸭梨、砂梨应在直径未超过2.5cm之前进行套袋，香梨无须套袋。鸭梨和砂梨须保持完整套袋状态直至进入包装厂进行加工。

（2）输美苹果应在直径未超过2.5cm之前进行套袋，在收获2周前不得去袋。去袋时发现破损的，果实应立即剔除。

（3）输美蜜柚须采取套袋措施。

4. 输美鸭梨须手工分级并剪柄，剩余长度以1~1.5cm为宜。

5. 检疫处理要求：

（1）产自北纬33度以南地区的苹果，须针对橘小实蝇实施处理。目前，美方认可的苹果处理措施是T108-a。

（2）产自中国北纬33度以南地区的砂梨，运输过程中应在美方认可的集装箱中进行冷处理，技术指标为：0.99℃或以下持续15天，或者1.38℃或以下持续18天。

（3）输美荔枝、龙眼按以下的处理方案（T107h或T107j）进行处理。

T107h指标如下：33.4°F（0.77℃）或以下，13天；33.8°F（0.99℃）或以下，15天；34.5°F（1.38℃）或以下，18天。

T107j指标如下：33.8°F（0.99℃）或以下，13天；34.5°F（1.38℃）或以下，18天。

（4）对来自北纬 33 度以南地区以及新疆吐鲁番地区（枣实蝇发生区）的鲜枣，须针对实蝇按照下列要求实施冷处理：0℃ 或以下，10 天；0.56℃或以下，11 天；1.11℃或以下，12 天；1.67℃或以下，14 天。

（5）除蜜柚外，所有出口柑橘均需采取冷处理措施，冷处理指标如下：33℉（0.56℃）或以下，18 天；34℉（1.11℃）或以下，20 天；35℉（1.67℃）或以下，22 天。

（6）柑橘（蜜柚除外）在包装厂内应按《联邦法典》7 CFR 第 305 条款规定进行水洗、清刷和表面消毒，参照 APHIS PPQ 处理手册列明的要求使用杀菌剂（如抑霉唑和或噻苯唑）处理、打蜡。

6. 所有包装要用英文标明下列信息：水果种类、产地、果园注册号、包装厂注册号、批次号。

输美荔枝、龙眼包装箱须标明“Not for importation into or distribution in FL.”（禁止运入或在佛罗里达州销售。）

7. 出口前查验要求。

（1）输美鸭梨、砂梨、苹果、龙眼按全部箱数的 2% 抽样，最小取样量不少于 1200 个果，并对样品进行全部检验。果实的数量少于 1200 个果时，应全部检验。对于砂梨和苹果，至少取 40 个果和检验过程中发现的可疑果，进行剖果检查。

（2）输美香梨、柑橘在每批货物中随机抽取 150 个果逐一进行检查，且至少取 30 个果实施剖果检查。

（3）输美鲜枣在每批货物中抽取 1200 个果进行检疫，并至少挑选 30 个可疑果进行剖果检查。

（4）输美鸭梨放入冷库后，应至少存放 21 天，方可实施出口抽样检疫。

8. 植物检疫证书中需注明水果的原产省份、包装厂名称或注册号、果园名称或注册号、集装箱号。如进行冷处理的，还应注明相关信息。

输美鸭梨植物检疫证书附加声明：“本批所有水果均据《联邦法典》7CFR319.56-29 种植。”（All fruit described in this consignment have been grown in accordance with 7CFR 319.56-29.）

输美砂梨植物检疫证书附加声明：“All fruit in this shipment complies with the work plan for the exportation of Sand Pear (*Pyrus pyrifolia*) from the

People's Republic of China."（该批水果符合中国砂梨出口工作计划。）

输美香梨植物检疫证书附加声明："All fruit in the consignment complies with the bilateral workplan for the exportation of fragrant pears (*Pyrus sinkiangensis*) from the People's Republic of China."（该批货物符合中国香梨出口美国双边工作计划。）

输美苹果植物检疫证书附加声明："All fruits in the shipment meet the requirements of the work plan of quarantine inspection for China fresh apples to be exported to the U. S."（所有装运果实均符合中国鲜苹果出口美国检验检疫工作计划要求。）

输美柑橘植物检疫证书附加声明：南丰蜜橘、芦柑/椪柑、甜橙和温州蜜橘为"The consignment requires cold treatment in transit to the United States. The consignment was produced in pest-free place of production for *Bactrocera minax* and *B. tsuneonis* and an area of low-pest prevalence of the remaining pests of concern according to the systems approach."（该批货物需采取运输途中冷处理措施，并符合系统控制措施工作计划要求，来自桔大实蝇和蜜柑大实蝇非疫产区以及美方关注的其他有害生物的低度流行区。）或"The consignment was produced in a pest-free place of production for the pests of concern according to the systems approach."（该批货物符合系统控制措施工作计划要求，来自美方关注的有害生物的非疫产区。）蜜柚为"The consignment was produced in accordance with the systems approach."（该批货物符合系统控制措施工作计划要求）。

六、墨西哥对中国水果的检验检疫要求

（一）对中国水果植物检疫要求概况

墨西哥允许中国梨、苹果、柑橘进口。具体要求见《关于输墨梨有关要求的公告》（国家质检总局公告2005年第142号）、《关于输墨苹果有关要求的公告》（国家质检总局公告2005年第27号）、《质检总局关于中国柑橘输往墨西哥植物检疫要求的公告》（国家质检总局公告2015年第79号）。

（二）重点关注的检疫性有害生物

墨西哥在进口的中国水果上关注的检疫性有害生物见表7-6。

表 7-6　墨西哥在进口的中国水果上关注的检疫性有害生物

水果	检疫性有害生物	
	中文名	学名
梨	梨巢斑蛾	*Acrobasis pirivorella*
	苹小卷叶蛾	*Adoxophyes orana*
	橘小实蝇	*Bactrocera dorsalis*
	桃小食心虫	*Carposina sasakii*
	桃蛀螟	*Conogethes punctiferalis*
	苹小食心虫	*Cydia inopinata*
	梨小食心虫	*Cydia molesta*
	果褐卷蛾	*Pandemis heparana*
	梨虎	*Rhynchites foveipennis*
	白小食心虫	*Spilonota albicana*
	山楂叶螨	*Tetranychus viennensis*
	梨黑斑病	*Alternaria gaisen*
	梨褐腐病	*Monilinia frictigena*
	梨轮纹病	*Physalospora pyricola*
苹果	苹小卷叶蛾	*Adoxophyes orana*
	橘小实蝇	*Bactrocera dorsalis*
	桃小食心虫	*Carposina sasakii*
	桃蛀螟	*Conogethes punctiferalis*
	李小食心虫	*Cydia funebrana*
	苹小食心虫	*Cydia inopinata*
	梨小食心虫	*Cydia molesta*
	榆蛎盾蚧	*Lepidosaphes ulmi*
	木槿曼粉蚧	*Maconellicoccus hirsutus*

续表

水果	检疫性有害生物	
	中文名	学名
柑橘（包括橘、橙、杂柑、沙田柚和柚）	番石榴实蝇	*Bactrocera correcta*（Bezzi）
	瓜实蝇	*Bactrocera cucurbitae*（Coquillett）
	橘小实蝇	*Bactrocera dorsalis*（Hendel）
	柑橘大实蝇	*Bactrocera minax*（Enderlein）
	蜜柑大实蝇	*Bactrocera tsuneonis*（Miyake）
	柑橘黑星病菌	*Guignardia citricarpa*
	小黄卷叶蛾	*Adoxophyes orana* Fischer von Röeslerstamm
	柑橘白轮蚧	*Aulacaspis citri* Chen
	桔鳞粉蚧	*Nipaecoccus viridis*（Newstead）
	黑片盾蚧	*Parlatoria ziziphi*（Lucas，1853）
	桑拟轮蚧	*Pseudaulacaspis pentagona*（Targioni-Tozzetti）
	樟盾蚧	*Pseudaonidia duplex*（Cockerell）
	橘实雷瘿蚊	*Resseliella citrifrugis* Jiang
	矢尖蚧	*Unaspis yanonensis*（Kuwana，1923）
	柑橘黑腐病菌	*Alternaria citri*
	柑橘黑色蒂腐病菌	*Diplodia natalensis*

（三）特殊要求

1. 需来自注册的果园和包装厂。

2. 输往墨西哥的中国梨须产自山东、河北、新疆、陕西、安徽和北京。苹果须产自山东、陕西、山西、河南、河北、辽宁、甘肃、宁夏和北京。柑橘须产自陕西、云南、贵州、四川、湖南、江西、浙江、福建、广西、广东、重庆和湖北。

3. 出口梨（不包括香梨）、苹果应在生长期间采用果实套袋技术。

4. 加工过的梨、苹果应在0℃±0.5℃下专库存放40天，避免再污染，如果在出口的第一年没有发现食心虫类害虫，该冷藏措施将被取消。

5. 对于输墨柑橘高风险检疫性实蝇的发生区域，必须在原产地或运输过程中进行冷处理（T107-L），冷处理可采用以下三种方式之一：1.11℃或以下，14 天；1.67℃或以下，16 天；2.22℃或以下，18 天。

6. 输墨梨和苹果包装箱上应用英文标明：产地（省）、果园或其注册号、包装厂或其注册号，每个托盘上应标明“输往墨西哥”的英文字样。

7. 海关按 2%的抽样比例对出口梨、苹果、柑橘实施出口检验检疫。出口柑橘还须选 300 个果实进行剖果检验。

8. 植物检疫证书应注明产地和包装厂。输墨柑橘植物检疫证书附加声明：

（1）如果是在运输途中进行的冷处理：“Based on the inspection, the fruits of this shipment are free of quarantine pests and comply with the requirements pointed out in the Protocol.”（经检验，该批水果不带有检疫性有害生物，符合本议定书的要求。）还需附带集装箱封识证书（集装箱标识、集装箱封识日期、海关检疫官的姓名与签名）、集装箱封识编码、温度记录等冷处理证明材料。

（2）如果是在原产地进行的冷处理：“Based on the cold treatment and the inspection, the fruits of this shipment are free of quarantine pests and comply with the requirements pointed out in the Protocol.”（经冷处理与检验，该批水果不带有检疫性有害生物，符合本议定书的要求。）还需标明产地、冷处理公司注册名称、冷处理库注册名称、授权的冷处理设施和集装箱堆放区号、冷处理开始和结束日期、持续时间、持续温度与最高温度等信息以及“Tratamiento en Frío”（冷处理）字样。

七、南非对中国水果的检验检疫要求

（一）对中国水果植物检疫要求概况

南非允许中国梨、苹果、枣进口。具体要求见《关于印发中国苹果、梨出口南非植物检疫要求议定书的通知》（国质检动函〔2007〕222 号）、《质检总局关于中国鲜枣出口南非植物检疫要求的公告》（国家质检总局公告 2015 年第 14 号）。

（二）重点关注的检疫性有害生物

南非在进口的中国水果上关注的检疫性有害生物见表 7-7。

表 7-7　南非在进口的中国水果上关注的检疫性有害生物

水果	检疫性有害生物	
	中文名	学名
苹果	山楂叶螨	*Amphitetranychus viennensis*
	苹果小卷叶蛾	*Adoxophyes orana*
	橘小实蝇	*Bactrocera dorsalis*
	桃小食心虫	*Carposina sasakii*
	桃蛀螟	*Conogethes punctiferalis*
	李小食心虫	*Cydia funebrana*
	苹小食心虫	*Grapholita inopinata*
	旋纹潜蛾	*Leucoptera malifoliella*
	日本长盾蚧	*Lopholeucaspis japonica*
	康氏粉蚧	*Pseudococcus comstocki*
梨	山楂叶螨	*Amphitetranychus viennensis*
	梨大食心虫	*Acrobasis pyrivorella*
	苹小卷叶蛾	*Adoxophyes orana*
	梨黄粉蚜	*Aphaonostigma jakusuiense*
	橘小实蝇	*Bactrocera dorsalis*
	梨喀木虱	*Cacopsylla pyri*
	桃小食心虫	*Carposina sasakii*
	桃蛀螟	*Conogethes punctiferalis*
	李小食心虫	*Cydia funebrana*
	香梨优斑螟	*Euzophera pyriella*
	苹小食心虫	*Grapholita inopinata*
	旋纹潜蛾	*Leucoptera malifoliella*
	康氏粉蚧	*Pseudococcus comstocki*
	朝鲜梨象甲	*Rhynchites coreanus*

续表

水果	检疫性有害生物	
	中文名	学名
鲜枣	石榴实蝇	*Bactrocera correcta*
	瓜实蝇	*Bactrocera cucurbitae*
	异颜实蝇	*Bactrocera diversa*
	橘小实蝇	*Bactrocera dorsalis*
	桃蛀果蛾	*Carposina sasakii*
	麻皮蝽	*Erthesina fullo*
	印度白蜡蚧	*Ceroplastes ceriferus*
	佛州龟蜡蚧	*Ceroplastes floridensis*
	枣缩果病	*Erwinia jujubovra*
	木槿曼粉蚧	*Maconellicoccus hirsutus*
	枣轮纹病	*Macrophoma kawatsukai*
	橄榄片盾蚧	*Parlatoria olea*
	中华盾蚧	*Parlatoreopsis chinensis*
	枣飞象	*Scythropus yasumatsui*
	枣尺蠖	*Sucra jujube*

（三）特殊要求

1. 需来自注册的果园和包装厂。

2. 包装厂应位于实蝇非疫区内。南非认可中国苹果产区（陕西、山东、河北、辽宁、山西、安徽、河南、甘肃、江苏、北京、天津）为橘小实蝇非疫区，中国梨产区（陕西、山东、河北、辽宁、山西、安徽、河南、甘肃、江苏、北京、天津、新疆、吉林）为橘小实蝇非疫区。

3. 出口南非的梨（香梨除外）、苹果须在生长期间进行套袋，套袋应在果实直径不超过 2.5cm 时进行。苹果去除纸袋的时间应不早于收获前 4 周。

4. 包装箱应当用英文注明原产国/产地（省份）、包装厂名称或注册代码、果园名称或注册代码以及“For the Republic of South Africa”（输往南非共和国）内容。

5. 出口前查验要求。

（1）出口梨、苹果：如果该批货物大于 1000 个果实，抽查 600 个果实；如果小于 1000 个（含）果实，则抽查 450 个果实。

（2）出口鲜枣：按照总箱数的 2%进行抽样，最小取样量不少于 1200 个果，并对样品进行全部检验。同时，至少取 40 个果和检验过程中发现的可疑果，进行剖果检查。

（3）完成抽样检疫后，海关需在发运前 14 天内签发植物检疫证书。

6. 植物检验证书须标注省份、生产点（果园）、包装厂代码、集装箱号、铅封号。

输南非鲜梨植物检疫证书附加声明："该批货物符合 2007 年 2 月 6 日在比勒陀利亚签署的《关于中国梨出口南非植物检疫要求议定书》的规定，不带有南非关注的检疫性有害生物。"（"The consignment is in compliance with requirements described in the Protocol of Phytosanitary Requirements for the Export of Pear Fruit from China to South Africa signed on December 12, 2006 and is free from quarantine pests of concern to South Africa."）

输南非苹果植物检疫证书附加声明："该批货物符合 2007 年 2 月 6 日在比勒陀利亚签署的《关于中国苹果出口南非植物检疫要求议定书》的规定，不带有南非关注的检疫性有害生物。"（"The consignment is in compliance with requirements described in the Protocol of Phytosanitary Requirements for the Export of Apple Fruit from China to South Africa signed on December 12, 2006 and is free from quarantine pests of concern to South Africa."）

输南非鲜枣植物检疫证书附加声明："该批货物符合《关于中国鲜枣输往南非植物检疫要求议定书》的规定，不带有南非关注的检疫性有害生物。"（"This consignment of Chinese dates complies with the Protocol of Phytosanitary Requirements for the Export of Chinese dates from China to South Africa, and is free of any pests of quarantine concern to South Africa."）

八、泰国对中国水果的检验检疫要求

（一）对中国水果植物检疫要求概况

泰国属于我国水果出口的传统贸易国家，中泰双方水果进出口贸易处于逐步规范过程中。泰国对中国苹果（*Malus* pumila）、梨（*Pyrus* spp.）、柑橘（橙子 *Citrus sinensis*，柚子 *Citrus paradisi*，橘子 *Citrus reticulate*，柠檬 *Citrus limon*）、葡萄（*Vitis* spp.）、枣（*Ziziphus jujube*）、柿子、甜瓜、李子、桃（含油桃）提出了具体的管理要求，对我国其他水果还未提出管理措施。具体要求见《关于输泰水果有关要求的公告》（国家质检总局公告 2004 年第 193 号）、《海关总署动植司关于中泰进出口水果检疫相关事宜的通知》（动植函〔2019〕84 号）、《动植司 监管司 企管司关于进一步加强中泰进出口水果检疫管理的通知》（动植函〔2020〕51 号）。

（二）重点关注的检疫性有害生物

具体指泰国法律法规规定的检疫性有害生物，以及新发生的可能对泰国水果和其他作物生产造成不可接受的经济影响的其他有害生物。

（三）特殊要求

1. 需来自注册的果园和包装厂。

2. 海关对输往泰国的柑桔进行检疫并证明不带有橘大实蝇（*Bactrocera minax*）、蜜柑大实蝇（*Bactrocera tsuneonis*）或番石榴实蝇（*Bactrocera correcta*）。如果出口柑橘来自上述实蝇发生地区，则须进行有效的除害处理。

3. 海关应对输泰水果上的农用化学品的科学使用进行监督管理，并定期实施农药残留检测，确保符合泰方安全卫生要求。

4. 水果包装箱上须用英文注明水果名称、产地、果园注册代码、包装厂名称或注册代码、出口商以及“输往泰国”的信息。

5. 海关对出口苹果、梨、柑橘、葡萄、枣按每批水果 3% 抽样比例进行检验检疫。

6. 植物检疫证书附加声明中应注明“该批水果符合《中国水果输泰检验检疫要求的议定书》的要求”。

九、新西兰对中国水果的检验检疫要求

（一）对中国水果植物检疫要求概况

新西兰允许中国梨、葡萄、香蕉进口。具体要求见《关于印发鲜梨输往新西兰检验检疫要求的通知》（国质检动函〔2010〕273 号）、《关于出口新西兰葡萄及进口新西兰苹果、墨西哥蓝莓、秘鲁蓝莓、智利油桃、埃

及葡萄植物检疫要求的公告》（国家质检总局公告 2017 年第 1 号）、《关于中国香蕉出口新西兰和进口意大利柑橘植物检疫要求的公告》（国家质检总局公告 2017 年第 28 号）。

（二）重点关注的检疫性有害生物

新西兰在进口的中国水果上关注的检疫性有害生物见表 7-8。

表 7-8　新西兰在进口的中国水果上关注的检疫性有害生物

水果	检疫性有害生物	
	中文名	学名
梨	日本梨黑斑病	*Alternaria gaisen*
	鸭梨巧克力黑斑病	*Alternaria yaliinficiens*
	鸭梨黑斑病	*Alternaria ventricosa*
	欧洲梨锈病	*Gymnosporangium fuscum*
	梨褐腐病	*Monilinia fructigena*（anamorph *Monilia fructigena*）
	梨干枯病	*Phomopsis fukushii*
	梨黑星病	*Venturia nashicola*
	梨大食心虫	*Acrobasis pirivorella*
	苹小卷叶蛾	*Adoxophyes orana*
	山楂叶螨	*Amphitetranychus viennensis*
	梨黄粉蚜	*Aphanostigma iaksuiense*
	橘小实蝇	*Bactrocera dorsalis*
	中国梨木虱	*Cacopsyllachinensis*
	梨木虱	*Cacopsylla pyricola*
	桃小食心虫	*Carposina sasakii*
	网籽草叶圆蚧	*Chrysomphalus dictyospermi*
	桃蛀螟	*Conogethes punctiferalis*
	苹小食心虫	*Cydia inopinata*
	烟草斑须蝽	*Dolycoris baccarum*
	香梨优斑螟	*Euzophera pyriella*

续表

水果	检疫性有害生物	
	中文名	学名
梨	异色瓢虫	*Harmonia axyridis*
	梅牡蛎盾蚧	*Lepidosaphes conchiformes*
	苹果牡蛎蚧	*Lepidosaphes malicola*
	梨蛎盾蚧	*Lepidosaphes pyrorum*
	旋纹潜蛾	*Leucoptera malifoliella*
	日本长白蚧	*Lopholeucaspis japonica*
	苹褐卷蛾	*Pandemis heparana*
	橄榄片盾蚧	*Parlatoria oleae*
	瘿斑螟属	*Pempelia heringii*
	臀纹粉介壳虫	*Planococcus kraunhiae*
	康氏粉蚧	*Pseudococcus comstocki*
	海粉蚧	*Pseudococcus maritimus*
	白小食心虫	*Spilonota albicana*
	苹白小卷蛾	*Spilonota ocellana*
	鸭梨跗线菌	*Tarsonemus yali*
	神泽氏叶螨	*Tetranychus kanzawai*
	截形叶螨	*Tetranychus truncatus*
葡萄	葡萄球座菌	*Guignardia bidwellii*
	褐腐病菌	*Monilinia fructigena*
	桃蛀野螟	*Conogethes punctiferalis*
	黑寡妇蜘蛛	*Latrodectus mactans*
	神泽氏叶螨	*Tetranychus kanzawai*
	橘小实蝇	*Bactrocera dorsalis*
	斑翅果蝇	*Drosophila suzukii*
香蕉	橘小实蝇	*Bactrocera dorsalis*

（三）特殊要求

1. 需来自注册的果园和包装厂。

2. 对于产自橘小实蝇非疫区（河北、山东、新疆、北京、甘肃、河南、辽宁、陕西、山西、安徽和吉林）的鲜梨，经检验检疫合格后出证放行；对于产自橘小实蝇发生区的鲜梨，须实施冷处理。冷处理指标如下：0.99℃或以下，15天；1.38℃或以下，18天。

3. 对来自新西兰认可的橘小实蝇非疫区（河北、山东、新疆、北京、甘肃、河南、辽宁、山西、陕西、吉林）以及斑翅果蝇非疫区（新疆）的鲜食葡萄，经检验检疫合格后出证放行；对于产自疫区的葡萄，须实施冷处理。冷处理指标如下：

（1）针对橘小实蝇的冷处理：果肉温度在0.99℃或者更低，17天；在1.38℃或者更低，20天。

（2）针对斑翅果蝇的处理见表7-9。

表7-9　新西兰针对来自斑翅果蝇疫区的中国葡萄的处理措施

选择措施	处理说明
1	在16℃及以上的温度下，在二氧化硫含量不低于1%和二氧化碳的含量不低于6%的环境中熏蒸30分钟，并且在0.9℃（±0.7℃）的温度下冷处理12天
2	在16℃及以上的温度下，在二氧化硫含量不低于1%和二氧化碳的含量不低于6%的环境中熏蒸30分钟，并且在-0.5℃（±0.7℃）的温度下冷处理6天
3	在15.5℃及以上温度下，用40g/m^{3}的溴甲烷熏蒸2小时

熏蒸期间，熏蒸箱中的熏蒸剂二氧化硫和二氧化碳的最小浓度应分别为1%和6%，每次熏蒸应从熏蒸溶度首次达到最低要求开始有效，持续至少30分钟。

如果鲜食葡萄既不产自MPI认可的橘小实蝇非疫区，也不来自斑翅果蝇非疫区，则针对橘小实蝇和斑翅果蝇必须进行下列方式之一的处理（见表7-10）。

表 7-10　新西兰针对来自橘小实蝇和斑翅果蝇疫区的中国葡萄的处理措施

选择措施	处理说明
1	在 16℃及以上的温度下，在二氧化硫含量不低于 1%和二氧化碳的含量不低于 6%的环境中熏蒸 30 分钟，并且在 0.9℃（±0.7℃）的温度下冷处理 17 天
2	在 15.5℃及以上的温度下，用 40g/m³ 的溴甲烷熏蒸 2 小时，并且在 0.99℃的温度下冷处理 17 天
3	在 15.5℃及以上的温度下，用 40g/m³ 的溴甲烷熏蒸 2 个小时，并且在 1.38℃的温度下冷处理 20 天

4. 输新西兰鲜梨和葡萄须套袋。葡萄套袋从坐果开始直到采摘前 14 天去掉。

5. 海关须对输新西兰葡萄果园实施检查，有褐腐病菌、葡萄球座菌发生以及被神泽氏叶螨感染的树叶数量超过 95%的果园葡萄不能出口。

6. 包装箱应标明果园和包装厂代码，以便溯源。

7. 出口查验抽样规则见表 7-11。

表 7-11　出口新西兰水果抽样规则

批量（单位/个、串）	样本量（单位/个、串）
419 及以下	100%全部检查
420~599	420
600~999	450
1000~1499	550
1500 及以上	600

8. 植物检疫证书上应注明果园和包装厂编号。如果对出口水果进行处理，需在植物检疫证书上注明集装箱封识号。

输新西兰鲜梨植检证书附加声明：

（1）产自橘小实蝇非疫区的鲜梨。

The pears in this consignment have:

①been inspected in accordance with appropriate official procedures and considered to be free of regulated pests specified by MAFBNZ.

②undergone agreed pest control activities that are effective against Adoxophyes orana, Carposina sasakii, Chrysomphalus dictyospermi, Conogethes punctiferalis, Cydia inopinata, Monilinia fructigena and Pandemis heparana in accordance with the Official Assurance Programme (OAP).

③been treated in accordance with Section 3. 1 of the Official Assurance Programme between MAF Biosecurity New Zealand and the general Administration for Quality Supervision and Inspection and Quarantine of the People's Republic of China (AQSIQ).

（2）产自橘小实蝇发生区的鲜梨。

The pears in this consignment have:

①been inspected in accordancewith appropriate official procedures and considered to be free of regulated pests specified by MAFBNZ.

②undergone agreed pest control activities that are effective against Adoxophyes orana, Carposina sasakii, Chrysomphalus dictyospermi, Conogethes punctiferalis, Cydia inopinata, Monilinia fructigena and Pandemis heparana in accordance with the Official Assurance Programme (OAP).

③been treated in accordance with Section 3. 2 of the Official Assurance Programme between MAF Biosecurity New Zealand and the general Administration for Quality Supervision and Inspection and Quarantine of the People's Republic of China (AQSIQ).

十、以色列对中国水果的检验检疫要求

（一）对中国水果植物检疫要求概况

以色列允许中国梨进口。具体要求见《质检总局动植司关于下发中国砂梨和鸭梨出口以色列植物检疫要求的函》（质检动函〔2015〕174号）。

（二）重点关注的检疫性有害生物

以色列在进口的中国水果上关注的检疫性有害生物见表7-12。

表 7-12　以色列在进口的中国水果上关注的检疫性有害生物

水果	检疫性有害生物	
	中文名	学名
鸭梨、砂梨	苹小卷叶蛾	*Adoxophyes orana*
	橘小实蝇	*Bactrocera dorsalis*
	梨木虱	*Cacopsylla pyrisuga*
	桃蛀果蛾	*Carposina sasakii*（=*C. niponensis*）
	红蜡蚧	*Ceroplastes rubens*
	桃蛀螟	*Conogethes*（=*Dichocrosis*）*punctiferalis*
	梨巢斑蛾	*Ectomyelois pyrivorella*（=*Numonia pyrivorella*）
	香梨优斑螟	*Euzophera pyriella*
	苹小食心虫	*Grapholita inopinata*
	梨小食心虫	*Grapholita molesta*
	梨实蜂	*Hoplocampa pyricola*
	日本长白蚧	*Lopholeucaspis japonica*
	苹褐卷蛾	*Pandemis heparana*
	康氏粉蚧	*Pseudococcus comstocki*
	中国梨木虱	*Psylla chinensis*
	梨圆蚧	*Quadraspidiotus perniciosus*
	虎象属	*Rhynchites* spp.
	桃白小卷蛾	*Spilonota albicana*
	苹白小卷蛾	*Spilonota ocellana*
	神泽氏叶螨	*Tetranychus kanzawai*
	截形叶螨	*Tetranychus truncates*
	山楂叶螨	*Tetranychus viennensis*
	日本梨黑斑病	*Alternaria kikuchiana*（=*A. gaisen*）
	梨黑斑病新种	*Alternaria yaliinficiens*
	梨轮纹病菌	*Botryosphaeria berengeriana* f. sp. *piricola*
	葡萄座腔菌	*Botryosphaeria obtuse*
	梨胶锈菌	*Gymonsporangium asiaticum*
	梨黑星病	*Venturia nashicola*

（三）特殊要求

1. 需来自注册的果园和包装厂。

2. 输以色列鲜梨须来自河北、山东和陕西。果园必须位于橘小实蝇非疫区内。货物仅允许从北纬33度以北地区运出。

3. 果园不能有胶锈菌发生，必须清除半径300米范围内的刺柏属植物。

4. 果园内种植的水果品种应是合适的同类品种，周围100米范围内不能有废弃的果园。

5. 对梨小食心虫、苹小食心虫、桃蛀果蛾的进行信息激素诱捕，并在每年4月至收获期间逐月对神泽氏叶螨、截形叶螨、山楂叶螨的发生情况进行调查并采取管理措施。

6. 出口的梨在直径未超过2. 5cm之前，必须用双层袋套袋，直到收获并到达加工厂时才能脱袋。

7. 包装箱用英文标记生产区域（省）、包装厂名称、种类、果园编号，并用标签注明“批准输往以色列”。每个托盘上应标注目的地。

8. 出口查验是按以下规则抽取样品：超过1000个果的，每批抽取600个；等于或少于1000个果，每批抽取450个或全部抽取。

9. 植物检疫证书须标注集装箱铅封号、省的名称（河北、山东或陕西）、果园注册号、包装厂注册号以及以下附加声明：“The consignment is in accord with the bilateral quarantine arrangement on Chinese Ya and Nashi pears from The People´s Republic of China to Israel of initialed on Aug. , 2015.”（该批货物符合2015年8月草签的来自中国的鸭梨和砂梨进入以色列的双边检疫安排要求。）

十一、智利对中国水果的检验检疫要求

（一）对中国水果植物检疫要求概况

智利允许中国梨、苹果、荔枝、龙眼、柑橘、枣、猕猴桃进口。具体要求见《关于输智水果有关要求的公告》（国家质检总局公告2004年第175号）、《关于印发〈中国柑橘输往智利植物检疫要求〉的通知》（国质检动函〔2008〕306号）、《关于修订中智水果植物检疫要求的通

知》（国质检动函〔2009〕763 号）、《关于中国鲜枣出口智利植物检疫要求的公告》（海关总署公告 2018 年第 174 号）、《关于中国猕猴桃输往智利植物检疫要求的公告》（海关总署公告 2020 年第 2 号）。

（二）重点关注的检疫性有害生物

智利在进口的中国水果上关注的检疫性有害生物见表 7-13。

表 7-13　智利在进口的中国水果上关注的检疫性有害生物

水果	检疫性有害生物	
	中文名	学名
梨	橘小实蝇	*Bactrocera dorsalis*
	桃蛀野螟	*Conogethes punctiferalis*
	桃小食心虫	*Carposina niponensis*
	优斑螟	*Euzophera pyriella*
苹果	橘小实蝇	*Bactrocera dorsalis*
	桃蛀野螟	*Conogethes punctiferalis*
	桃小食心虫	*Carposina niponensis*
	李小食心虫	*Cydia funebrana*
	苹小食心虫	*Cydia inopinata*
龙眼、荔枝	黑点褐卷蛾	*Cryptophlebia ombrodelta*
	荔枝蒂蛀虫	*Conopomorpha sinensis*
	圆叶卷叶蛾	*Eboda cellerigera*
	拟小黄卷蛾	*Adoxophyes cyrtosema*
	小灰蝶	*Deudorix epijarbas*

续表

水果	检疫性有害生物	
	中文名	学名
柑橘果实（包括橘、橙、酸橙、柚、葡萄柚、柠檬、莱檬）	番石榴实蝇	*Bactrocera correcta*
	橘小实蝇	*Bactrocera dorsalis*
	橘大实蝇	*Bactrocera minax*
	蜜柑大实蝇	*Bactrocera tsuneonis*
	拟小黄卷叶蛾	*Adoxophyes cyrtosema*
	苹果小卷叶蛾	*Adoxophyes orana*
	橘鳞粉蚧	*Nipaecoccus viridis*（=*N. vastator*）
	橘小粉蚧	*Pseudococcus citriculus*
	柑橘溃疡病	*Xanthomonas axonopodis* pv. *citri*
鲜枣	果实蝇属（对鲜枣具有经济重要性的种类）	*Bactrocera* spp.
	桃小食心虫	*Carposinasasaki*（=*C. niponensis*）
	东方肾圆蚧	*Aonidiella orientalis*
	椰圆盾蚧	*Asphidiotusdestructor*
	油茶蚧	*Parlatoriaoleae*
	黑片盾蚧	*Parlatoriaziziphi*
	椰子堆粉蚧	*Nipaecoccusnipae*
鲜食猕猴桃（包括中华猕猴桃、美味猕猴桃、软枣猕猴桃，以及它们的杂交种）	棉褐带卷蛾	*Adoxophyes orana*
	橘小实蝇	*Bactrocera dorsalis*
	瓜实蝇	*Bactrocera cucurbitae*
	无花果蜡蚧	*Ceroplastes rusci*
	花蓟马	*Frankliniella intonsa*
	茶翅蝽	*Halyomorpha halys*
	糠片盾蚧	*Parlatoria pergandii*
	大豆拟茎点种子腐烂病菌	*Phomopsis longicolla*
	棕榈疫霉	*Phytophthora palmivora*
	桑白盾蚧	*Pseudaulacaspis pentagona*
	葡萄粉蚧	*Pseudococcus maritimus*

（三）特殊要求

1. 需来自注册的果园和包装厂。

2. 输智利苹果应产自山东、陕西、山西、河南、河北、辽宁、甘肃、宁夏、北京。

3. 输往智利的梨（香梨除外）、苹果需在生长期间套袋（开花后大约30天）。鲜梨须保持完整套袋状态直至进入包装厂进行加工。

4. 所有水果包装箱统一用英文标注“水果种类、出口国家、产地（区或省）、果园名称或其注册号、包装厂及出口商名称”等信息。每个托盘须用英文标出“Export to the Republic of Chile”（出口至智利）。如未采用托盘，则每个包装箱上须用英文标出“Export to the Republic of Chile”（出口至智利）。

输智利鲜枣必须用孔径不大于1.6毫米的防虫网、袋罩住每个包装盒的通气孔或整个托盘。

5. 来自实蝇非疫区、非疫产区或非疫产地的柑橘，须实施冷处理，要求如下：0.0℃或以下，10天以上；0.56℃或以下，11天以上；1.11℃或以下，12天以上；1.67℃或以下，14天以上；2.22℃或以下，16天以上。

6. 来自实蝇非疫区以外地区的猕猴桃，需进行冷处理或熏蒸处理。

（1）如采用冷处理，指标为3℃（果心温度）或以下，连续处理18天或以上。

（2）如采用熏蒸处理，溴甲烷熏蒸处理指标见表7-14。

表7-14　智利对来自实蝇疫区的中国猕猴桃的熏蒸处理指标

温度（℃）	剂量（g/m^3）	熏蒸时间（h）	最低浓度要求（g/m^3）			
			0.5h	2h	3.5h	4h
≥21.1	32	3.5	26	22	21	—
18.3~21.1	32	4	26	22	—	19

7. 出口查验抽样规则。

（1）梨、苹果、荔枝、龙眼、柑橘：在贸易开始前2年，按2%抽样比例进行查验；2年后，如果未发现检疫问题，可将抽样比例降低到1%。

（2）鲜枣：按照2%比例对每批鲜枣进行抽样检查，同时至少取40个可疑果进行剖果检查。如两年内未发生植物检疫问题，抽样比例降为1%。

（3）猕猴桃：按照2%的比例对每批猕猴桃进行抽样检查，最少抽样量不少于600个果，并对所有可疑果进行剖果检查。如两年内没有发生植物检疫问题，抽样比例降为1%。

8. 对于实施出口前冷处理或熏蒸处理的，应在植物检疫证书上注明检疫处理方式、处理温度、持续时间、处理设施名称或编号、集装箱号及封识号等信息。对于实施运输途中冷处理的，应在植物检疫证书上用英文注明“Cold treatment in transit”（运输途中冷处理）以及冷处理的温度、处理时间、集装箱号码和封识号等。

（1）出口鲜枣附加声明：“THIS BATCH OF JUJUBES COMPLIES WITH THE PROTOCOL OF PHYTOSANITARY REQUIREMENTS FOR EXPORT OF CHINESE FRESH JUJUBES TO CHILE, AND IS FREE FROM ANY QUARANTINE PESTS CONCERNED TO CHILE.”（该批鲜枣符合《关于中国鲜枣输往智利植物检疫要求的议定书》，不带有智方关注的检疫性有害生物。）

（2）出口猕猴桃附加声明：“This consignment is in compliance with the requirements specified in the Protocol of Phytosanitary Requirements for Export of Chinese Fresh Kiwifruits to Chile, and is free from quarantine pests of concern to Chile.”（该批货物符合中国鲜食猕猴桃输往智利植物检疫要求的议定书，不带有智方关注的检疫性有害生物。）

（3）出口柑橘附加声明：“The consignment is in compliance with requirements described in the Protocol of Phytosanitary Requirements for the Export of Citrus from China to Chile and is free from the quarantine pests concern to Chile.”（该批柑橘符合《中国柑橘输智植物检疫要求议定书》，不带有智方关注的检疫性有害生物。）

十二、巴西对中国水果的检验检疫要求

（一）对中国水果植物检疫要求概况

巴西允许中国鲜梨进口。具体要求见《海关总署关于中国鲜梨出口巴西植物检疫要求的公告》（海关总署公告2020年第1号）。

（二）重点关注的检疫性有害生物

巴西在进口的中国水果上关注的检疫性有害生物见表 7-15。

表 7-15 巴西在进口的中国水果上关注的检疫性有害生物

水果	检疫性有害生物	
	中文名	学名
梨	山楂叶螨	*Amphitetranychus viennensis*
	神泽氏叶螨	*Tetranychus kanzawai*
	截形叶螨	*Tetranychus truncatus*
	橘小实蝇	*Bactrocera dorsalis*
	苹果蠹蛾	*Cydia pomonella*
	苹小食心虫	*Cydia inopinata*
	梨大食心虫	*Acrobasis pyrivorella*
	苹小卷叶蛾	*Adoxophyes orana*
	桃小食心虫	*Carposina sasakii*
	桃蛀螟	*Conogethes punctiferalis*
	香梨优斑螟	*Euzophera pyriella*
	日本梨黑斑病	*Alternaria gaisen*
	梨轮纹病	*Botryosphaeria berengeriana* f. sp. *piricola*
	果生链核盘菌	*Monilinia fructigena*
	亚洲褐腐病	*Monilinia polystroma*

（三）特殊要求

1. 需来自注册的果园和包装厂。

2. 来自橘小实蝇非疫区的鲜梨产区（中国北纬 33 度以北地区）。

3. 果园按照《中国鲜梨出口巴西果园综合管理计划》开展有害生物监测。如监测到橘小实蝇或日本梨黑斑病的发病率超过 0.5%的阈值，则应立即通知所在地海关并停止当季该果园水果出口。

4. 所有出口果园须采用果实套袋措施（香梨除外），套袋须在果实直径达到 2.5cm 前，果实应在套袋完整的状态下运入出口包装厂进行加工。

5. 包装厂技术人员对每批出口鲜梨随机抽取300个果实进行视觉检查（针对产自新疆的香梨，则需抽取600个果实），并挑选30个果实剖果，检查该批果实是否受蛀果类有害生物侵染。

6. 包装箱标签应包括以下信息：梨的品种、产地（省）、出口果园和包装厂的注册号以及“TO BRAZIL”（输往巴西）。

7. 出口查验时，海关对每批输巴西鲜梨按不低于2%比例随机抽取代表性样品进行检查。

8. 植物检疫证书注明集装箱号和封识号，并在附加声明栏中以英文注明：

（1）鲜梨（产自新疆的香梨除外）：“THIS BATCH OF PEARS COMPLIES WITH THEREQUIREMENTS SPECIFIED IN THE PROTOCOLOF PHYTOSANITARY REQUIREMENTS FOR EXPORT OF CHINESE FRESH PEARS TO BRAZIL, AND IS FREE FROM ANY QUARANTINE PESTS OF CONCERN TO BRAZIL.”（该批鲜梨符合中国鲜梨输往巴西植物检疫要求的议定书，不带有巴方关注的检疫性有害生物。）

（2）产自新疆的香梨：“THIS BATCH OF FRAGRANT PEARS（PYRUS SINKIANGENSIS）FROM XINJIANG OF CHINA COMPLIES WITH THE REQUIREMENTS SPECIFIED IN THE PROTOCOL OF PHYTOSANITARY REQUIREMENTS FOR EXPORT OF CHINESE FRESH PEARS TO BRAZIL, AND IS FREE FROM ANY QUARANTINE PESTS OF CONCERN TO BRAZIL.”（该批香梨产自中国新疆，符合中国鲜梨输往巴西植物检疫要求的议定书，不带有巴方关注的检疫性有害生物。）

十三、哈萨克斯坦对中国水果的检验检疫要求

（一）对中国水果植物检疫要求概况

哈萨克斯坦允许中国苹果、梨、桃、李、杏、油桃、柑橘类、葡萄、柿子、芒果、火龙果、猕猴桃、草莓、菠萝、番木瓜、甜瓜、百香果、龙眼、椰子、香蕉、荔枝等水果进口。具体要求见《关于中国水果出口哈萨克斯坦植物检疫要求的公告》（海关总署公告2020年第58号）。

（二）重点关注的检疫性有害生物

哈萨克斯坦在进口的中国水果上关注的检疫性有害生物见表 7-16。

表 7-16 哈萨克斯坦在进口的中国水果上关注的检疫性有害生物

水果	检疫性有害生物	
	中文名	学名
水果	橘小实蝇	*Bactrocera dorsalis*
	瓜实蝇	*Bactrocera cucurbitae*
	桔实硬蓟马	*Scirtothrips citri*
	罂粟花蓟马	*Thrips hawaiiensis*
	西花蓟马	*Frankliniella occidentalis*
	梨大食心虫	*Numonia pyrivorella*
	茶黄蓟马	*Scirtothrips dorsalis*
	斑翅果蝇	*Drosophila suzukii*
	黑刺粉虱	*Aleurocanthus spiniferus*
	吴刺粉虱	*Aleurocanthus woglum*
	桃小食心虫	*Carposina sasakii*
	梨小食心虫	*Grapholita molesta*
	康氏粉蚧	*Pseudococcus comstocki*
	美澳型核果褐腐菌	*Monilinia fructicola*
	越橘间座壳	*Diaporthe vaccinii*
	尖锐刺盘孢	*Colletotrichum acutatum*
	瓜类细菌性果斑病菌	*Acidovorax citrulli*

（三）特殊要求

1. 需来自注册的果园和包装厂。

2. 包装厂按 10% 比例随机抽取样品进行检验和记录，并对可疑果进行剖果检查。

3. 包装好的输哈萨克斯坦水果须加贴溯源标签，溯源标签内容包括：出口果园和包装厂注册号、品种、批次号、生产日期、产地等信息。

4. 出口查验时，海关对每批输哈萨克斯坦水果按 2% 比例随机抽取代表性样品进行检查，并挑选不少于 30 个水果进行剖果检查。

5. 产地海关对输哈萨克斯坦水果实施检疫，核对溯源标签信息，并对检疫合格的货物出具植物检疫证书。如货物需要经口岸仓储库存储的，口岸海关将依据水果产地海关的植物检疫证书，进行数量核销和检疫，并重新出具植物检疫证书。植物检疫证书上需要标注该批水果来自果园和包装厂的注册登记号；经口岸仓储库存储的，植物检疫证书上还需标注口岸仓储库的名称或注册登记号。

6. 植物检疫证书在附加声明中标注："This consignment is free from quarantine pests specified in Decisions 157 and 158 of the Eurasian Economic Commission Council."（该批货物不携带欧亚经济委员会理事会第 157 号和 158 号决议中规定的检疫性有害生物。）

十四、乌拉圭对中国水果的检验检疫要求

（一）对中国水果植物检疫要求概况

乌拉圭允许中国龙眼、荔枝进口。具体要求见《关于向乌拉圭出口荔枝和龙眼有关问题的公告》（国家质检总局公告 2004 年第 51 号）。

（二）重点关注的检疫性有害生物

乌拉圭在进口的中国水果上关注的检疫性有害生物见表 7–17。

表 7–17 乌拉圭在进口的中国水果上关注的检疫性有害生物

水果	检疫性有害生物	
	中文名	学名
龙眼、荔枝	橘小实蝇	*Bactrocera dorsalis*
	拟小黄卷蛾	*Adoxophyes cyrtosema*
	黑点褐卷叶蛾	*Crytophlebia ombrodelta*
	双线盗毒蛾	*Porthesia scintillans*

（三）特殊要求

1. 需来自注册的果园和包装厂。

2. 包装箱应注明龙眼、荔枝来源信息的标识，用英文标明生产者、产地和包装厂。

3. 植物检疫证书附加声明："本植物检疫证书涉及的龙眼、荔枝符合中国 AQSIQ 与乌拉圭 MGAP 于 2002 年 10 月 14 日签署的备忘录规定的要求。"

十五、加拿大对中国水果的检验检疫要求

（一）对中国水果植物检疫要求概况

加拿大对进口的鲜橘及热带水果实施豁免措施，对进口的温带水果实施管制措施。其中，对我国产猕猴桃、西瓜、甜瓜、香瓜、柿子、石榴、枣、酸浆属（如地樱桃、粘果酸浆）等温带水果无具体要求，对苹果、梨有具体要求，其他温带水果还未获得加拿大进口批准。具体要求见《关于印发〈中国鸭梨输往加拿大植物检疫要求工作计划〉和〈中国鸭梨输往加拿大检验检疫质量管理体系〉的通知》（国质检动函〔2006〕5 号）、加拿大进口温带水果和树坚果植物检疫要求。

（二）重点关注的检疫性有害生物

加拿大在进口的中国水果上关注的检疫性有害生物见表 7-18。

表 7-18　加拿大在进口的中国水果上关注的检疫性有害生物

水果	检疫性有害生物		产区
	中文名	学名	
梨	梨大食心虫	*Acrobasis pirivorella*	河北、山东、山西
	苹小卷叶蛾	*Adoxophyes orana*	河北、山东、山西
	黑斑病	*Alternaria gaisen*	河北、山东、山西
	山楂叶螨	*Amphitetranychus vien-nensis*	河北、山东、山西、新疆
	梨黄粉蚜	*Aphanostigma iaksuie-nse*	河北、山东、山西、新疆
	中国梨喀木虱	*Cacopsylla chinensis*	河北、山东、山西、新疆
	辽梨喀木虱	*Cacopsylla liaoli*	河北、山东、山西

续表

水果	检疫性有害生物		产区
	中文名	学名	
梨	桃小食心虫	*Carposina sasakii*	河北、山东、山西、新疆
	桃蛀螟	*Conogethes punctiferalis*	河北、山东、山西
	香梨优斑螟	*Euzophera pyriella*	山西、新疆
	苹小食心虫	*Grapholita inopinata*	河北、山东、山西、新疆
	梨小食心虫	*Grapholita molesta*	河北、山东、山西、新疆
	旋纹潜蛾	*Leucoptera malifoliella*	河北、山西
	褐腐病菌（云南松链核盘菌）	*Monilia yunnanensis*	河北、山东、山西、新疆
	褐腐病菌（果生链核盘菌）	*Monilinia fructigena*	河北、山东、山西、新疆
	亚洲褐腐病	*Monilinia polystroma*	河北、山东
	白小食心虫	*Spilonota albicana*	河北、山东、山西
	截形叶螨	*Tetranychus truncatus*	河北、山东、山西、新疆
	亚洲梨黑星病	*Venturia nashicola*	河北、山东、山西
苹果	苹小卷叶蛾	*Adoxophyes orana*	河北、河南、辽宁、陕西、山西、山东
	山楂叶螨	*Amphitetranychus viennensis*（= *Tetranychus viennenis*）	
	桃小食心虫	*Carposina sasakii*	
	桃蛀螟	*Conogethes punctiferalis*	
	苹小食心虫	*Cydia inopinata*	
	旋纹潜蛾	*Leucoptera malifoliella*	
	干枯病	*Diaporthe tanakae*	
	褐腐病菌	*Monilinia fructigena*	
	苹果花腐病	*Monilinia mali*	
	梨小食心虫（限输往BC省）	*Grapholita molesta*	

（三）特殊要求

1. 输加拿大梨和苹果需来自注册的果园和包装厂。

2. 输加拿大鲜梨须来自河北、山东、山西、新疆，其中鸭梨须来自河北和山东。苹果须来自河北、河南、辽宁、陕西、山西、山东。

3. 来自河北、河南、山西产区的苹果，加方要求实施试进口、进口许可以及随附植物检疫证书的管理要求；来自辽宁、陕西、山东产区的苹果，须随附植物检疫证书。来自山西的鲜梨，加方要求实施试进口、进口许可以及随附植物检疫证书的管理要求；来自河北、山东、新疆的鲜梨，须随附植物检疫证书。试进口期间，加方到岸查验率为100%。

4. 河北、山东、山西输加拿大鲜梨须实施套袋措施，应在果实直径达到2.5cm以前完成套袋，且整个生长期应保持完整套袋。

5. 输加拿大苹果须满足以下任一要求。（1）套袋。应在果实直径小于2.5cm前完成套袋，套袋期间必须保持袋子的完整，套袋只能在收获前4周内去掉；（2）对于未套袋的苹果，须采取以下处理措施（见表7-19）或者加拿大认为可接受的其他处理程序进行熏蒸和冷处理。

表7-19　加拿大对未套袋的中国苹果采取的检疫处理措施

温度	剂量率（g/m^3）	剂量率（$lb/1000ft^3$）	0.5小时MCR（g/m^3，$oz/1000ft^3$）	2小时MCR（g/m^3，$oz/1000ft^3$）
27℃或以上 80℉或以上	24	1.5	19	14
21~26℃ 70~79℉	32	2.0	26	19
16~21℃ 60~69℉	40	2.5	32	24
10~15℃ 50~59℉	48	3.0	38	29
5~9℃ 41~49℉	64	4.0	48	38

6. 对输加拿大鸭梨实施出口检验检疫前，应确保鸭梨至少在冷库中存放 21 天。输往加拿大鸭梨须经手工分级并剪去三分之二果柄。

7. 海关对输加拿大梨、苹果实施批批查验，其中鲜梨抽样比例为 2%、苹果抽样比例为 5%，对抽取的样品进行 100%检验。

8. 包装箱应用中文、英文或法文标明梨的种类和产地、果园代码、包装厂代码等信息。

9. 植检证书上将注明集装箱号码、果园和包装厂代码。

（1）输加拿大“套袋苹果”植物检疫证书附加声明：

输往大不列颠哥伦比亚省的，内容为：“The material was produced under a pest management program and is free of *Adoxophyes orana*, *Carposina sasakii*, *Conogethes punctiferalis*, *Cydia inopinata*, *Grapholita molesta*, *Leucoptera malifoliella*, *Amphitetranychus viennensis* (= *Tetranychus viennenis*), *Monilinia fructigena*, *Monilinia mali* and *Diaporthe tanakae*.”

输往其他省的，内容为：“The material was produced under a pest management program and is free of *Adoxophyes orana*, *Carposina sasakii*, *Conogethes punctiferalis*, *Cydia inopinata*, *Leucoptera malifoliella*, *Amphitetranychus viennensis* (= *Tetranychus viennenis*), *Monilinia fructigena*, *Monilinia mali* and *Diaporthe tanakae*.”

（2）输加拿大“未套袋苹果”植物检疫证书附加声明：

输往大不列颠哥伦比亚省的，内容为：“The material was produced under a pest management program for *Monilinia fructigena*, *Monilinia mali* and *Diaporthe tanakae* and has been treated to kill *Adoxophyes orana*, *Carposina sasakii*, *Conogethes punctiferalis*, *Cydia inopinata*, *Grapholita molesta*, *Leucoptera malifoliella* and *Amphitetranychus viennensis*.”

输往其他省的，内容为：“The material was produced under a pest management program for *Monilinia fructigena*, *Monilinia mali* and *Diaporthe tanakae* and has been treated to kill *Adoxophyes orana*, *Carposina sasakii*, *Conogethes punctiferalis*, *Cydia inopinata*, *Leucoptera malifoliella* and *Amphitetranychus viennensis*.”

十六、厄瓜多尔对中国水果的检验检疫要求

（一）对中国水果植物检疫要求概况

厄瓜多尔允许中国鲜梨进口。具体要求见《海关总署关于中国鲜梨出口厄瓜多尔植物检疫要求的公告》（海关总署公告 2022 年第68 号）。

（二）重点关注的检疫性有害生物

厄瓜多尔在进口的中国鲜梨上关注的检疫性有害生物见表 7-20。

表 7-20　厄瓜多尔在进口的中国鲜梨上关注的检疫性有害生物

水果	检疫性有害生物	
	中文名	学名
砂梨、白梨、香梨及其杂交种	榆树全爪螨	*Panonychus ulmi*
	梨大食心虫	*Acrobasis pyrivorella*
	棉褐带卷叶蛾	*Adoxophyes orana*
	梨黄粉蚜	*Aphanostigma iakusuiense*
	橘小实蝇	*Bactrocera dorsalis*
	中国梨木虱	*Cacopsylla chinensis*
	桃小食心虫	*Carposina sasakii*
	桃蛀野螟	*Conogethes punctiferalis*
	苹小食心虫	*Cydia inopinata*（异名：*Grapholita inopinata*）
	梨笠圆盾蚧	*Diaspidiotus perniciosus*
	梨小食心虫	*Grapholita molesta*
	榆蛎盾蚧	*Lepidosaphes ulmi*
	苹褐卷蛾	*Pandemis heparana*
	康氏粉蚧	*Pseudococcus comstocki*
	桃白小卷蛾	*Spilonota albicana*
	苹果炭疽菌	*Colletotrichum fructicola*
	梨黑星病菌	*Venturia nashicola*

（三）特殊要求

1. 需来自注册的果园和包装厂。

2. 对于产自橘小实蝇非疫区（中国北纬33度以北地区）的鲜梨，经检验检疫合格后出证放行；对于产自橘小实蝇疫区的鲜梨，须进行冷处理。冷处理指标要求为：1.38℃（果心温度）或以下，连续处理18天或以上。

3. 针对砂梨、白梨及其杂交种，须按要求在生长季节进行套袋管理，而且在进入包装厂后才可以将袋子去除。在进行包装前，如果发现果实袋子破损，立即将其剔除，剔除的水果不能出口到厄瓜多尔。

4. 针对香梨，出口果园应在海关监管下对钻蛀性害虫开展监测。技术人员采用“X”字形的行进路线在果园进行调查，重点查看果面和枝干部位是否有害虫。监测需从开花期开始至收获季结束后终止，每15天调查一次。

5. 鲜梨包装和储藏区域需配备双层门、空气帘、橡胶帘或防虫网，防止活的有害生物。

6. 加工前，鲜梨须经过人工挑选，去除有凹陷、隆起或疑似病虫果，并用气枪吹扫及洗刷鲜梨果柄和果萼处，避免携带昆虫、螨类、真菌、烂果、枝叶、根和土壤。针对出口香梨，还须增加水洗环节。

7. 每个包装箱上须用英文注明水果名称、出口国家、产区、果园和包装厂名称或注册号等信息。每个托盘和包装箱须用西班牙文或英文标出“Exported to Republic of Ecuador”（输往厄瓜多尔共和国）。

8. 贸易启动后的前2年内，海关关员按照2%的比例对每批出口鲜梨抽取样品实施检疫，并至少对5%的样品（不得少于10个）进行剖果检查，以确保不带有害生物，特别是钻蛀性有害生物。如2年内没有发生植物检疫问题，抽样比例可降为1%。

9. 植物检疫证书要求：

（1）经检疫合格的，中国海关将出具植物检疫证书，并在附加声明栏中注明：“This consignment of fresh pear fruits complies with the requirements specified in the Protocol of Phytosanitary Pequirements for Export of Pear Fruits from China to Ecuador, and is free of any quarentine pests of concern for Ecuador.”（该批货物符合中国鲜梨输往厄瓜多尔植物检疫要求的议定书，

不带厄方关注的检疫性有害生物。）

（2）对于来自橘小实蝇疫区须实施出口前冷处理的货物，应在植物检疫证书上注明处理温度、持续时间、处理设施名称或编号等信息。对于在运输途中实施冷处理的，应在植物检疫证书上用英文注明“Cold treatment in transit”（运输途中冷处理），以及冷处理的温度、处理时间、集装箱号码和封识号等。

小贴士 出口梨园中梨小食心虫防治要点

梨小食心虫简称梨小，又名梨小蛀果蛾、东方果蠹蛾、梨姬食心虫、桃折梢虫、小食心虫、桃折心虫，小卷叶蛾科，是澳大利亚等国家高度关注的重要食心虫类害虫。梨小除为害梨、桃树外，也为害李、杏、苹果、山楂等，严重影响果品质量及梨果产量。

梨小食心虫主要以幼虫蛀食梨、桃、苹果树的新梢和果实，常从梢端2~3片叶子的基部蛀入梢中，被害梢先端凋萎，以后由蛀孔处流出树胶，干枯下垂。梨果被害蛀入孔比较小，入果后直达果心，并食害种子。脱果孔处呈黑膏药状。

针对梨小食心虫的为害特性，可采取以下防治方法：（1）建园时，应远离桃园。（2）人工防治，早春发芽前，细致地刮树皮并集中深埋或烧毁；在末代幼虫脱果前，用草或麻袋片绑在主干、主枝上，以诱集越冬幼虫；在幼虫发生危害期，及时摘拾虫果，以消灭其中的幼虫；果实套袋。（3）生物防治，利用天敌昆虫，悬挂迷向丝等。（4）化学防治，结合清园，灭杀越冬虫卵；根据有害生物监测情况，实施树上用药。

案例

南昌海关（原江西出入境检验检疫局）力促南丰蜜橘重返欧盟

欧盟是我国柑橘类出口的主要市场，柑橘鲜果附加值高，其售价比传统东南亚市场高出一倍多。2006年，江西出口的南丰蜜橘因柑橘黑斑病问题被欧盟退运3批约60吨，给南丰蜜橘进军欧盟市场蒙上阴影，南丰蜜橘出口欧盟一度停顿。针对制约柑橘出口的黑斑病病害，原江西出入境检验检疫局（现南昌海关）加大研究力度，开展了“出口柑橘黑斑病侵染机理及防控技术研究”，为柑橘黑斑病的防控提供了技术支持。同时，在出口柑橘的监管过程中，从严把关，要求企业建立完善的质量管理体系，在包装过程中严格选果，确保出口柑橘不带病果。这些措施的实施，助力南丰蜜橘走出出口困境。

中国鲜梨成功敲开南美第一消费市场——巴西的大门

中国是世界梨的第一大种植国，梨的种植面积占全世界的70%左右，中国也是全世界第一大梨的出口国，已经出口到全球70多个国家和地区，多数集中在东南亚、欧盟、北美等国家和地区。为进一步扩大出口，原国家质检总局积极向南美等新兴市场提出准入申请。2012年开始，原国家质检总局与巴西联邦共和国农业、畜牧业和粮食供应部开展了多轮双边技术交流与磋商，并于2015年邀请巴西官方派专家来华考察鲜梨果园、包装厂及检验检疫管理体系，历时7年终于就中国鲜梨输往巴西植物检疫要求达成了一致意见，中国水果出口巴西迈出了最重要的一步。巴西是南美洲第一消费市场，是世界梨的第二大进口国，每年进口量在30万吨左右，而且中巴两国分别位于南北半球，水果具有季节互补、种植品种互补和明显的价格优势，巴西是我国鲜梨具有巨大潜力的理想目标市场。2020年1月14日，中国鲜梨出口巴西首发式在河北泊头市东方果品有限公司举行，中国鲜梨正式实现对巴西出口，意味着又开辟了一个新的巨大的市场，给中国梨产业的发展带来新的机会。

第八章

常见进出境水果检疫性有害生物鉴定技术

CHAPTER 8

第一节
进出境水果检疫重要及常见有害生物

一、昆虫及节肢动物

（一）实蝇类

1. 地中海实蝇 *Ceratitis capitata*（见图 8-1）

分类地位：双翅目 Diptera、实蝇科 *Tephritidae*、小条实蝇属 *Ceratitis*。

图 8-1 地中海实蝇

（图片来源：国门生物安全基础数据信息资源平台）

主要寄主：寄主广泛，几乎包括所有的水果、坚果和蔬菜，目前已知寄主多达 350 余种。原产于非洲热带地区，20 世纪初已扩散到各大洲，现已在美国、墨西哥、澳大利亚、智利、秘鲁、法国、西班牙、意大利、印度、土耳其等 90 多个国家和地区有发现和分布。

特征及危害：成虫在果实上产卵，幼虫孵化后即在果实内取食，果实被害率高达 50%~90%，且其繁殖能力较强，美国（夏威夷）每年可发生 11~13 代，意大利（罗马）可发生 6~7 代。该有害生物的传入通常伴随着巨大的经济损失，如 1990 年智利和秘鲁签订扑灭地中海实蝇联合工作协议，每年要投资 30 亿美元。

地中海实蝇成虫可以短距离飞行，主要以卵、幼虫、蛹和成虫随各类果品、蔬菜等农产品及其包装通过交通工具远距离传播。在进境植物产品检疫过程中，对来自疫区的寄主植物产品要重点关注，观察产品表面有无产卵孔、虫孔、流胶、突起、凹陷、空虚感、异色、水渍状等异常现象，对疑似病果要剖果观察有无幼虫。为了能够准确地鉴定是否为地中海实蝇，对于可能带虫的果实，可以室内笼罩观察饲养。

2. 南美按实蝇 *Anastrepha fraterculus*（见图 8-2）

分类地位：双翅目 Diptera、实蝇科 *Tephritidae*、按实蝇属 *Anastrepha*。

图 8-2　南美按实蝇

（图片来源：国门生物安全基础数据信息资源平台）

主要寄主：杂食性害虫，主要寄主有番石榴、猕猴桃、柑橘、橙、番荔枝、咖啡、枇杷、苹果、芒果、无花果、葡萄、梨、桃、李、杏。

特征及危害：卵常产于果皮下，可能靠近果核，果实表皮产卵刻点消失，有时能见到汁液和褪色斑，但在观察到症状前，果实内部也许已被侵害而形成网状通道。幼虫孵出后，通常取食果肉，偶尔取食未成熟果核。

3. 枣实蝇 *Carpomya vesuviana*（见图 8-3）

分类地位：双翅目 Diptera、实蝇科 *Tephritidae*、咔实蝇属 *Carpomya*。

图 8-3　枣实蝇

（图片来源：国门生物安全基础数据信息资源平台）

主要寄主：主要危害各种枣类。枣实蝇原产于印度，现广泛分布于南亚、中亚、东南亚、欧洲东部等国家或地区。

特征及危害：成虫头高大于长，淡黄色至黄褐色，翅透明，具有4个黄色至黄褐色横带，横带部分边缘带有灰褐色；卵白色，长椭圆形。幼虫主要蛀食果肉，不蛀食枣核，为害时果实表面常形成斑点和虫孔，内部有蛀道，导致果实提早成熟和腐烂，并引起落果，被害率可达60%以上，造成的产量损失可达20%以上，严重时甚至造成绝收。枣实蝇的传播扩散主要是靠被害果实的运输和成虫飞行，被害果实可传带卵和幼虫，植株的土壤或栽培介质可传带附着其上的蛹，包装物和运输工具等也可成为该虫远距离传播扩散的载体。针对来自分布地区的果蔬、栽培介质、运输工具等需加强检疫，避免传播扩散。

4. 橘小实蝇 *Bactrocera dorsalis*（见图8-4）

分类地位：双翅目 Diptera、实蝇科 *Tephritidae*、果实蝇属 *Bactrocera*。

图8-4　橘小实蝇

（图片来源：国门生物安全基础数据信息资源平台）

主要寄主：该虫寄主多达250余种，主要有柑橘、橙、枣、桃、李、杏、梨、鳄梨、苹果、芒果、番石榴、荔枝、龙眼、甜瓜、辣椒、黄瓜、槟榔等。

特征及危害：成虫体长约8.0mm，翅长约6.4mm，头部黄褐色，具黑色圆形颜面斑1对，中胸背板黑色，翅透明，前缘带狭窄、暗褐色，腹部橙褐色。雌蝇产卵于果皮下，幼虫群集于果实中部取食，造成果实内部空虚，未熟先黄，早期脱离，受害果实上常有产卵孔，含糖量高的果实会流出糖质液体，液体常在产卵孔附近凝固。芒果被害时形成黑褐色斑块。橘小实蝇的卵和幼虫可随各类被害果品传输。需要严格控制疫区范围，柑橘类调运要经过严格检查，防止病虫害蔓延扩散。

（二）蚜虫类

1. 苹果绵蚜 *Eriosoma lanigerum*（见图 8-5）

分类地位：半翅目 Hemiptera、绵蚜科 *Pemphigidae*、绵蚜属 *Eriosoma*。

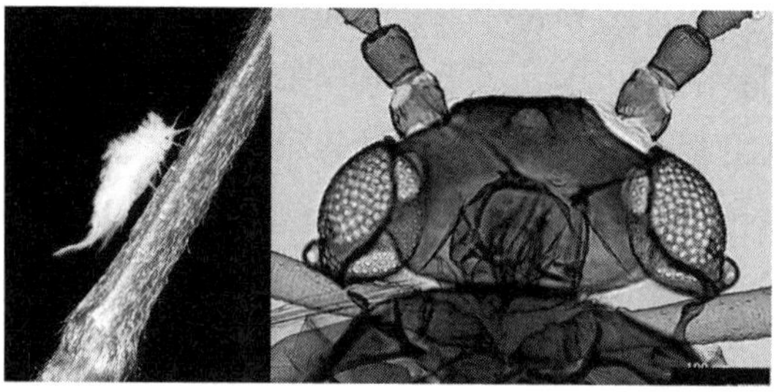

图 8-5　苹果绵蚜

（图片来源：国门生物安全基础数据信息资源平台）

主要寄主：苹果、梨、李、山荆子、海棠、山楂等。

特征及危害：苹果绵蚜生活周期为全周期型，有多型和多态现象。鉴定主要以孤雌蚜形态特征为主。有翅雌蚜触角 6 节，第 3 节特长，有完全和不完全的环状感觉器，腹管退化为环状黑色小孔；无翅雌蚜体侧有瘤状突起，触角 6 节，无环状感觉器，腹背有 4 条纵列的泌腊孔。苹果绵蚜主要为害枝干和根。枝干上主要在伤口、老树裂缝、新梢叶腋、短果枝果柄和果实的梗洼、萼洼处为害，形成瘤状突起，破裂后形成伤口。在根部主要为害裸露或浅土中的根，也可达深处的根系，根上刺吸为害形成根瘤，逐渐腐烂阻碍水分和养分的吸收传输，使树势衰弱产量降低。此外，绵蚜为害造成的伤口也易引起其他病虫的侵入。

苹果绵蚜在国外分布于美洲、欧洲等六大洲的广大苹果产区，共约 70 个国家和地区有分布，主要靠苗木、接穗、果实及其包装物的调运远距离传播，近距离传播主要靠耕作管理中人的活动和有翅蚜的自然迁飞。需要加强来自疫区苗木、包装材料以及运输工具的检疫。

2. 葡萄根瘤蚜 *Viteus vitifoliae*（见图 8-6）

分类地位：半翅目 Hemiptera、根瘤蚜科 *Phylloxeridae*、根瘤蚜属 *Daktulosphaira*。

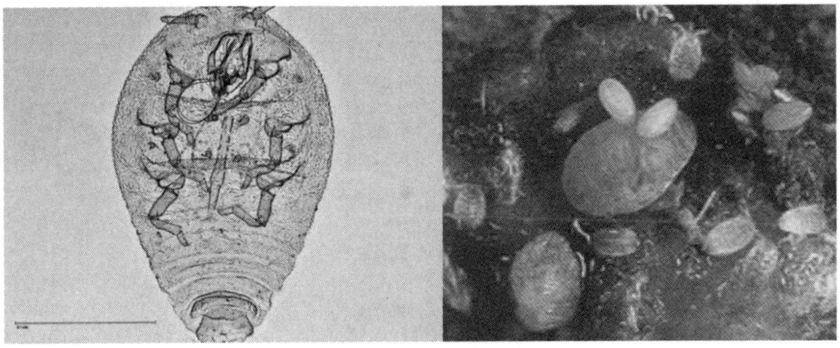

图 8-6　葡萄根瘤蚜

（图片来源：国门生物安全基础数据信息资源平台）

主要寄主：葡萄根瘤蚜为单食性，仅为害葡萄与野生葡萄。

特征及危害：可分为根瘤型和叶瘿型；无翅蚜、有翅蚜和性蚜；无性卵和有性卵。根瘤型无翅成蚜体背各节具灰黑色瘤，头部 4 个，各胸节 6 个，各腹节 4 个，胸腹各节背面各具一横形深色大瘤状突起。叶瘿型无翅成蚜体背无瘤，体表具有细微凹凸皱纹。有翅蚜翅两对，平叠于体背，前翅翅痣很大，长形，有三根斜脉，后翅仅有一根斜脉；触角第 3 节有感觉圈 2 个，一个在基部，一个在端部。主要为害根部，也可为害叶片。欧洲系葡萄仅根部被害，美洲系葡萄和野生葡萄的根和叶均可被害。须根被害后形成根瘤，逐渐变色腐烂、死亡，影响根系吸收、输送水分养分的功能，造成树势衰弱，影响开花结果，严重时造成植株死亡。1860 年传入法国后，在 25 年内毁灭葡萄 100 万公顷，对欧洲葡萄造成毁灭性灾害。

葡萄根瘤蚜原产于美国，后传入欧洲及俄罗斯。目前已广泛分布于六大洲约 40 个国家和地区。随带根苗木传播，只要根活，该虫便可成活。应严禁从虫害发生区携带葡萄苗木、土壤入境；进境葡萄果实需要检查集装箱、运输工具四周等地有无枝叶、土壤等。

（三）蛾类

1. 葡萄花翅小卷蛾 *Lobesia botrana*（见图 8-7）

分类地位：鳞翅目 Lepidoptera、卷蛾科 *Tortricidae*、花翅小卷蛾属 *Lobesia*。

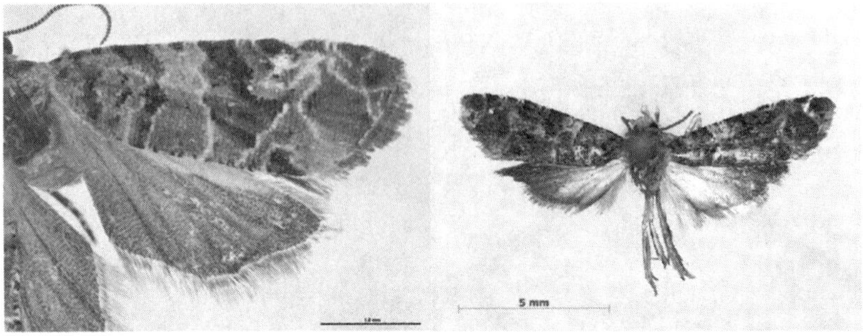

图 8-7　葡萄花翅小卷蛾

（图片来源：国门生物安全基础数据信息资源平台）

主要寄主：葡萄、黑莓、醋栗、橄榄、甜樱桃、欧洲李、柿、猕猴桃、石榴、石竹属植物，以葡萄为主。

特征及危害：成虫体长 6~8mm，翅展 10~13mm；成虫大小与幼虫取食情况有关。头部和腹部奶油色，胸部也为奶油色并具黑斑，着生有锈褐色的背毛丛；足具浅奶油色和褐色相间出现的带纹。前翅具包括黑色、褐色、奶油色、红色和蓝色的斑驳状图纹，其底色为蓝灰和褐色，有浅奶油色边；翅前、后和外缘鳞片颜色深于翅底色；缘毛褐色，端部色浅；外缘有一奶油色基线；翅下表褐灰色，至前缘和端部颜色渐深；后翅浅褐灰色，至端渐深；下表浅灰色。雌雄差异不大。在葡萄上，幼虫可为害花、幼果和成熟果实，产生直接损失。同时，还诱发曲霉、青霉等真菌侵染，造成大面积腐烂，受害部位也会引起实蝇等为害。

葡萄花翅小卷蛾原产于意大利南部，现广泛分布于整个欧洲、非洲西北部以及亚洲部分国家如伊朗、伊拉克、以色列、日本、哈萨克斯坦、叙利亚、乌兹别克斯坦等；美洲的美国、智利也有发生记录。该虫主要以生活于寄主上的卵、幼虫、蛹随寄主植物果实（水果或干果运输）和植株（引种和树木调运时）进行远距离传播。我国是世界葡萄主产国之一，栽培面积和产量居世界前列，一旦传入，将造成巨大损失，因此要关注国外疫情发展，对进境相关产品加强检疫，将花翅小卷蛾挡在国门之外。

2. 苹果蠹蛾 *Cydia pomonella*（见图 8-8）

分类地位：鳞翅目 Lepidoptera、卷蛾科 *Tortricidae*、小卷蛾属 *Cydia*。

图 8-8　苹果蠹蛾

（图片来源：国门生物安全基础数据信息资源平台）

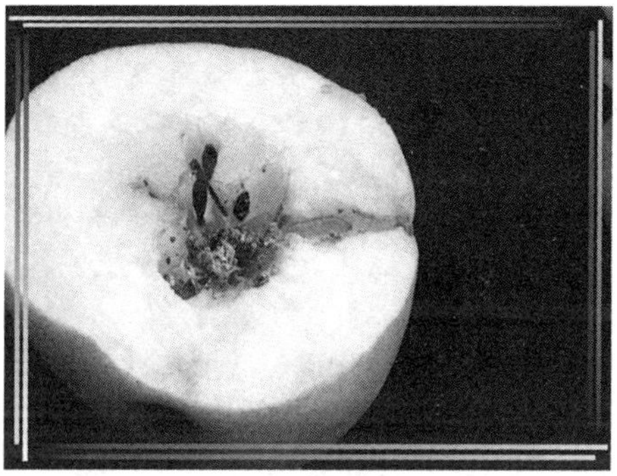

图 8-9　苹果蠹蛾为害香梨

（图片来源：乌鲁木齐海关）

主要寄主：仁果类的苹果、沙果、梨、山楂、海棠等；核果类的桃、杏、李、枣、樱桃等，浆果类的石榴、胡桃等。苹果、梨、沙果被害最重，桃、杏等被害较轻。

特征及危害：成虫体长 8mm，翅展 19~20mm，体灰褐色带紫色光泽。雄蛾色深、雌蛾色浅。复眼深棕褐色。头部具有发达的灰白色鳞片丛。前翅翅基部淡褐色；外缘突出略呈三角形，在此区内杂有较深的斜行波状纹；翅的中部颜色最浅，也杂有波状纹。苹果蠹蛾幼虫蛀果为害，被蛀的果实无法食用并且极易落果，蛀果率可在 80%以上。该虫原产于欧洲东南部，现已遍布于世界各大洲的苹果和梨的产区，传入后不易根除，对我国的梨果类水果危害很大，可使我国水果产业遭受严重损失（见图 8-9）。在澳大利亚的堪培拉，苹果蠹蛾蛀果率达 80%以上；在我国新疆管理粗放的老果园、混合园等蛀果率也达到40%以上，造成大量落果，果实品质和产量下降。

苹果蠹蛾为小蛾类害虫，可飞行500米左右，传播扩散能力有限，主要通过果品、苗木、包装物和运载工具的传带远距离传播扩散。现场检疫过程中可检查果品上是否有蛀孔及丝状虫粪、碎屑及各虫态，检查运载工具的四周缝隙等处是否有残留果品、包装物及幼虫、蛹。发现疑似虫害，应立即取样送检。

3. 桃蛀果蛾（桃小食心虫）*Carposina niponensis*（见图8-10）

分类地位：鳞翅目 Lepidoptera、蛀果蛾科 *Carposinidae*、蛀果蛾属 *Carposina*。

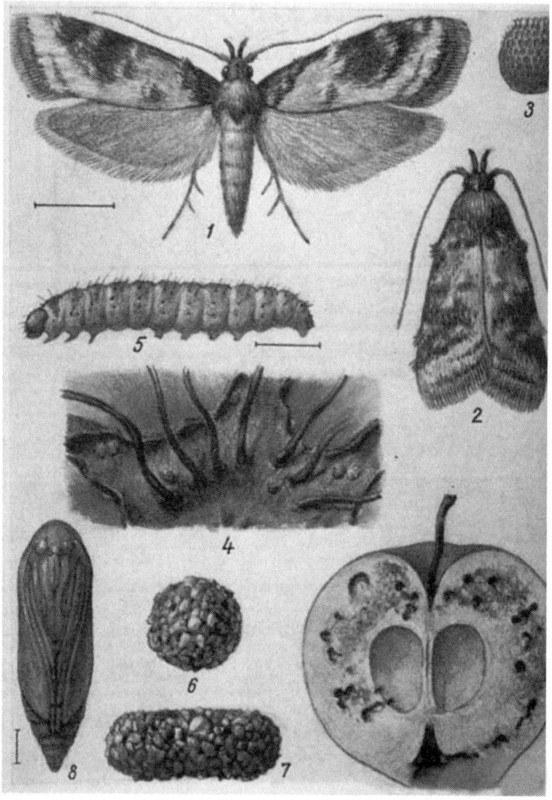

图8-10　桃蛀果蛾

（图片来源：Invasive 网站）

主要寄主：桃小食心虫主要危害苹果、桃、梨、山楂、枣、李等果树，也可为害蔷薇、梅、海棠、榅桲等。

特征及危害：成虫全身淡灰褐色，雌虫体长 7~8mm，翅展 16~18mm，雄虫略小。前翅中央近前缘处有一蓝黑色近似三角形大斑，后翅灰色。幼虫不为害新梢，蛀果为害，在果实表面的蛀果孔呈黑褐色凹点，四周浓绿，常伴有泪珠状果胶外溢，干涸后呈白色蜡质膜。幼虫取食果皮表层至果心，虫道弯曲，内有红褐色虫粪，幼果期果实一般变黄脱落，偶见树上悬挂，严重影响品质和产量。在中国的辽宁省，因该虫引起的苹果损失可达 1/3，有时对梨的为害可达 100%，苹果稍低，为 40%~100% 。桃小食心虫主要分布于我国，加拿大、俄罗斯、朝鲜、日本、韩国等也有发生报道。在我国广泛分布于北纬 31 度以北、东经 102 度以东地区，以东北、华北和西北为害较重。

桃小食心虫被欧盟、美国、巴西、智利、加拿大、南非、俄罗斯等多个国家和地区列为检疫性有害生物。国内果园应加强管理和监测，小范围内进行清除计划，保持无疫状态，规范农事操作和严格引种检疫。

4. 梨大食心虫 *Acrobasis pyrivorella*（见图 8-11）

分类地位：鳞翅目 Lepidoptera、螟蛾科 *Pyralidae*、巢斑螟属 *Acrobasis*。

图 8-11　梨大食心虫

（图片来源：Invasive 网站）

主要寄主：该虫主要以梨、苹果、沙果和桃为寄主。

特征及危害：成虫体长 10~15mm，全体暗灰色，稍带紫色光泽。距翅基 2/5 处和距端 1/5 处，各有一条灰白色横带，嵌有紫褐色的边，两横带之间，靠前处有一灰色肾形条纹。被害花芽干枯，芽尖开裂，有虫的枯芽基部蛀入孔处堆积细粒木屑和虫粪。幼虫为害花后造成整个花序凋萎、干枯；果受害后变黑起皱、生长延缓，可保持在树上直到翌年及夏季，受侵染的果实外部有明显分泌物，不仅引起当年梨树减产，还影响翌年梨产量。

梨大食心虫主要分布于中国各梨产区，日本、韩国、俄罗斯也有发生报道，在欧盟、加拿大、智利、秘鲁等多个国家和地区都被列为检疫性有害生物。国内果园应做好疫情监测，对苗木、果实调运检疫，逐步建立非疫生产点，为果品出口贸易奠定基础。

（四）蚧虫类

1. 新菠萝灰粉蚧 *Dysmicoccus neobrevipes*（见图 8-12）

分类地位：半翅目 Hemiptera、粉蚧科 *Pseudococcidae*、灰粉蚧属 *Dysmicoccus*。

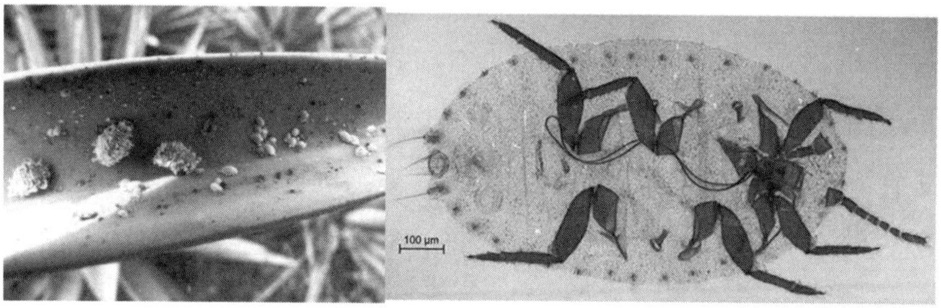

图 8-12　新菠萝灰粉蚧

（图片来源：国门生物安全基础数据信息资源平台）

主要寄主：包括农业、园艺和森林植物等 39 科 76 种。有剑麻、菠萝、香蕉、番荔枝、柑橘、南瓜、芒果等。

特征及危害：雌成虫触角 8 节。眼半球形，其周围常有筛状孔，刺孔群 17 对，末对有 2 根锥刺、多根附毛和一群三孔腺。新菠萝灰粉蚧以卵、幼虫和成虫群集在根、茎、叶以及果实裂缝处，吸食汁液，可造成寄主植物根系腐烂、营养不良，树势衰弱、大量落叶和落果，严重时引起植株死亡。在菠萝上还可传播菠萝凋萎病，严重危害菠萝产业。2001 年新菠萝灰粉蚧在海南昌江剑麻上暴发，造成减产 30%以上。

新菠萝灰粉蚧主要分布于美洲的大部分地区，在亚洲、欧洲和大洋洲也有少量分布，例如美国、秘鲁、墨西哥、厄瓜多尔、印度、马来西亚、菲律宾、泰国、越南、日本、中国台湾地区等。

新菠萝灰粉蚧自身传播范围较小，需要借助外界力量进行传播，近距离传播主要是自身爬行迁移和靠蚂蚁、风、雨水冲刷、土壤和植物的转移运输传播；远距离传播主要是靠带虫苗木、果实传播。在现场检疫中应重点关注相关寄主有无白色粉状物，尤其是叶片背面、果梗、果柄、果凹等缝隙处。

2. 大洋臀纹粉蚧 *Planococcus minor*（见图 8–13）

分类地位：半翅目 Hemiptera、粉蚧科 *Pseudococcidae*、臀纹粉蚧属 *Planococcus*。

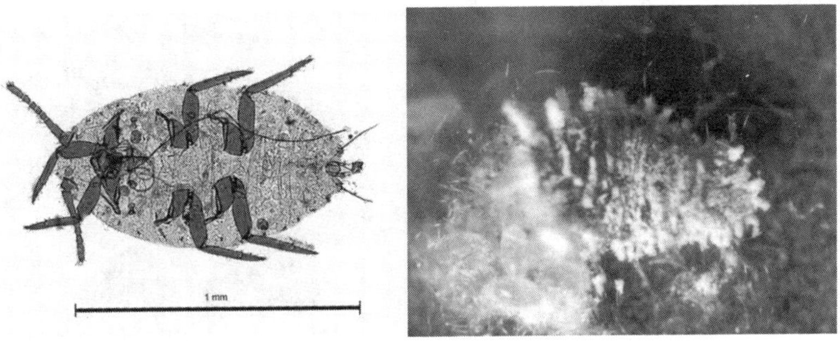

图 8–13 大洋臀纹粉蚧

（图片来源：国门生物安全基础数据信息资源平台）

主要寄主：该虫食性杂，寄主植物有 250 多种，主要有番石榴、柑橘、番龙眼、番樱桃、香蕉、葡萄、芒果、榴莲、咖啡、可可、大豆、玉米、马铃薯、观赏花卉植物等。

特征及危害：雌性成虫椭圆形，体色粉红色或浅绿色，体外被白蜡粉，常显露体节，蜡丝 18 对，末对仅比其他稍长。若虫和成虫为害寄主嫩枝芽、叶片背部、果实果柄及果皮缝隙等部位，以刺吸方式吸食寄主植株营养汁液，导致植株萎蔫、果实畸形，轻者会致使树势早衰，影响果实品质和产量，重者会导致部分或整株死亡。同时，大量粉蚧聚集，分泌的蜜露引起腐生真菌大量增殖繁殖，形成煤污病，影响作物光合作用，导致寄主营养不良，果实品质变酸变差。

大洋臀纹粉蚧集中分布在热带、亚热带地区，已在多个国家和地区分布，如中国（台湾）、印度、泰国、菲律宾、马来西亚、印度尼西亚、阿根廷、巴西、英国、澳大利亚、摩萨亚、巴布亚新几内亚、汤加、非洲热带地区等。

大洋臀纹粉蚧主要通过各虫态随寄主植物的人为调运作远距离传播。口岸及农林部门应加强对苗木、果实等寄主植物的检疫，一旦发现立即进行除害处理，防止该虫的再次传入及传播扩散。

（五）象虫类

1. 芒果果肉象甲 *Sternochetus frigidus*（见图 8-14）

分类地位：鞘翅目 Coleoptera、象虫科 *Curculionidae*、芒果象属 *Sternochetus*。

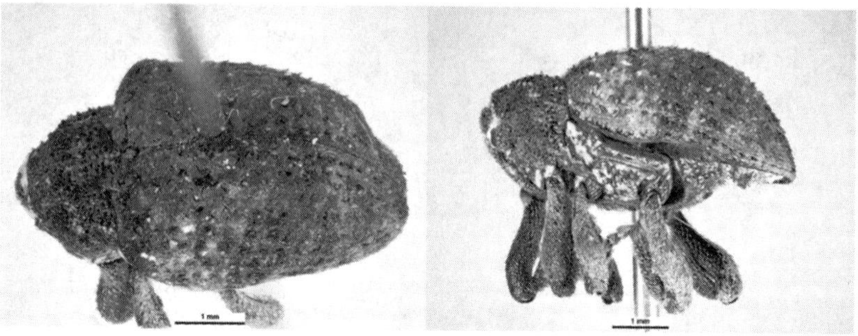

图 8-14 芒果果肉象甲

（图片来源：国门生物安全基础数据信息资源平台）

主要寄主：芒果。

特征及危害：成虫体长 5~6mm，体壁黄褐色至黑色，有光泽，被黑褐色鳞片夹以浅黄色鳞片形成的斑纹，前胸背板宽大于长；背中隆线两侧有由浅黄及黑褐色鳞片相间组成的纵带。腿节各具一齿，腹面具沟。幼虫蛀食果肉，形成纵横交错的虫道，其中堆积虫粪，果实不堪食用。

芒果果肉象甲国外广泛分布于印度、孟加拉国、缅甸、泰国、老挝、越南、马来西亚、印度尼西亚、巴布亚新几内亚。

芒果果肉象甲不会飞行，只能通过携带芒果果肉象甲的果实调运和各种交通工具进行人为远距离传播。

2. 芒果果核象 *Sternochetus mangiferae*（见图 8-15）

图 8-15　芒果果核象

（图片来源：Forestry Images 网站）

分类地位：鞘翅目 Coleoptera 象甲科 *Curculionidae* 芒果象属 *Sternochetus*。

主要寄主：芒果。

特征及危害：体长 7.5~9mm，体宽 4~4.3mm。体黑褐色，被覆灰白色鳞片组成的斑块及横向鞘翅和胸部的条纹。以成虫在芒果树干树皮、裂缝、树洞、树杈沉淀物中、散落的芒果果核内等处越冬，次年春飞出取食芒果树嫩梢嫩叶、花穗和幼果。成虫产卵于幼果内，孵出的幼虫向核腔钻蛀、入核仁取食，形成细线状蛀道。随着虫龄增大，取食暴增，子叶被蛀食成充满粪便的孔穴；未被蛀食的部分则发黑变质。

主要分布于亚洲的南部和东南部、非洲、中美洲、大洋洲以及美国、法属圭亚那等国家和地区，在我国无分布。

（六）螨类

主要是山楂叶螨 *Amphitetranychus viennensis*（见图 8-16）。

分类地位：真螨总目 Acariformes、叶螨科 *Tetranychidae*、双叶螨属 *Amphitetranychus*。

图 8-16　山楂叶螨

（图片来源：国门生物安全基础数据信息资源平台）

主要寄主：苹果、梨、桃、杏、山楂、樱桃、核桃、樱花、榛子、橡树等，以蔷薇科果树受害最重；也取食黑莓、草莓、玉米、茄子、番茄、榛、核桃、槐树、臭椿、柳、泡桐、白杨和木槿等植物。

特征及危害：雌成螨卵圆形，体长 0.54~0.59mm，冬型鲜红色，夏型暗红色。雄成螨体长 0.35~0.45mm，体末端尖削，橙黄色。卵圆球形，春季产卵呈橙黄色，夏季产卵呈黄白色。以幼螨、若螨和成螨危害叶片，常群集在叶片背面的叶脉两侧，并吐丝拉网，在网下刺吸叶片的汁液，被害叶片出现失绿斑点，甚至变成黄褐色或红褐色，光合作用降低，严重者枯焦，似火烧状，提前落叶。严重时抑制果树生长，甚至造成二次开花，从而影响当年花芽的形成和次年的产量。

该虫在国外分布于亚洲、欧洲和大洋洲，国内遍布于东北、华北、西北和长江中下游等果区。

二、真菌

（一）美澳型核果褐腐病菌 *Monilinia fructicola*（见图 8-17）

分类地位：柔膜菌目 Helotiales、核盘菌科 *Sclerotiniacea*、链核盘菌属 *Monilinia*。

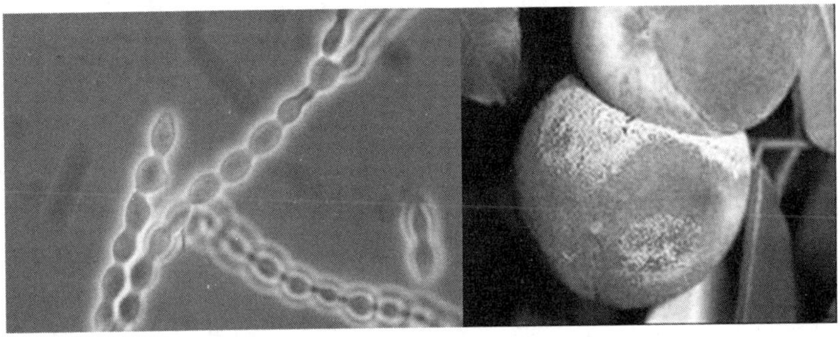

图 8-17　美澳型核果褐腐病菌

（图片来源：国门生物安全基础数据信息资源平台）

主要寄主：番木瓜、欧李、樱桃、木瓜属、欧洲山茱萸、山楂、榅桲、枇杷、草莓、苹果、刚竹属、李属、杏、欧洲甜樱桃、欧洲酸樱桃、欧洲李、扁桃、桃、李、杏李、梨属、葡萄。

特征及危害：病害发生初期果实表面上形成灰褐色圆形病斑，随后病斑迅速蔓延扩展至全果，并使果肉变褐软腐，病部表面产生散生的灰褐色绒球状霉层，最后病果大部分或完全腐烂脱落，或干缩成僵果悬挂枝条上经久不落。在低湿度条件下，不形成分生孢子小疱，但整个果实皱缩、干瘪。受侵染的花和叶变褐，枯萎，形成典型的枯萎状。在茎上造成褐色的凹陷区域（溃疡斑），通常其表面聚集着树胶。潮湿条件下，在这些受侵染的组织上产生分生孢子梗束。

（二）苹果牛眼果腐病（见图 8-18）

至今已知的苹果牛眼果腐病病原真菌有明孢盘菌属（*Neofabraea*）的 4 个种，即 *Neofabrea malicorticis* H. S. Jacks（异名：*Pezicula malicorticis*）[无性型：*Crypto-sporiopsis curvispora*（Peck）Gremmen]、*N. perennans* [无性型：*C. perennans*（Zeller & Childs）Wollenw.]、*N. alba*（无性型：*Phlyctema vagabunda* Desm. ）和 *N. kienholzii*（Seifert, Spotts & Lévesque）Spotts, Lévesque & Seifert）（无性型：*C. kienholzii* Seifert, Spotts & Lévesque）。

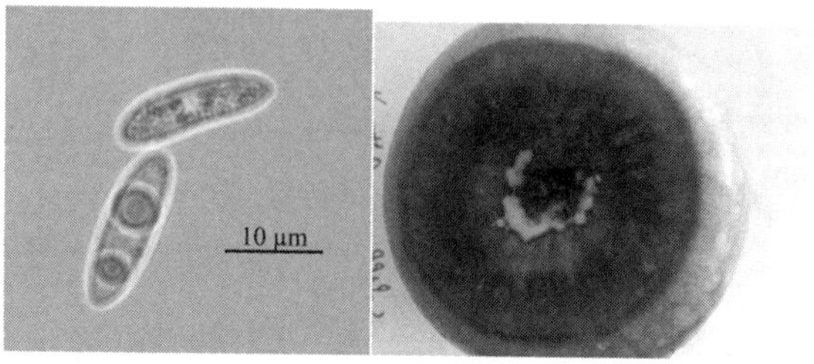

图 8-18　苹果牛眼果腐病

（图片来源：深圳海关动植物检疫技术中心）

分类地位：柔膜菌目 Helotiales、皮盘菌科 *Dermataceae*、明孢盘菌属 *Neofabraea*。

主要寄主：苹果、梨、桃、杏、温桲、山楂、唐棣、花楸和木瓜海棠等多种蔷薇科果树及观赏树木。

特征及危害：病菌不仅侵害苹果等果实，产生牛眼状的烂果，在贮藏期危害较重，病菌还可侵染树木的枝干和枝条而导致树皮发生溃疡，甚至枝条枯死，幼树死亡，发病较重的年份，在美国华盛顿州、俄勒冈州梨产区的采后损失超过 40%，在加拿大不列颠哥伦比亚省的苹果产区金冠品种采后果实腐烂率也达 40%。在有些果园即使不发生树皮溃疡，采后果腐病发生仍然严重。

（三）苹果、梨球壳孢果腐病菌 *Sphaeropsis pyriputrescens*（见图 8-19）

分类地位：葡萄座腔菌目 Botryosphaeriales、葡萄座腔菌科 *Botryosphaeriaceae*、球壳孢属 *Sphaeropsis*。

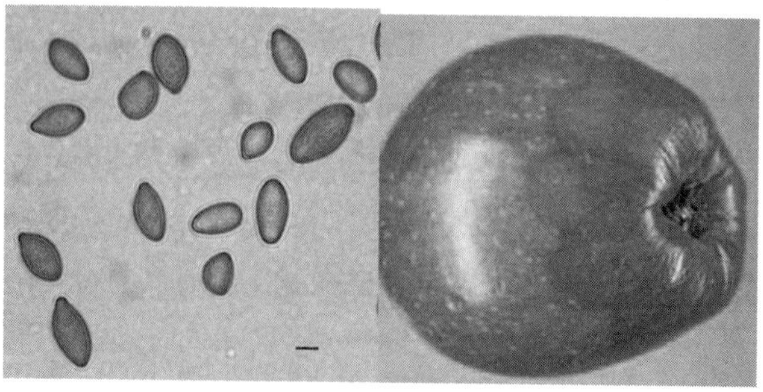

图 8-19　苹果、梨球壳孢果腐病菌

（图片来源：国门生物安全基础数据信息资源平台）

分布：美国、加拿大。

主要寄主：苹果、西洋梨。

特征及危害：果实蒂部和萼部腐烂。发病组织表面褐色，随着病情的发展，病斑表面形成黑色的分生孢子器，分生孢子器分布于果皮的表面或者半埋生于组织内。发病组织表皮褐色或深褐色，果肉褐色，随时间延长病部颜色加深。

（四）丁香疫霉 *Phytophthora syringae*（见图8-20）

分类地位：腐霉目 Pythiales、腐霉科 *Pythiaceae*，疫霉属 *Phytophthora*。

图8-20　丁香疫霉

（图片来源：国门生物安全基础数据信息资源平台）

主要寄主：欧洲七叶树、欧洲桤木、西班牙栗、黎巴嫩雪松、美国流苏树、柑橘属植物、柠檬、欧榛、英国山楂、茴香、迎春花、欧洲女贞、苹果、李属、欧洲甜樱桃、欧洲酸樱桃、欧洲李、扁桃、桃、火棘属、西洋梨、栎属、覆盆子、欧洲丁香。

特征及危害：可引起寄主的根、茎、叶、果实的多种病害。丁香受害，小枝和嫩枝枯萎；苹果、梨及其他蔷薇科果树受害，引起果腐病和茎腐病；西洋栗和山毛榉受害，导致根部腐烂；柑橘属植物受害，出现果实褐腐、嫩枝和花瓣枯萎；茴香受害，叶片枯萎；仙人掌受害，茎部腐烂；豆科灌木受害，树干和树枝上的树皮出现损伤，并呈现伤流溃疡。病菌引发的根腐、茎腐及茎溃疡，导致植株长势衰弱，甚至死亡。受侵染果实最初并不变软或溃烂，仍保持原形只表皮有些变色，之后病部很快发展呈各种不同程度的黄色至褐色。在潮湿的条件下，果皮上长出白色的霉层，病害继续发展，病果变成一团浆。

（五）香蕉枯萎病菌 ***Fusarium oxysporum* f. sp. *cubense***（见图8-21）

分类地位：肉座菌目 Hypocreales、赤丛壳菌科 *Nectriaceae*、镰孢霉属 *Fusarium*。

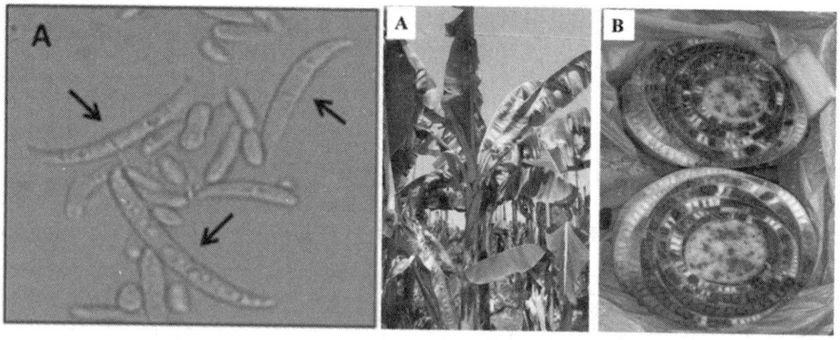

图 8-21　香蕉枯萎病菌

（图片来源：国门生物安全基础数据信息资源平台）

主要寄主：芭蕉属植物。

特征及危害：成株期病株先在下部叶片及靠外的叶鞘呈现特异的黄色，初期在叶片边缘发生，然后逐步向中肋扩展，与叶片的深绿部分对比显著。也有整片叶子发黄，感病叶片迅速凋萎，由黄变褐而干枯，其最后一片顶叶往往迟抽出或不能抽出，最后病株枯死。有个别虽然不随即枯死，但果实发育不良，品质低劣。母株发病，在地上部（即假茎）枯死后，其地下部（即球茎）不立即枯死，仍能长出新芽，继续生长，直到生长中后期才显现症状。其田间病株率为 10%~30%，严重时达 90%以上。

（六）蓝莓果腐病菌 ***Diaporthe vaccinii***（见图 8-22）

分类地位：间座壳目 Diaporthales、间座壳科 *Diapouthaceae*、间座壳属 *Diaporthe*。

a　　　　b

图 8-22　蓝莓果腐病菌

（图片来源：国门生物安全基础数据信息资源平台）

分布：英国、荷兰、德国、罗马尼亚、立陶宛、加拿大、美国、智利。

主要寄主：大果蓝莓、蔓蓝莓、高灌蓝莓、兔眼蓝莓。

特征及危害：病菌在枝、果、繁殖材料等中越冬。侵染发生在当年生的多汁的叶片上，出现细小的病斑，枝尖逐渐萎蔫，病菌顺着枝干传播，在枝条上出现狭长的溃疡，上面覆盖着表皮组织。病菌侵染新枝条后，导致花芽死亡。侵染果实后，果实变为粉棕色，变软，糊状，由枝叶流出。

三、细菌及原核生物

（一）柑橘溃疡病菌 *Xanthomonas axonopodis* pv. *citri*（见图 8-23）

分类地位：黄单胞菌目 Xanthomona-dales、黄单胞菌科 *Xanthomona-daceae*、黄单胞菌属 *Xanthomonas*。

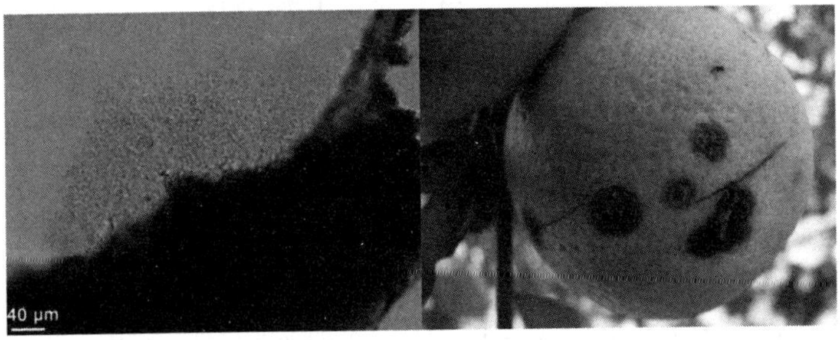

图 8-23　柑橘溃疡病菌

（图片来源：国门生物安全基础数据信息资源平台）

主要寄主：芸香科，柑橘属的柠檬、柚子、橙等经济作物及金橘属、枳属等。

特征及危害：导致果实、叶片和组织坏死性损伤。在果实上，为害轻时使果皮带有病疤，影响外观，降低品质和价值，且不耐贮藏；为害重时发生落果，导致减产。该病极易侵染苗木和幼龄树，会造成苗木枯梢、落叶等危害，削弱树势。

（二）梨火疫病菌 *Erwinia amylovora*（见图 8-24）

分类地位：肠杆菌目 Enterobacteriales、肠杆菌科 *Enterobacteriaceae*、欧文氏菌属 *Erwinia*。

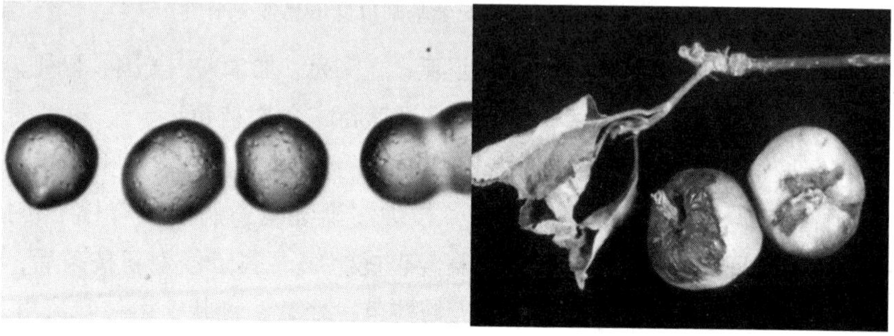

图 8-24 梨火疫病菌

（图片来源：国门生物安全基础数据信息资源平台）

主要寄主：梨、苹果、山楂、木旬子、李等 40 多个属 220 多种植物，大部分属蔷薇科 *Pomoideae* 亚科。

特征及危害：寄主植物地上即可被侵染，其特点是花枯死变干成为黑褐色挂在树上；新梢和枝条枯死，变为褐色，通常枝条顶端弯曲成为该症状特点之一，称为牧羊杖。叶枯，由于侵染部位不同，或从叶边缘开始腐烂，或叶柄、叶中脉变黑。果实枯死，被侵染果实变黑褐色，皱缩成干瘪状挂在树枝上。枝干枯萎病菌从花、嫩枝及果实的大枝条及分枝扩展，引起环形溃疡而使溃疡斑内为红褐色水浸状，在温暖潮湿条件下，受侵染枝条、叶柄、溃疡的树皮、果实及花上可有白色黏液状菌脓渗出。苹果枝条上的菌脓为金黄色。

四、病毒

（一）李属坏死环斑病毒（Prunus necrotic ringspot virus，PNRSV）（见图 8-25）

分类地位：雀麦花叶病毒科 *Bromoviridae*、等轴不稳环斑病毒属 *Ilarvirus*。

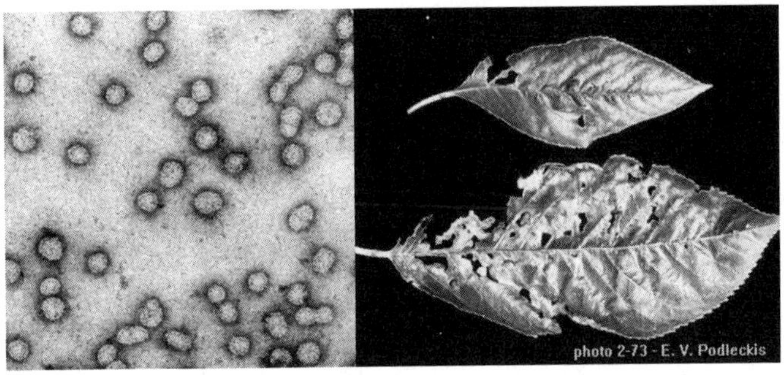

图 8-25　李属坏死环斑病毒

（图片来源：国门生物安全基础数据信息资源平台）

主要寄主：李属、樱桃、西瓜、甜瓜、向日葵、啤酒花、苹果、菜豆、欧洲李、悬钩子属植物。

特征及危害：可以引起樱桃坏死环斑病和皱缩花叶病，其症状与病毒株系、寄主品种的感病性以及环境条件有关。常见症状包括线纹、坏死环斑、碎叶、带状叶、粗花叶甚至全株枯死，出现症状的叶片呈破碎状，部分会坏死和脱落，伴随着这些症状有时还会产生耳突。李属坏死环斑病毒可侵染多达 180 余种植物，导致的产量损失可达 30%～57%。该病毒对我国北方的果树种植业存在严重的威胁，是我国农业和进境检疫性有害生物，可侵染多种果树、花卉及经济作物。

（二）李痘病毒（Plum pox virus，PPV）（见图 8-26）

分类地位：马铃薯 Y 病毒科 *Potyviridae*、马铃薯 Y 病毒属 *Potyvirus*。

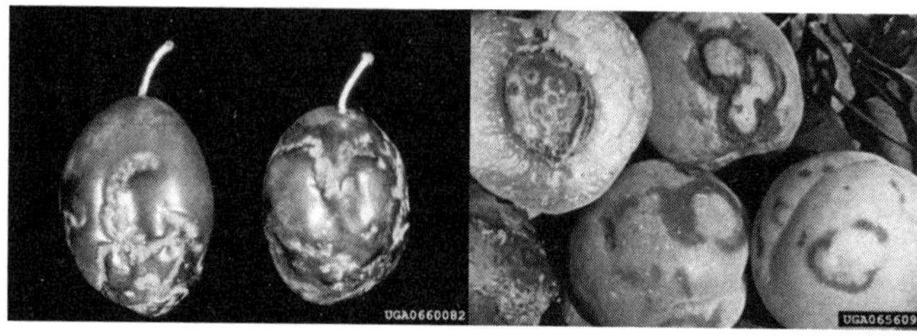

图 8-26　李痘病毒

（图片来源：国门生物安全基础数据信息资源平台）

主要寄主：胡桃、杏、樱桃李、欧洲李、梅、桃、樱桃。

特征及危害：在春季，叶上症状特别清晰，表现为褪绿斑、条斑或环斑，明脉，在桃上叶畸形，感病果实显示褪绿斑和环斑。李和杏果实畸形，果肉变褐，它们的核显示白环或白斑，另外 PPV 的症状因地方、季节、果树、各类工程品种和植物部位不同而不同。

小贴士　水果病虫害常识

1. 病虫害侵染的水果有些为复合侵染，为防止腐菌、霉菌等其他真菌的侵染，从而准确地分离侵染真菌，所以取样送检样品需要一果一袋。

2. 粉蚧等有害生物多分布在果柄、果蒂等不易发觉的地方，可多注意观察。

3. 实蝇幼虫常常潜伏在柑橘等水果内部，可通过红糖水进行检测。红糖水检测是检查水果是否感染实蝇的一种有效现场检测方法，近年来已在国外应用于樱桃、莓类等柔软多汁的水果检疫中。

第二节
水果有害生物鉴定常用技术方法

一、形态学检测技术

（一）基本概念

生物形态学是研究动物、植物和微生物的整体及其各个组成部分的外形和结构的科学。分类的依据是生物在形态结构和生理功能等方面的特征。分类的基本单位是种。分类等级越高，所包含的生物共同点越少；分类等级越低，所包含的生物共同点越多。形态学鉴定方法至今仍然是植物病原物以及昆虫最为重要的分类基础和鉴定手段。

（二）水果有害生物形态学检测技术

1. 昆虫形态学检测技术

昆虫作为节肢动物门下面的一个纲，其主要特征为：身体明显分为头、胸、腹三部分，每部分都由若干环节组成。头部由 6 个环节愈合而成，成体已无节的痕迹。胸部由前胸、中胸、后胸三节组成。腹部由 3～12 个环节组成，大多数为 10～11 节。成虫有 3 对分节的足，分别长在 3 个胸节上（少于 3 对或多于 3 对足的动物都不是昆虫，这是鉴定昆虫最明显的标志）。大多数昆虫的成虫胸部都长着两对翅，也有一些种类的昆虫演化为只有一对翅（如蚊、蝇），还有一些种类的昆虫翅完全退化了（如蚤、虱）。昆虫的头上长着一对分节的触角，有触觉和嗅觉作用，用来探路、寻食、辨别方向和求偶。昆虫体内没有骨骼，成虫体表长有一层外壳，称为“外骨骼”。不同昆虫的特征均不相同，形态学检测技术就是通过区分昆虫的形态特征对其进行鉴定（见图 8-27）。为害水果最常见的害虫包括各类实蝇、粉蚧等。

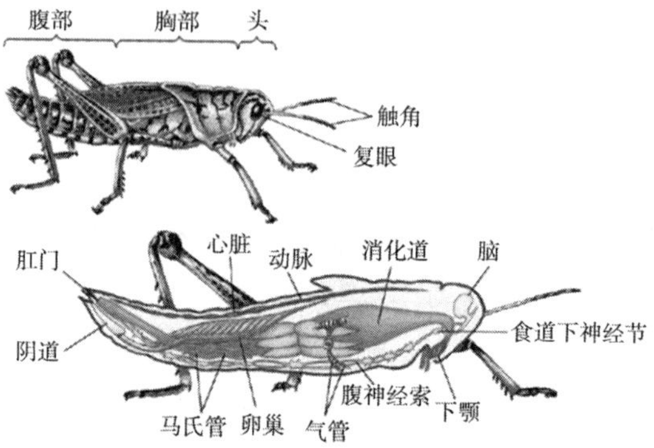

图 8-27　昆虫

2. 植物病原真菌形态学检测技术

（1）检验方法

真菌是具有细胞核而无叶绿素的真核生物，一般都能进行有性或无性繁殖，能够产生孢子，并常有分枝或分隔的丝状菌丝体，典型的具有几丁质细胞壁。

直接检验：对通过肉眼、放大镜或显微镜能观察的真菌。洗涤检验：对附着于植物种子表面的真菌。保湿培养检验：对种子表面和内部、植物其他器官等材料携带的真菌。病组织分离培养检验：对有症状但未产生病征的真菌，或虽有无性态但仍需要产生有性态进行鉴定的真菌，或复合侵染真菌，或潜伏侵染真菌。

（2）形态学特征

子实体①，如属于鞭毛菌，则要关注游动孢子囊大小、形状、颜色，产生方式，游动孢子的大小、形状和颜色，雄器和藏卵器的大小、形状和着生方式，卵孢子的大小和颜色，菌丝体特征等。如属于接合菌，则要关注有性阶段的接合孢子大小、形状、颜色；无性阶段的孢子囊特征，着生方式及孢囊孢子的大小、形状等特征。如属于子囊菌，则要关注子囊和子囊孢子大小、形状、颜色、隔膜，子囊壁单层或双层及子囊顶部特征，子囊果的大小、形状、颜色、着生方式等特征。如属于担子菌，则要关注冬

① 子实体是高等真菌的产孢构造，即果实体，由已组织化了的菌丝体组成。在担子菌中又叫担子果，在子囊菌中又叫子囊果。无论是有性生殖还是无性生殖，无论结构简单或复杂，都称其产孢结构为子实体。

孢子的大小、形状、颜色、排列方式，担孢子大小、形状、颜色，担子大小、形状、颜色，担子果的大小、形态、表面特征等。如属于半知菌，则要关注分生孢子大小、形状、颜色、产孢方式，分生孢子梗的形态特征，分生孢子器或分生孢子盘的大小、形状和颜色等。

菌落特征：包括菌落质地、大小、菌落颜色、菌落形状、边缘是否光滑、表面是否干燥、有无特殊气味、菌落着生情况，病原菌菌丝体大小、形状、颜色、分隔等特征。

3. 植物病原细菌形态学检测技术

细菌的形态学包括菌体的形状、大小、排列，革兰氏染色反应①，运动性，鞭毛位置、数目，芽孢有无、形状和部位，荚膜等。植物病原细菌大多在一般常规培养基上生长速度较慢，该特征常被应用于致病菌的初筛观察。

各种细菌的形态在适宜的环境下是相对稳定的。但环境的改变，如培养基条件的改变，抗生素和化学药品的使用等，均可使细菌产生不规则的形态，并可出现细胞壁的缺陷和多样性。为此，在进行细菌形态鉴定时，必须按目标菌的生长要求，选择适宜的培养基和培养条件，以及适宜的培养时间和检查方法，才能作出正确的形态学鉴定。

二、生理生化检测技术

（一）基本概念

植物病害生理生化是从生理学和生物化学角度研究植物病害发生机制的科学，植物代谢包括光合作用、呼吸作用、水分代谢、次生物质代谢、碳水化合物代谢、蛋白质代谢和核酸代谢，代谢变化是一切病理现象的基础。

（二）植物有害生物生理生化检测技术

1. 植物病原细菌的生理生化检测技术

细菌的生理生化特征包括能量代谢（利用光能或化学能）、对氧气的要求（专性好氧、微需氧、兼性厌氧及专性厌氧等）、营养和代谢特性

---

① 革兰氏染色是用来鉴别细菌的一种方法：这种染色法利用细菌细胞壁上的生物化学性质不同，可将细菌分成两类，即革兰氏阳性与革兰氏阴性。

（所需碳源、氮源的种类，有无特殊营养需要，存在的酶的种类等）。各种细菌在代谢类型上表现了很大的差异，由于细菌特有的单细胞原核生物的特性，这种差异就表现得更加明显。不同细菌分解利用糖类、脂肪类、蛋白类、无机盐类的能力不同，发酵的类型和产物也不相同。

2. 昆虫的生理生化检测技术

隐蔽害虫的染色检查：根据害虫侵入植物后所引起的化学变化，可用不同的化学药品进行染色。如 1%高锰酸钾溶液、1%碘化钾或 2%碘酒、0.5%氢氧化钠或氢氧化钾溶液。

聚丙烯酰胺凝胶电泳①测同工酶②：由于同工酶分子结构的差异、分子大小、形状等都不相同，导致在一定 pH 缓冲液中携带的电荷也不同。如果将其电泳，由于透过膜的迁移率不同，各组分实现分离。

昆虫表皮碳氢化合物分析③：昆虫表皮碳氢化合物是指昆虫表皮蜡层中的一类长链烃类，是蜡层中的主要成分，其组分和含量在种之间存在差异，即使在亲缘关系很近的种间也有明显差异，利用气—质联用（GC-MS）分析技术④进行检测。

三、分子生物学技术

（一）普通 PCR、荧光定量 PCR、数字 PCR 检测技术

1. 原理

普通 PCR⑤ 以拟扩增的 DNA 分子为模板，以一对分别与模板 5′末端和

---

① 以聚丙烯酰胺凝胶作为支持介质的一种常用电泳技术，用于分离蛋白质和寡核苷酸。

② 广义是指生物体内催化相同反应而分子结构不同的酶。

③ 昆虫上表皮中的碳数为 20~50、直链或支链、饱和或不饱和的长链烃类，存在于昆虫表皮蜡层。

④ 当多组分的混合样品进入色谱柱后，由于吸附剂对每个组分的吸附力不同，经过一定时间后，各组分在色谱柱中的运行速度也就不同。吸附力弱的组分容易被解吸下来，最先离开色谱柱进入检测器，而吸附力最强的组分最不容易被解吸下来，因此最后离开色谱柱。如此，各组分得以在色谱柱中彼此分离，顺序进入检测器中被检测、记录下来。

⑤ 聚合酶链式反应（PCR）是一种用于放大扩增特定的 DNA 片段的分子生物学技术，它可看作是生物体外的特殊 DNA 复制，PCR 的最大特点是能将微量的 DNA 大幅增加。

3′末端互补的寡核苷酸片段为引物，在 DNA 聚合酶的作用下，按照半保留复制机制沿着模板链延伸直至完成新的 DNA 合成，重复这一过程，即可使目的 DNA 片段得到扩增。荧光定量 PCR：在 PCR 反应体系中加入荧光基团，利用荧光积累实时检测整个 PCR 进程，最后通过标准曲线对未知模板进行定量分析的方法。荧光定量 PCR 在反应体系中加入荧光基团，使产物的数量与检测到的荧光强度成线性关系，从而得到产物的扩增曲线。数字 PCR：将单个 DNA 分子置于独立的反应室中，并对其进行 PCR 扩增，利用 TaqMan 探针①及染料标记探针检测特定的靶序列，通过呈现两种信号类型的反应单元比例和数目进行统计学分析，实现样品的绝对定量。

2. 标准化应用情况

在现行的《国际植物保护公约》（IPPC）国际标准、国家标准和行业标准中，PCR 和实时荧光 PCR 是应用最多的分子生物学检测技术。如 IPPC 标准中，ISPM 27. Annex 04. Diagnostic protocols for regulated pests：*Tilletia indica* Mitra 关于小麦印度腥黑穗病菌的鉴定和 ISPM 27. Annex 06. Diagnostic protocols for regulated pests：*Xanthomonas citri* subsp. citri 关于柑橘溃疡病菌的鉴定都使用了普通 PCR 和实时荧光 PCR 方法。《向日葵茎溃疡病菌检疫鉴定方法》（GB/T 31792—2015）、《烟草环斑病毒检疫鉴定方法》（GB/T 28081—2011）采用了普通 PCR 和实时荧光 PCR 方法，《芒果细菌性黑斑病菌检疫鉴定方法》（GB/T 28094—2011）采用了普通 PCR 方法，《大豆茎溃疡病菌检疫鉴定方法—TaqMan MGB 探针实时荧光 PCR 检测方法》（SN/T 3399—2012）、《马铃薯 A 病毒检疫鉴定方法》（SN/T 1135. 7—2009）采用的是实时荧光 PCR 方法，《苜蓿细菌性萎蔫病菌检疫鉴定方法》（SN/T 2666—2010）采用了普通 PCR 方法。

① TaqMan 荧光探针是一种寡核苷酸探针，其 5′末端携带荧光基团，如 FAM、TET、VIC、HEX 等，3′端携带淬灭基团，如 TAMRA、BHQ 等。

（二）基因条码检测技术

1. 原理

每个物种的 DNA 序列都是唯一的，DNA 条形码通过测定基因组上一段标准的、具有足够变异的 DNA 序列来实现物种鉴定（见表 8-1）。

表 8-1 常用的 DNA 条形码基因序列及 PCR 扩增条件

片段	引物名称	引物序列（5′-3′）	反应条件
ITS2	ITS2F	ATGCGATACTTGGT-GTGAAT	94℃ 5min；94℃ 30s，56℃ 30s，72℃ 45s，40 个循环
	ITS3R	GACGCTTCTCCAGAC-TACAAT	72℃ 10min
psbA-trnH	fwd	GTTATGCATGAACG-TAATGCTC	95℃ 4min；94℃ 30s，55℃ 1min，72℃ 1min，35 个循环
	rev	CGCGCATGGTGGAT-TCACAATCC	72℃ 10min
matK	3F_ KIM	CGTACAGTACTTTTGT-GTTTACGAG	94℃ 1min；94℃ 30s，52℃ 20s，72℃ 50s，35 个循环
	1R_ KIM	ACCCAGTCCATCTG-GAAATCTTGGTTC	72℃ 5min
rbcL	rbeLa_ F	ATGTCACCACAAA-CAGAGACTAAAGC	95℃ 4min；94℃ 30s，55℃ 1min，72℃ 1min，35 个循环
	rbeLa_ R	GTAAAATCAAGTC-CACCRCG	72℃ 10min
COI *	LCOI490	GGTCAACAAATCATA-AAGATATTGG	94℃ 1min；94℃ 1min，45℃ 1.5min，72℃ 1.5min，5 个循环
	HCO2198	TAAACTTTCAGGGT-GACCAAAAAATCA	94℃ 1min，50℃ 1.5min，72℃ 1min，35 个循环；72℃ 5min
ITS2 *	ITS3	GCATCGAT-GAAGAACGCAGC	95℃ 2～3min；94℃ 30s，50℃～60℃ 30s
	ITS4	TCCTCCGCTTATT-GATATGC	72℃ 30～120s，25 个循环；72℃ 10min

与传统的分子标记相比，基因条码技术具有以下优势：

（1）直接利用 DNA 序列进行物种的鉴定，具有独一无二的可重复性；序列具有通用性，在不同物种之间具有可比性，在全球物种鉴定中可以形成统一的标准，利于对生物系统进行进化研究，而其他 DNA 分子鉴定技术通常针对特定物种选择特定 DNA 序列或应用特定的分子标记进行研究，结果缺乏通用性，数据库不能集成。

（2）只需一对或几对通用引物，而其他 DNA 分子鉴定技术需要十几甚至几十对引物。

（3）在技术发展成熟的基础上，根据 DNA barcoding 鉴定技术可以设计生产便携式鉴定分析扫描仪，任何人可以实时完成物种鉴定工作，而其他 DNA 分子鉴定技术包括传统鉴定方法要求鉴定人员具有很高的专业知识和技术能力。

2. DNA 条形码研究和应用情况

国际生命条形码的研究于 2003 年提出（见表 8-2），我国 DNA 条形码研究也快速跟进。作为国际生命条形码计划 4 个中心节点之一，我国与加拿大、美国和欧盟具有同等地位，负责亚洲生命条形码计划的实施，并为亚洲其他区域或国家节点提供技术支持和人员培训服务。2011 年，我国检验检疫系统研究人员在科技部的支持下，启动了国家科技支撑计划“检疫性有害生物 DNA 条形码检测数据库建设及应用”。

表 8-2　常用的国际 DNA 条形码数据库信息

序号	项目名称
1	The consortium for the barcode of life
2	The intemational barcode of life project
3	Canadian centre for DNA barcoding
4	Barcode of life data systems
5	Global mirror system of DNA barcode
6	Fish barcode of life initiative
7	All birds barcoding initiative
8	Polar barcode of life

续表

序号	项目名称
9	Bee barcode of life initiative
10	Marine barcode of life
11	Lepidoptera barcode of life
12	Trichoptera barcode of life
13	Formicidae barcode of life
14	Coral beef barcode of life
15	Mammal barcode of life
16	Sponge barcoding project

（三）基因芯片检测技术

1. 原理

基因芯片是基于核酸互补杂交原理研制的，即通过与一组已知序列的核酸探针杂交进行核酸序列测定，在一块固相支持介质表面固定序列已知的核苷酸的探针。将荧光标记分子通过体外转录或扩增等技术掺入到样品RNA或DNA当中，与基因芯片上对应位置的核酸探针产生互补匹配时，通过荧光显影法等对杂交信号强度进行检测分析，获得序列完全互补的探针序列，再用计算机软件比较和综合分析数据后，即可获得样品中分子数量和大量基因表达信息。基因芯片根据载体上所储存的生物信息可分为寡核苷酸芯片、cDNA 芯片、基因组 DNA 芯片三种主要类型。

2. 标准化应用情况

《生物芯片基本术语》（GB/T 27990—2011）规定了生物芯片检测的术语定义概念等，《DNA 微阵列芯片通用技术条件》（GB/T 28639—2012）、《蛋白质微阵列芯片通用技术条件》（GB/T 28641—2012）、《微阵列芯片用醛基基片》（GB/T 33752—2017）、《微阵列生物芯片点样仪技术要求》（GB/T 34324—2017）、《微阵列生物芯片清洗仪技术要求》（GB/T 35891—2018）、《微阵列生物芯片反应仪技术要求》（GB/T 35895—2018）等规定了生物芯片、基因芯片的操作方法和技术要求。

（四）小分子多肽检测技术

1. 原理

基质辅助激光解吸电离（Matrix-assisted laser desorption ionization，MALDI）是由德国科学家发现的质谱电离方式，常用的是基质辅助激光解吸电离飞行时间质谱（Matrix-assisted laser desorption ionization time of flight mass spectrometry，MALDI TOF MS）。将微量样品与过量小分子基质混合到一起，点加到样品盘上，溶剂挥发后样品与基质形成共结晶。经脉冲激光作用后，基质吸收激光的能量跃迁到激发态，导致了样品的电离和气化。电离可以是基质的质子转移到样品分子上，也可以是样品分子的质子转移到基质的分子上，前者较为常见。然后在高电压作用下将样品离子转送到质量分析器内。根据离子在飞行管内的飞行速度与 $m/z^{-1/2}$ 成正比，不同 m/z 值的样品离子到达检测器的时间不同，从而得到具有不同 m/z 值的图谱，实现对样品的鉴定。MALDI TOF MS 具有灵敏度高、高通量、高精确及高检测范围等优点。

2. 标准化应用情况

尚未建立相应的国家标准和行业标准。

（五）免疫学（血清学）检测技术

1. 原理

血清学反应又称免疫学反应，是指抗原与抗体之间发生的各种作用。抗原指的是能诱导产生抗体的一类物质，它可以是病毒、细菌、真菌、植原体等微生物，也可以是酶类、DNA、RNA、类脂、多糖等有机化合物，甚至还可以是叶片、枝条、梢头等各类组织。抗体是指由抗原注射到动物体内诱导产生的、并能与抗原在体外进行特异性反应的一类物质，主要是一些免疫球蛋白。含有抗体的血清通常称为抗血清。抗原能与由其诱导产生的抗体发生凝集、沉淀等反应，利用病原物中特异性强的抗原与相应的抗体反应，就能实现对病原物检测、鉴定。

2. 标准化应用情况

血清学检测技术就是依赖于血清学反应的检测技术，是植物病害检疫中最重要的技术之一，主要应用于植物病毒的检测。

小贴士 水果查验和实验室技术的选择要点

1. 表面查验时，应特别留意果梗、果蒂处是否有异常，如虫卵、霉层、菌斑等，可进行剖果检验。某些真菌侵染的病果需要进行保湿培养以使得其生长。

2. 昆虫的虫卵较难鉴定，需饲养成成虫后进行鉴定。真菌的菌丝也无法直接判定，需诱导产孢进行形态学鉴定。

3. PCR、实时荧光 PCR、DNA 条形码等分子生物学方法可省去分离培养的时间，对物种进行直接鉴定。

第九章

进出境水果检疫除害处理技术

CHAPTER 9

检疫处理措施是动植物检疫机关对经检疫不合格的动植物、动植物产品和其他检疫物或者存在检疫风险的场所对象等，要求采取的强制性处理措施并实施检疫监管，以达到防范外来有害生物的入侵、促进我国优质农产品出口目的。本章重点介绍进出境水果检疫除害处理概论及常见的熏蒸处理、热处理、冷处理等方法。

第一节
检疫处理概论

一、基本概念

根据国际植物检疫措施标准 ISPM 5 的定义，检疫处理（Treatment）是指旨在杀灭、灭活或消除有害生物，或使有害生物不育或丧失活力的官方程序。

广义的检疫处理是指动植物检疫机关对经检疫不合格的动植物、动植物产品和其他检疫物采取的强制性处理措施。根据《进出境动植物检疫法》，这些措施主要包括除害、退回和销毁等方式。狭义的检疫处理，是指检疫除害处理。

根据《出入境检疫处理单位和人员管理办法》，“出入境检疫处理”是指利用生物、物理、化学的方法，对出入境货物、交通工具、集装箱及其他检疫对象采取的消除疫情疫病风险或者潜在危害，防止人类传染病传播、动植物病虫害传入传出的措施。因此，一般认为，为防止有害生物的传入、传出、定殖和/或扩散，或对限定性有害生物进行官方控制而采用物理、化学、生物等技术方法所做的处理，包括熏蒸处理、冷处理、热处理、辐照处理等经官方机构认可的技术手段，就是狭义上的检疫除害处理。

本章节主要从狭义上探讨进出境水果检疫除害处理。在检疫处理过程中，只有将检疫处理技术方法、规范标准和设施设备等有机结合起来，通过完善检疫处理工作质量控制和监督管理，才能保证检疫处理安全有效。

二、技术和方法

植物检疫处理的应用在我国已有半个多世纪的历史，伴随着我国外贸事业的发展壮大而不断完善和规范。根据检疫处理过程中是否使用化学药剂，可以把检疫处理分成两类：一类是化学处理方法，以化学药剂为基础，通过研究更好的药剂及其使用方法来达到除虫灭菌的目的，主要包括熏蒸处理、烟雾剂处理、药剂浸泡处理等；另一类是非化学处理方法，包括通过各种极端环境条件对有害生物的胁迫或利用高能射线对有害生物的机体造成不可逆转的损伤等，最终达到杀灭有害生物（不管是丧失繁殖能力还是丧失活力）的目的，主要有热处理、冷处理、水浸处理、辐照处理、微波处理和气调处理等，采用生物学的技术和方法，如植物茎尖脱毒处理，生物不育防治等。

目前在进出境水果检疫除害处理中广泛应用的是熏蒸处理、热处理、冷处理等方法。

三、基本原则

（一）确定需实施检疫处理的原则

1. 进境/过境检疫处理

确定实施进境水果检疫除害处理的总原则是依据《进出境动植物检疫法》及其实施条例等的规定，当进境/过境水果被检出具有检疫意义的有害生物时，应当采取检疫处理措施。

（1）检出《中华人民共和国进境植物检疫性有害生物名录》中列名的有害生物；

（2）检出双边检疫协定、议定书、检疫条款（条件）、备忘录等国际条约中列名的有害生物；

（3）根据《进出境重大植物疫情应急处置预案》发布的警示通报等，需临时采取检疫处理措施的；

（4）依据国际植物检疫措施标准，在日常检疫中新发现重大突发疫情，经风险分析，确需采取紧急措施进行检疫处理的；

（5）贸易合同中订明的检疫要求，需进行检疫处理的；

（6）国内收货人或其代理人主动提出检疫处理申请的；

（7）其他应当实施检疫处理的情况等。

2. 出境检疫处理

确定实施出境水果检疫除害处理的原则主要包括：

（1）国际植物检疫措施标准和我国法律法规等要求在出境前实施检疫处理的；

（2）双边检疫协定、议定书、检疫条款（条件）、备忘录等国际条约中规定应实施检疫处理的；

（3）输入国家（地区）要求在出境前实施检疫处理的；

（4）国内发货人或其代理人主动提出检疫处理申请的；

（5）其他应当实施检疫处理的情况等。

（二）确定检疫处理方法的原则

不同检疫处理技术和方法都有其优缺点，适用范围也各有侧重。因此，在进出境水果检疫除害处理过程中，应该根据目标有害生物和不同水果种类的特点，科学地选择合适的检疫处理方法，可以采用某一种检疫处理方法或组合采用多种检疫处理方法。根据《危险性有害生物检疫处理原则》（SN/T 3568—2013），确定进出境水果检疫除害处理采取的方法时应把握以下原则：

1. 处理造成的损失应降低到最小；

2. 应完全有效，能彻底杀灭或灭活有害生物，防止有害生物的传播、扩散和定殖；

3. 应当安全可靠、不造成中毒事故、残留低、对环境污染小；

4. 应尽量减少对水果品质的影响；

5. 应符合国家环境保护、食品卫生、农药管理等其他相关的法律法规的规定；

6. 在能达到相同处理效果的情况下，可以使用不同的方法进行处理；

7. 遵守其他可能影响处理效果的要求。

（三）实施检疫处理的原则

采取检疫处理措施的总体原则是，在保证病虫害不传入传出国境的前提下，同时考虑减少经济损失，有利于发展对外经济贸易。能进行除害处理的，尽量进行除害处理；不能进行除害处理或除害无效的，坚决做扑杀、退回或销毁处理。在进出境水果检疫除害处理工作中，应着重把握以下三个原则：

1. 科学有效

依据 SPS 协定，植物检疫处理的应用，应当建立在科学、适度的基础上。因此，加强植物检疫处理的规范化、标准化，是实施 SPS 协定的基础，也是检疫处理科学性和有效性的内在要求。

2. 安全环保

实施进出境水果检疫除害处理时，应严格控制与检疫处理相关的各种环境条件（如安全作业距离、作业场所要求、药剂存放场所要求等）并严格遵循相关技术规范；各种专用仪器设备应定期检定，并适时检查其有效性，从而保证检疫处理从业人员、监管人员的安全和被处理水果的安全。此外，实施进出境水果检疫除害处理过程中，要减少处理药物在货物中的残留和对环境的污染。

3. 影响最小

依据 SPS 协定，各成员在决定适当的动植物卫生检疫保护水平时，应考虑将对贸易的不利影响降到最低这一目标。因此，进出境水果检疫除害处理的应用，还应该充分考虑等效性原则。此外，实施进出境水果检疫除害处理，应在达到处理效果的前提下，使处理所造成的水果损失降到最低，不对水果的品质、风味和营养价值造成影响，不对水果外观造成污损。

四、检疫处理的作用

（一）有效保障国门生物安全

随着我国步入新发展阶段，构建以国内大循环为主体、国内国际双循环相互促进的新发展格局，大量的优质水果也随之进出国门，在不断满足国内外人民美好生活需要的同时，也使植物危险性有害生物的传入风险不断加大。地中海实蝇、新菠萝灰粉蚧、芒果象甲、柑橘溃疡病菌等进境水果传带的检疫性有害生物频闯国门，对我国的农林业生产、生态环境平衡、生物多样性、人类和动植物健康，乃至整个经济社会发展都构成了严重威胁。据统计，2023 年我国从进境水果中共截获有害生物 450 种、14 万余种次，其中检疫性有害生物 19 种、4700 种次。植物检疫处理在防范这些有害生物的入侵、保障宏观调控措施有效落实等方面发挥着重要作用。

（二）促进和扩大农产品出口

应用检疫处理技术显著地促进和扩大了我国优质农产品出口。如 1995 年，利用冷处理技术成功实现了中国荔枝出口美国，利用热处理技术成功实现了中国荔枝出口日本。同时，通过对水果检疫除害处理技术的研究、创新和推广使用，促使新疆哈密瓜、河北鸭梨等优质水果成功出口。

另外，作为负责任的国际社会成员，我国采取的动植物检疫特别是检疫处理措施必须符合 SPS 协定要求。由于动植物检疫除害处理具有方法灵活、操作方便和手段多样的优势，可以与风险分析、检疫准入等措施相互关联、互为补充，共同构建多层次保障的 SPS 协定措施体系，从而更有效地保护我国水果产业健康发展。由此可见，有效的检疫处理技术措施可以进一步提高我国水果的质量安全水平，满足我国扩大相关产品出口的需要。

（三）履职把关重要技术保障

动植物检疫除害处理是海关执法把关工作的重要保证和组成部分，是防范外来有害生物和疫情疫病传入传出的必要手段和重要保障。同时，检疫处理作为国家对进出境贸易实施调控的主要技术性贸易措施，发挥着不可替代的重要作用。进境水果检疫除害处理工作技术性强、风险性高、涉及面广，一旦处理和监管不到位，不但导致疫情传入，而且可能引发重大安全事故和环境安全问题。

因此，无论是从防范外来有害生物入侵，保护我国农林业生产安全、生态环境平衡等角度考虑，还是从提高我国农产品国际竞争力、促进农产品出口、全面推进乡村振兴战略，或是科学设置技术性贸易措施、有效调控贸易平衡并为国家战略服务等方面衡量，检疫处理都具有不可替代的作用。

小贴士 **进境水果检出检疫性有害生物可以不做检疫除害处理吗？**

根据《进出境动植物检疫法》，进境水果经检疫发现有检疫性有害生物的，应作除害、退回或者销毁处理。经除害处理合格的，准予进境。因此，从法律角度出发，货主可以选择法律规定的任何一种处理方法，不一定非得做检疫除害处理。此外，为避免出现进境水果被检出检疫性有害生物，海关提醒水果进口商可通过加大源头管理来提升进口水果质量安全水平。

第二节 水果熏蒸处理

一、概念

熏蒸（Fumigation）是指借助于熏蒸剂这一类化合物，在一定的时间和可以密闭的空间内将有害生物杀灭的技术或方法。熏蒸剂是指这一类化学物质，它们在一定温度和压力下，能够保持气态且维持将有害生物杀灭所需的足够高的气体浓度。

熏蒸是以熏蒸剂气体来杀灭有害生物的，它强调的是熏蒸剂的气体浓度和密闭熏蒸空间。熏蒸剂是作为最严格意义上的气体而起作用的，这种分子状态的气体能穿透到被熏蒸的物质中，通过影响目标有害生物体内的生化反应达到杀灭效果；同时，又能在熏蒸结束后通过通风散气从被熏蒸物中扩散出去。

二、熏蒸效果影响因素

（一）熏蒸剂浓度与时间的乘积（CT 值）

在一定的温湿度条件下和一定的熏蒸剂气体浓度及熏蒸处理时间变化

范围内，使得某种有害生物达到一定死亡率所需的浓度（C）和时间（T）的乘积（CT 值）是一个常数，即 C×T＝K，这里 C 是指熏蒸剂气体浓度，T 是指熏蒸时间的长短，K 是一个常数。从 CT 值的定义可以看出，只要能满足一定的 CT 值要求，熏蒸杀虫效果就是一定的，而且熏蒸剂气体浓度和处理时间是可以根据实际情况在一定范围内进行调整的。

需要注意的是，“一定的熏蒸剂气体浓度及熏蒸处理时间变化范围内”对熏蒸气体浓度和熏蒸处理时间作了限定，极低的浓度和无限的时间或是极高的浓度和短暂的时间在生产实践中没有现实的意义。

在 CT 值的定义中，“达到一定死亡率”是熏蒸处理的目标，针对的是“某种有害生物”这一特定对象。因此，考虑熏蒸处理的效果时，首要的因素是“某种有害生物”，然后在“一定的温湿度条件下”的熏蒸气体浓度与时间。能够影响到这几个变量产生变化的各种因素都会对熏蒸处理的效果产生影响。

在熏蒸处理实践中，待熏蒸物及其携带的有害生物不可选择，温度、湿度即使进行人工干涉以提高熏蒸效果，但通常在整个熏蒸过程中相对固定，那么在一定的熏蒸密闭时间选择下，有害生物有效接触到的熏蒸气体浓度就成为了影响熏蒸效果的关键因素。

（二）有害生物的种类、生长阶段

不同的有害生物种类的熏蒸处理 CT 值存在显著差异。即使是同一有害生物，在其不同生长阶段如昆虫的卵期、幼虫期、蛹期、成虫期等不同虫态，因其活跃程度及生理生化特性，对熏蒸剂表现出不同的抵抗力。一般来讲，卵强于蛹，蛹强于幼虫，幼虫强于成虫，成雄虫强于雌虫。

（三）温度与湿度

温度是影响熏蒸效果的最重要的一个因素。关键原因是它可以影响目标有害生物的呼吸速率。一般来说，温度越低，有害生物的呼吸速率越低，达到所要求效能所需的熏蒸剂的剂量越大或需要的暴露时间越长。一般来说，当温度在 10℃以下时，熏蒸剂的吸附作用变强，从而降低熏蒸气体到达有害生物的有效浓度；同时，有害生物的活动性较低，熏蒸杀虫的效果随温度降低而急剧下降，因此认为低于 10℃的温度不适合于熏蒸处理。如果需要进行熏蒸处理，则应进行一定的升温措施。在满足要求的前提下（通常10℃～35℃），杀灭某一虫种所需的熏蒸剂气体浓度，随着温度的升高而降低。其主要原因：温度升高，有害生物的呼吸速率、生理生化反应等会相应加快，从环境中吸入熏蒸剂气体随之增多，熏蒸剂的毒害作用越强。

湿度对熏蒸效果的影响不如温度对熏蒸效果的影响明显，但对落叶植物或其他生长中的植物及其器官，熏蒸时必须保持较高的湿度；对种子等的熏蒸，湿度越低越安全。用磷化铝和磷化钙进行熏蒸，湿度太低会影响磷化氢的产生速度，因而必须延长熏蒸时间。

（四）货物包装、装载量及堆放形式

熏蒸体系中，影响最终熏蒸处理效果的是到达目标有害生物周边可为之接触的熏蒸气体浓度，应保证初始投入状况呈点状的熏蒸剂在最短时间扩散、穿透待熏蒸物及其包装，到达目标有害生物生存空间。因此，密闭熏蒸体系中应提供熏蒸气体在其中的循环通道，必要时应打开商品的包装。①

（五）投药剂量

初始投药剂量直接影响熏蒸体系中的药剂起始浓度。

剂量是指熏蒸时单位体积内实际使用的药量。理想的剂量通常是熏蒸体系中熏蒸剂浓度高到足以杀灭有害生物，而低到足以避免损害熏蒸物或形成过多的熏蒸剂残留，并且在两者间有一个较小的安全系数，避免因药剂吸附、泄漏等因素造成熏蒸剂浓度降低而导致熏蒸失败。

浓度是指在熏蒸体系中，单位体积中自由空间内熏蒸剂气体的量。

浓度和剂量之间虽然关系密闭，但有本质的区别。剂量是考虑吸附、解吸、穿透、扩散、泄漏等多种因素后，为保证足够高熏蒸气体浓度而设定的初始投药的量；熏蒸气体浓度则是受到穿透能力、吸附、渗漏等因素影响后熏蒸密闭体系中熏蒸剂气体的量，通常在熏蒸过程中是一个变化的量。

---

① 水果、蔬菜的装填量应不超过总容积的2/3，堆垛与天花板之间应保留大于30cm的距离。使用包装时，包装的成分和结构应不妨碍熏蒸剂气体对商品的渗透，并且不影响熏蒸剂浓度达到要求的水平。否则，应去除或刺穿不渗透性包装材料或涂层，以确保熏蒸剂的足量渗透。对于穿孔包装不应重叠放置，以免堵塞孔洞。

（六）密闭程度

投药期间，熏蒸体系中的压力随着投药的继续不断升高，熏蒸剂气体浓度不断增大，如果密封不好，那么即使是比较小的孔洞，也会造成熏蒸气体的大量损失和有效浓度的降低，严重影响熏蒸效果。

（七）环境条件

熏蒸体系的环境条件通常要考虑降雨、气温、风力（空气流动）等。

降雨天气对室外熏蒸处理影响较大，尤其是帐幕熏蒸。除了降雨带来的操作安全性外，降雨会造成帐幕积水，水体在重力的作用下对帐幕形成拉扯会极大破坏熏蒸体系的密闭性，导致熏蒸失败的同时，还会造成熏蒸气体泄漏从而造成人员伤害及环境污染。

熏蒸体系的温度易受到周边温度的影响而变化，密闭空间内外的温度不同，气体的比重也不相同，这会导致密闭空间内外气体压力的差异。夏天空气温度高，尤其是在阳光直射下进行的熏蒸，帐幕或是集装箱内气体受热升温，密度变小，压力升高，熏蒸气体会通过孔洞迅速外泄，要特别注意熏蒸体系的密封。

事实上，任何用于熏蒸的密闭空间都是漏气的，因此风（空气流动）的影响是造成熏蒸剂气体损失和导致熏蒸失败的主要原因。风使密闭仓迎风面的压力增加，外界空气进入密闭熏蒸空间。同样，风使背风面的压力降低，熏蒸气体外泄出密闭空间。熏蒸剂气体外泄的速度与风速成正比，在风力较大的条件下最好不要进行熏蒸。

（八）其他因素

除了上述因素外，货物及包装材料对熏蒸剂的吸附、构建熏蒸体系的材料（帐幕、地面及墙体的材料）、熏蒸体系中的气体压力等都会对熏蒸效果产生影响，虽然单一因素的影响通常都不大，但在累积效应下，多种因素的叠加就可能导致熏蒸效果达不到理想目标。

因此，应根据待熏蒸商品本身的特性（材质、体积、包装方式、堆放形式等）及携带的有害生物特性（种类、生活态、营养生理状况等）选择合适的熏蒸剂（水果常用熏蒸剂为溴甲烷或磷化氢）及熏蒸方法（常压熏蒸、减压熏蒸、常压熏蒸加冷处理、低温熏蒸等）、熏蒸方式（集装箱熏蒸、帐幕熏蒸或熏蒸库熏蒸等）。

三、常用的水果熏蒸处理药剂

常用的水果熏蒸处理药剂为溴甲烷和磷化氢。其他熏蒸剂或因对新鲜水果有损伤，或因穿透能力差等原因未被广泛认可。

溴甲烷和磷化氢均对人体有毒害作用，在熏蒸处理及监管过程中，应使用熏蒸气体残留检测仪对周围环境中的溴甲烷泄漏及残留进行检测，低于阈值浓度值后方可进行下一步操作。

（一）溴甲烷

溴甲烷（Methyl bromide）简写为 MB，别名：溴代甲烷、溴化甲烷、甲基溴。分子式：CH_3Br。

常温下溴甲烷是一种无味气体，沸点 3.6℃，分子量 94.95。商品纯度一般在 98.0%~99.0%，CAS No. 74-83-9。溴甲烷化学性质稳定，不易被酸碱物质所分解，但它能大量溶解于酒精、丙酮等有机溶剂中，在油类、脂肪和醋等物质中的溶解度也较高。①

液体溴甲烷是一种很强的有机溶剂，能溶解很多有机化合物，特别是对天然橡胶的溶解能力极强，因此在熏蒸时注意防止将溴甲烷液体直接喷到熏蒸帐幕上。

溴甲烷对人体有毒害作用，在实际熏蒸操作中，应特别注意不要吸入任何浓度的溴甲烷气体。溴甲烷长期接触的阈值浓度值为 $5mg \cdot kg^{-1}$；短时间接触的阈值浓度值为 $15mg \cdot kg^{-1}$。

（二）磷化氢

磷化氢（Phosphine）简写为 PH，分子式：PH_3。

纯净的磷化氢是一种无色无味的气体，沸点-87.4℃，分子量 34.04，CAS No. 7803-51-2。磷化氢一般是经磷化物（磷化铝、磷化钙、磷化锌等）与水或硫酸等反应产生。《56%磷化铝片剂》（GB/T 5452—2017）对 56%磷化铝片剂有详细要求。

磷化氢对人和动物的毒性很大，人可以通过吸入磷化氢气体而中毒，

① 对含油率、含糖率高的水果，应充分考虑溴甲烷在酒精及脂肪中的溶解度及溴甲烷对活体组织的损害，必要时作小型预备试验，以确定待熏蒸的货物在实际熏蒸条件下的耐药水平。

但磷化氢不能通过皮肤进入人体而导致人中毒。

四、水果熏蒸处理一般程序

已公布的《溴甲烷检疫熏蒸库技术规范》(GB/T 31752—2015)、《集装箱熏蒸操作规程》(GB/T 36854—2018)是水果熏蒸处理的实施与监管依据。

(一)检疫处理前期准备工作

1. 核对待熏蒸的水果种类、数量(体积、重量)、包装(外包装、内包装),查清所感染的有害生物种类、数量、生活阶段;测定环境温湿度。

2. 选择合适的熏蒸剂(溴甲烷、磷化氢)及熏蒸处理方法(常压熏蒸、减压熏蒸、常压熏蒸加冷处理、低温熏蒸等),明确该方法的技术指标(不同温度条件下的剂量、最低浓度要求、密闭时间等)。

3. 编制检疫处理方案(包括熏蒸剂的选用、熏蒸密闭方法、施药点、施药量、密闭时间等)并提交审核。

4. 应使用熏蒸体系在整个熏蒸过程中预期经历的最低温度计算投药剂量。

确认实施检疫处理的从业人员资质符合、人力资源适应;检疫处理场所充足(场地面积够大、地面硬化平整、隔离距离充分等)、设备设施运行良好(气体浓度检测仪、残留气体检测仪、熏蒸汽化器、施药器材、测温装置等),所采用的处理方法(常压熏蒸、减压熏蒸、常压熏蒸加冷处理、低温熏蒸等)和技术规范(熏蒸库熏蒸、集装箱熏蒸、帐幕熏蒸等),气候条件(温度、湿度、降雨、风力等)合适、能源供应充足稳定,处理过程中使用的药剂、试剂合格有效且供应充足,采取的安全措施(防毒面具、急救药品等)到位。①

(二)实施检疫处理

1. 处理实施前(最好是即将实施前)应进行空载气密检查,设立危险标识、标志及警戒措施,布设投药管、测毒管等。

2. 测量并记录熏蒸体系内商品和空气的温度。记录到的熏蒸体系内或

---

① 熏蒸处理过程中需要用到的仪器和用具包括但不限于文中所述,应重点检查是否运行良好、定期校准且测量精度满足规范要求,可参照相应的操作规程进行核查。

商品最低温度应作为熏蒸时的温度。

3. 按照编制的处理方案实施熏蒸处理，在熏蒸处理过程中应对使用的药剂种类、投药剂量、药剂浓度、处理温度、处理时间等是否与实施方案一致进行核查。

4. 核查重点可放在密闭空间的密封性、投药剂量与起始气体浓度、熏蒸气体浓度衰减速率、熏蒸过程不同时点的熏蒸气体浓度是否高于相应时间节点的浓度最低限等影响熏蒸效果的关键因素上。

5. 应注意对检疫处理过程中的安全防护、现场记录、警戒标志、泄漏残留等进行检查监管。

（三）检疫处理结果判定

1. 根据所采用的方法的关键指标（气体浓度是否保持在最低限之上，熏蒸密闭时长是否足够）及现场记录进行检疫处理效果评价。

2. 对发现检疫处理条件不符合要求、现场操作不规范、安全防范不到位的，应责令现场整改。

3. 处理效果不符合相关要求的，应按相关标准规范等技术规范要求采取延长时间、补充用药或重新实施处理等措施。

4. 熏蒸过程中的气体浓度低于或接近所要求的低限浓度、熏蒸过程中发生气体泄漏等影响熏蒸效果判定情况时，可人工对熏蒸物检疫查验，人工检查目标有害生物的死亡率，综合判定检疫处理结果。

五、常见的水果熏蒸技术标准

水果熏蒸技术标准很多，按照制定主体，可分为国际标准、发达国家标准、中国标准等；按照处理不同关键环节，可分为操作规程标准、技术指标标准、药械标准、残留浓度测定标准等。常用水果熏蒸处理标准有：

（一）《使用熏蒸处理作为植物检疫措施的要求》（ISPM 43）。

（二）《新鲜水果和蔬菜上限定性有害生物检疫处理方案制订规范》（RSPM 34）。

（三）美国检疫处理手册。

（四）《溴甲烷原药》（GB 434—1995）。

（五）《56%磷化铝片剂》（GB/T 5452—2017）。

（六）《溴甲烷检疫熏蒸库技术规范》（GB/T 31752—2015）。

（七）《集装箱熏蒸操作规程》（GB/T 36854—2018）。

（八）《帐幕熏蒸处理操作规程》（SN/T 1123—2010）。

（九）《检疫熏蒸处理基本要求》（SN/T 3282—2012）。

（十）《水果蔬菜和繁殖材料处理技术指标》（SN/T 2960—2011）。

（十一）《进境水果检疫处理一般要求》（SN/T 4330—2015）。

（十二）《二硫化碳熏蒸香梨中苹果蠹蛾的操作规程》（SN/T 1425—2004）。

（十三）《富士苹果磷化氢低温检疫熏蒸处理方法》（SN/T 3279—2012）。

（十四）《苹果溴甲烷检疫熏蒸处理操作规程及技术要求》（SN/T 4333—2015）。

（十五）《橘小实蝇磷化氢低温检疫熏蒸处理技术要求》（SN/T 4983—2017）。

（十六）《进出境植物检疫熏蒸处理后熏蒸剂残留浓度检测规程》（SN/T 3401—2012）。

（十七）《新鲜水果中磷化氢熏蒸气体残留测定方法　气相色谱法》（SN/T 4332—2015）。

小贴士　溴甲烷熏蒸后的水果能吃吗？

虽然溴甲烷可以广泛应用于水果的检疫熏蒸处理，但由于不同种类甚至不同成熟度的水果对溴甲烷的耐药能力不同，因此在进行熏蒸处理时，应特别小心。有报道表明，溴甲烷熏蒸会影响苹果、樱桃、李、无花果、葡萄、油桃、梨、柿子、草莓的风味。总体而言，在按照推荐的标准实施溴甲烷熏蒸处理后，一般不会对相关水果的品质产生影响，这些水果可以照常食用。

案例 溴甲烷用于水果熏蒸除害处理

溴甲烷熏蒸对昆虫、螨类、软体动物和线虫的各种虫态均有毒杀作用，对某些真菌、细菌和病毒也有一定的杀灭效果，因此广泛应用于水果的检疫熏蒸处理。早在20世纪30年代，美国已开始用溴甲烷处理来自日本金龟子疫区的苹果；美国对华盛顿州输华苹果也采用溴甲烷熏蒸处理，以预防地中海实蝇传入中国。经查，国内外对樱桃上携带的苹果蠹蛾、葡萄上携带的实蝇、番木瓜和香蕉上携带的地中海实蝇和橘小实蝇的卵和幼虫、柚和红橘上携带的橘大实蝇的溴甲烷熏蒸处理均取得了成功，对水果的品质和风味不产生任何影响，并形成了一些技术标准。

第三节 水果热处理

一、水果热处理的概念

热处理是采取一定的技术手段，提升被处理货物的温度，达到规定值并在规定时间内维持这一温度值，以杀灭被处理货物可能携带的有害生物，同时保持被处理货物品质的一种检疫处理方法。一般而言，热处理可以应用于水果、木质包装、花卉、种苗等货物的检疫处理。

二、水果热处理的原理

热处理用于水果检疫除害处理，主要目标是杀灭水果中携带的昆虫类有害生物。由于昆虫是变温动物，体温受环境温度变化影响较大。昆虫正常的生命活动一般在相对狭窄的温度范围内进行，当温度超过40℃，昆虫就可能大量死亡。热处理对昆虫类有害生物的伤害，主要包括以下几个方面：

（一）催化酶活性的破坏

酶是活细胞产生的有机催化剂，昆虫的生命活动离不开酶。温度过高使酶蛋白变性，酶的活性遭到破坏，使生物体正常的酶促反应无法继续，细胞代谢降低或停止，是导致虫体死亡的最主要的原因。

（二）蛋白质凝固或变性

蛋白质是由氨基酸组成的大分子化合物，它是生物活性的基本特征。随着温度升高，昆虫的蛋白质首先发生变性，有规则的肽链结构被打开呈松散状不规则的结构，分子的不对称性增加，疏水基团暴露，进而凝聚成凝胶状。

（三）体壁蜡层和护蜡层被破坏

昆虫体壁的上表皮层中由真皮细胞分泌而成的蜡质层和护蜡层，是昆虫表皮的防水层，对虫体具有保护作用，能有效阻止体内水分向外渗透。高温使蜡质层和护蜡层破坏，导致昆虫体内的水分不断向外扩散，从而造成过分失水死亡。

（四）虫体严重脱水

水分对昆虫生理活动的影响极为重要，消化代谢、营养物质的循环、废弃物质的排除、体温的调节等都和水分有关。高温加速了昆虫的呼吸作用，而昆虫气门的长时间开放，也不断增加体壁蒸发水分。高温造成昆虫严重脱水，导致细胞内蛋白质变性和盐类浓度升高而死。

另外，高温处理还可造成昆虫缺氧、排泄功能失调和神经系统麻痹而死。

三、水果热处理效果影响因素

（一）水果的耐热性

任何一种检疫处理技术均会对农产品造成一定的生理影响，不适当的热处理还会对农产品本身造成一定程度的损伤。保证有效杀灭有害生物的同时，确保被处理货物的品质不受到显著影响是检疫处理的基本要求。因此，热处理对农产品货物的影响成为制定热处理技术指标最关键的因素之一。

热处理可能给水果带来的热损伤主要有以下几方面。

外部损伤：水果受到高温加热产生伤害时，常表现出表面变褐色、产生斑点或绿色植物变黄等症状。

内部损伤：表现为内部颜色发生变化，果实质地变软。同时由于失水，在果实内部形成气穴或空洞。

衰变：热处理可以杀灭部分微生物，使得病原微生物难以在处理后的货物上滋生。但许多处理后的水果，在经受过高温后，更易受到病原菌侵染，而迅速腐败。

其他伤害：高温可以造成膜破裂，电解质泄漏，维生素 C 含量下降，并且还会影响到水果的感观品质。

（二）有害生物的耐热性

不同种类、种群的昆虫的耐热能力存在较大差异。昆虫是否分布于温带地区并不决定昆虫的耐热能力。一般来说，粮谷类携带的昆虫比水果等携带的昆虫耐热。鞘翅目昆虫比鳞翅目和双翅目昆虫耐热，一般的致死温度在 50℃以上。鳞翅目与双翅目均有热敏感性和耐热性两类昆虫，一般处理温度在 46℃~50℃。实蝇类昆虫最常见的处理温度为 46℃、47.2℃等，不同的昆虫在不同温度下的热耐受性存在很大的差异。

（三）热处理技术指标和设施条件

热处理的目标是有效杀灭水果中携带的有害生物，同时将对水果的热损伤降至最低。因此，热处理的温度、时长等技术指标的设定尤为重要。在确定热处理技术指标时要综合考量有害生物和处理货物的热耐受性，如果选择较低温度的热处理，则处理时长一般要适当延长；如果处理的温度较高，则处理时长可以适当缩短。

为了确保热处理过程达到技术指标要求，热处理设施必须符合相应的要求，要具备一定的升温速度、热量循环装置和保温设施，确保被处理货物快速、均匀升温，并且保持一定的时间，从而达到热处理目标（见表9-1）。

表 9-1　常见水果热处理技术指标

水果	有害生物	热处理方法	果心温度（℃）	处理时间
菠萝	地中海实蝇 *Ceratitis capitata*、橘小实蝇 *Bactrocera dorsalis*、瓜实蝇 *Bactrocera cucurbitae*	蒸热处理	44.4	8.75h
橙	按实蝇属 *Anastrepha* spp.	蒸热处理	43.3	在 8h 内使果肉中心温度逐渐升至 43.3℃，然后保持在 43.3℃ 6h
				在 6h 内使果肉中心温度逐渐升至 43.3℃，然后保持在 43.3℃ 4h。在水果升温过程中，前 2h 应迅速升温，后 4h 则逐渐加温
番木瓜	木瓜实蝇 *Bactrocera papaya*	热水处理	46.5	10min（整个处理过程不少于 2h）
红毛丹	地中海实蝇 *Ceratitis capitata*、橘小实蝇 *Bactrocera dorsalis*	强制热空气处理	47.2	20min（处理时相对湿度维持在 90%以上）
		蒸热处理		
荔枝	橘小实蝇 *Bactrocera dorsalis*、瓜实蝇 *Bactrocera cucurbitae*、荔枝蒂蛀虫 *Conopomorpha sinensis*	蒸热处理	46	20min
			47	15min
龙眼	橘小实蝇 *Bactrocera dorsalis*、瓜实蝇 *Bactrocera cucurbitae*、荔枝蒂蛀虫 *Conopomorpha sinensis*	蒸热处理	46	20min
			47	15min

续表

水果	有害生物	热处理方法	果心温度（℃）	处理时间
芒果	地中海实蝇 *Ceratitis capitata*、按实蝇属 *Anastrepha* spp.、墨西哥按实蝇 *Anastrepha ludens*	热水处理	46.1	单重量果≤375g，处理65min
				单重量果375~500g，处理75min
				单重量果≥500g，处理75min
				单重量果500~700g，处理90min
葡萄柚	按实蝇属 *Anastrepha* spp.	蒸热处理	43.3	在8h内使果肉中心温度逐渐升至43.3℃，然后保持在43.3℃ 6h
				在6h内使果肉中心温度逐渐升至43.3℃，然后保持在43.3℃ 4h。在水果升温过程中，前2h应迅速升温，后4h则逐渐加温
酸橙	粉蚧科 *Pseudococcidea* spp. 及其他外食性害虫	热水处理	49	20min

四、常用的水果热处理方法

（一）热水处理

热水处理是直接使用热水（一般在40℃~70℃）浸泡水果或将热水喷淋到水果上进而加热水果的处理方法。热水处理对设施设备的要求相对简单，具有便捷、经济、有效等优点。同时，热水中加入一定的杀虫、杀菌药剂，可以更有效杀灭水果中的昆虫、病菌等有害生物。因此，热水处理在世界范围内应用于水果的检疫处理已有100多年历史。

（二）蒸热处理

蒸热处理是热空气湿度大于98%以上，达到设定的温度并保持一定时间，通过热水蒸气遇到水果冷凝释放出来的热量，均匀而迅速地使水果升温，从而杀灭水果内有害生物的处理方法。蒸热处理最初用于处理水果中的实蝇类害虫，后来逐渐发展到其他水果和蔬菜的检疫处埋。

（三）其他热处理方法

其他常用于水果热处理的方法主要是强制热空气处理，该方法与蒸热处理原理相似，主要区别在于处理过程中的空气湿度可以调节，对处理设施的技术要求相对较高。

五、水果热处理一般程序

（一）热水处理

1. 处理设施要求

处理设施应能满足需处理有害生物的技术指标要求。

热水处理设施应具备合适的配置，保证水不断循环，并保持在恒定温度范围内，以实施有效的热水处理。

具有能自动记录温湿度数据的记录仪，并具有和容纳足够数量的温度探针。

温度探针精度要求达到±0. 15℃。

处理水果应完全浸泡在热水中。

测定果实的温度探针需安插在处理果实中最大的果实中心内。每处理设施内记录果心温度的温度探针不少于3支。

处理用水应使用符合国家标准的洁净水。

经处理过的果实应直接卸到防虫的包装区，以防止有害生物的再次感染。

2. 温度探针校正

（1）校正方法

将探针和标准温度计一起放入盛水的恒温水浴箱内，水浴箱加热至处理指标温，通过微调水浴箱的温度设置，使标准温度计温度显示至目标温度，利用温度记录仪记录温探针的温度，计算温度探针与标准温度计的误差，重复 3 次，取 2 次以上相同的数值。

误差超过±0.4℃的探针不能使用，应予替换。

（2）校正频率

温度探针每使用 10 次，校正 1 次。

当温度记录仪发生故障修复后，温度探针应重新校正。

更换温度探针后，应重新校正。

3. 温度探针安插

温度测量包括水温和果温。

果温温度探针安插在最大的果实内，感应点位于果实的中心。

水温温度探针安插位置位于温度最低区域。

4. 水果放置

处理时果实应浸没于水面 10cm 以下。

5. 实施处理

按处理温度、时长要求设定处理程序。

温度记录仪每 5min 自动记录温度一次。

当所有果实温度探针达到处理温度时，开始计算处理时间。

6. 降温

处理完成后将果实移至常温处降温。

7. 处理效果判定

每次处理结束后，检查温度记录，确认处理温度、处理时间是否符合要求，如果各项处理指标符合要求，则确认处理有效。

（二）蒸热处理

1. 处理设施要求

处理设施应能满足须处理有害生物的技术指标要求。

具有差压式蒸热处理装置，能在 4h 连续升温时间内使蒸热处理室空间温度上升至 50℃～52℃，果心温度达 46℃～48℃。

具有能自动记录温湿度数据的记录仪，并且能容纳足够数量的温度探针。

温湿度记录仪能测定所有温湿度探针的数据，并能按照一定的时间间隔记录和打印测定的时间和温湿度数据。

温度探针精度要求达到±0.15℃。

2. 处理要求

每次蒸热处理水果体积不低于蒸热处理室体积的1/3。

蒸热处理操作人员需经过专门的培训和考核。

经过处理的水果必须直接卸到防虫的包装区，以防止有害生物的再次感染。

3. 蒸热处理前准备

在每个热处理季节前，蒸热处理场地应用杀虫剂进行防疫处理。

4. 温度探针校正

（1）校正方法

将探针和标准温度计一起放入盛水的恒温水浴箱内，水浴箱加热至处理指标温度，通过微调水浴箱的温度设置，使标准温度计温度显示至目标温度，利用温度记录仪记录温度探针的温度，计算温度探针与标准温度计的误差，重复3次，取2次以上相同的数值。

误差超过±0.4℃的探针不能使用，应予替换。

（2）校正频率

在蒸热处理季节，每隔14天校正1次。

当温度记录仪发生故障修复后，温度探针应重新校正。

更换温度探针后，应重新校正。

5. 温度测定

测试所有温度探针，以检查温度探针感应是否准确和稳定。

测定蒸热处理室空间温度分布状况，处理时应将温度探针放置在蒸热处理室内最低温度区域。

温度测定时蒸热处理室应放置不少于750kg的水果，且水果大小、成熟度和品种与待处理的水果一致。

温度探针分别置于蒸热处理室内上、中、下层的前、后、左、右、中共15个点进行温度测试。

6. 装载

使用专用塑料筐装载待处理的水果，置于蒸热托盘上，然后将蒸热托盘推入相应的蒸热堆位。核查每批进入蒸热处理室水果重量，每次处理水果盛载量应不少于蒸热处理最大装载量的1/3。

7. 温度探针安插

每个蒸热托盘至少安插1个温度探针，安插位置根据温度测试结果确定，一般最低温度分布区在货物顶层的中间或边角位置。每批蒸热处理至少使用 9 个温度探针。

温度探针安插在较大的果实内，探针感应部位应位于果实中心接近果核但又不能接触到果核，并且探针应插满果实。

温度探针引线需固定在筐上，以防止脱落（见图 9-1）。

图 9-1　出口荔枝冷处理果温探针安插

（图片来源：厦门海关马克争）

8. 实施处理

按处理温度、时长要求设定蒸热处理程序。

关闭蒸热处理室门，开始运行蒸热处理设备。

蒸热处理期间，应密切监视温度记录仪数据，确保蒸热处理按认可的要求进行，同时应检查蒸热处理室有无漏气或其他问题。

温度记录仪应设定为每隔 5min 自动记录一次探针的温度。

当所有的果心温度达到指定的处理温度时，开始计算处理时间，并维持至指定的处理时间。

9. 降温

根据不同水果的特性或具体的工艺要求，采用冷水喷淋、冰水浸、自然降温等方式对蒸热处理后的水果进行降温处理。

10. 处理效果判定

每次处理结束后，检查温度记录，确认处理温度、处理时间是否符合要求，如果各项处理指标符合要求，则确认处理有效。

六、常见水果热处理技术标准

（一）《网纹甜瓜中瓜实蝇的蒸热处理》（ISPM 28 Annex 15）。

（二）《番木瓜中库克果实蝇和黄侧条果实蝇的蒸热处理》（ISPM 28 Annex 21）。

（三）《芒果中地中海实蝇的蒸热处理》（ISPM 28 Annex 30）。

（四）《芒果中昆士兰实蝇的蒸热处理》（ISPM 28 Annex 31）。

（五）《番木瓜中橘小实蝇的蒸热处理》（ISPM 28 Annex 32）。

（六）《按实蝇属除害处理技术指标》（SN/T 2590—2010）。

（七）《水果蔬菜和繁殖材料处理技术指标》（SN/T 2960—2011）。

（八）《进境水果检疫处理一般要求》（SN/T 4330—2015）。

小贴士 水果热处理不同方法之间有何差异?

目前商业上水果热处理主要应用热水和蒸热（热空气）处理等。蒸热处理传热比较慢，所用时间比较长，但处理温度较低，因此，对水果引起的热伤害较小。热水处理时间短，便于操作和控制水的温度；热水喷淋还有消毒和清洁果实的作用；但热水处理易引起热伤害。总之，热处理的温度和时间要根据水果的种类、尺寸、成熟度、栽培条件和生长条件等具体情况灵活确定。

第四节
水果冷处理

一、水果冷处理概念

冷处理是指在持续低温条件下，对可能携带危险性有害生物的货物进行处理，达到杀灭有害生物目的的一种处理方法。目前，冷处理主要应用于杀灭昆虫类有害生物。

二、水果冷处理原理

昆虫的亚致死低温区一般为-10℃～8℃。在此温区内，昆虫呈冷昏迷状态。如持续时间较短，当温度恢复正常时，昆虫可恢复正常状态；如持续时间过长，也可造成死亡。昆虫的死亡取决于低温的强度和持续的时间。昆虫致死低温区一般为-40℃～10℃。在此温区内，昆虫一般经过一定时间便会死亡，其下限温度称为最低致死温度。昆虫在过冷却点以上低温时一般由于体内能量过度消耗，体质虚弱，生理失调而死亡。而在过冷却点以下的低温时则会由于原生质和体液结冰而脱水或细胞组织破裂而死亡。

三、水果冷处理效果影响因素

（一）水果的耐寒性

一般而言，水果的种类、品种、发育、成熟度、冷处理环境的相对湿度及气体成分均是影响冷处理效果的因素。冷处理对水果的生理影响主要表现为：呼吸代谢失调、刺激乙烯的产生、蛋白质和酶的活性发生变化、有毒物质的积累、细胞结构的变化等。

使用冷处理方法对水果进行检疫处理时，首先要考虑水果的耐寒性，如果处理不当，产生冷害，则检疫处理也失去了意义。水果的冷害是指在冰点以上的低温对果实组织造成的伤害。冷害症状包括外部损伤、内部损伤和隐性损伤。

外部损伤：水果表面逐渐出现损伤、凹陷斑、变色和大面积内陷，严重时呈水渍状。

内部损伤：果肉内部会出现褐变、组织软化或降解等。

隐性损伤：冻伤会造成水果的生长机理不良，如果实早熟和提前衰老，而提前衰老往往是导致水果的腐败和储藏期变短的主要原因。

（二）有害生物的耐寒性

昆虫等有害生物在长期的进化过程中，形成了各种提高耐寒能力和适应低温变化的策略，以度过不良环境，完成生活史和繁衍后代。如通过降低体液的结冰点或主动形成冰核，或者通过细胞外液在较高的亚致死温度下结冰来阻止细胞内液的结冰，从而提高冷却能力，避免低温造成的伤害。

昆虫等有害生物不同的发育阶段、体内生理状态、生活环境条件等均会影响冷处理的死亡率。因此，在确定使用冷处理方法对水果进行检疫处理前，应对有害生物在寄主水果内为害的不同虫态的耐寒能力进行研究，确定最耐寒虫态及耐寒能力。以此为目标，科学制定冷处理技术指标，才能实现对有害生物的有效杀灭，确保达到检疫处理效果。

（三）冷处理技术指标和设施条件

冷处理的准确实施主要包括处理温度和处理时间两项技术指标，这是冷处理有效性的根本条件。当前，冷处理最广泛的应用是在对水果中实蝇的检疫处理中，对于实蝇的冷处理温度一般都在-0.6℃~3.1℃，低温持续时间为10~24天（见表9-2）。

表9-2　常见水果冷处理技术指标

水果	有害生物	果心温度（℃）	处理时间（天）
橙	橘小实蝇 *Bactrocera dorsalis*、地中海实蝇 *Ceratitis capitata*、昆士兰实蝇 *Bactrocera tryoni* 等实蝇类	≤0	≥10
		≤0.55	≥11
		≤1	≥13
		≤1.66	≥15
灯笼果	地中海实蝇 *Ceratitis capitata*、纳塔尔实蝇 *Ceratitis rosa*	≤1.11	14
		≤1.67	16
		≤2.22	18
鳄梨	地中海实蝇 *Ceratitis capitata*、橘小实蝇 *Bactrocera dorsalis*、瓜实蝇 *Bactrocera cucurbitae*	≤1.11	14
		≤1.67	16
		≤2.22	18
宽皮柑	实蝇类 *Tephritidae* spp.、苹果异形小卷蛾 *Cryptophlebia leucotreta*	≤-0.55	22

续表1

水果	有害生物	果心温度（℃）	处理时间（天）
梨	地中海实蝇 *Ceratitis capitata* 及按实蝇属 *Anastrepha* spp.（墨西哥按实蝇 *Anastrepha ludens* 除外）	≤0	11
		≤0.56	13
		≤1.11	15
		≤1.67	17
	昆士兰实蝇 *Bactrocera tryoni*	≤0	13
		≤0.56	14
		≤1.11	18
		≤1.67	20
		≤2.22	22
	实蝇 *Tephritidae* spp.	≤0	10
		≤0.56	11
		≤1.11	13
		≤1.67	14
李	地中海实蝇 *Ceratitis capitata*、按实蝇属 *Anastrepha* spp.、纳塔尔实蝇 *Ceratitis rosa*	≤0.6	18
		≤1.1	20
		≤1.7	22
	纳塔尔实蝇 *Ceratitis rosa*、苹果异形小卷蛾 *Cryptophlebia leucotreta*	≤-0.55	22
	实蝇 *Tephritidae* spp.	≤-0.5	12
荔枝	橘小实蝇 *Bactrocera dorsalis*、瓜实蝇 *Bactrocera cucurbitae*、荔枝蒂蛀虫 *Conopomorpha sinensis*	≤0.99	17
		≤1.38	20
龙眼	橘小实蝇 *Bactrocera dorsalis*、瓜实蝇 *Bactrocera cucurbitae*、荔枝蒂蛀虫 *Conopomorpha sinensis*	≤0.99	17
		≤1.38	20

续表2

水果	有害生物	果心温度（℃）	处理时间（天）
枇杷	地中海实蝇 *Ceratitis capitata*、纳塔尔实蝇 *Ceratitis rosa*	≤1. 11	14
		≤1. 67	16
		≤2. 22	18
	橘小实蝇 *Bactrocera dorsalis*	≤1. 5	12
苹果	地中海实蝇 *Ceratitis capitata* 及按实蝇属 *Anastrepha* spp.（墨西哥按实蝇 *Anastrepha ludens* 除外）	≤0	11
		≤0. 56	13
		≤1. 11	15
		≤1. 67	17
	昆士兰实蝇 *Bactrocera tryoni*	≤0	13
		≤0. 56	14
		≤1. 11	18
		≤1. 67	20
		≤2. 22	22
葡萄	实蝇 *Tephritidae* spp.（产地智利）	≤0. 5	15
	实蝇 *Tephritidae* spp.（产地秘鲁）	≤1. 5	≥19
	实蝇 *Tephritidae* spp.（产地印度）	≤1. 1	≥15
葡萄柚	地中海实蝇 *Ceratitis capitata* 及按实蝇属 *Anastrepha* spp.（墨西哥按实蝇 *Anastrepha ludens* 除外）	≤0	11
		≤0. 56	13
		≤1. 11	15
		≤1. 67	17
	昆士兰实蝇 *Bactrocera tryoni*	≤0	13
		≤0. 56	14
		≤1. 11	18
		≤1. 67	20
		≤2. 22	22

续表3

水果	有害生物	果心温度（℃）	处理时间（天）
桃	地中海实蝇 *Ceratiti scapitata*、按实蝇属 *Anastrepha* spp.、纳塔尔实蝇 *Ceratiti srosa*	≤0.6	18
		≤1.1	20
		≤1.7	22
	纳塔尔实蝇 Ceratitis *rosa*、苹果异形小卷蛾 *Cryptophlebia leucotreta*	≤-0.55	22
香肉果	墨西哥按实蝇 *Anastrepha ludens*	≤0.56	18
		≤1.11	20
		≤1.67	22
杏	地中海实蝇 *Ceratitis capitata*、纳塔尔实蝇 *Ceratitis rosa*	≤1.11	14
		≤1.67	16
		≤2.22	18
杨桃	按实蝇属 *Anastrepha* spp.（墨西哥按实蝇 *Anastrepha ludens* 除外）	≤0	11
		≤0.56	13
		≤1.11	15
		≤1.67	17
	橘小实蝇 *Bactrocera dorsalis*、瓜实蝇 Bactrocera *cucurbitae*、东方真叶螨 *Eutetranychus oritentalis*	≤0	10
		≤0.56	11
		≤1.11	12
		≤1.67	14
樱桃	地中海实蝇 *Ceratitis capitata*、按实蝇属 *Anastrepha* spp.、纳塔尔实蝇 *Ceratitis rosa*	≤0.6	18
		≤1.1	20
		≤1.7	22
油桃	地中海实蝇 *Ceratitis capitata*、按实蝇属 *Anastrepha* spp.、纳塔尔实蝇 *Ceratitis rosa*	≤0.6	18
		≤1.1	20
		≤1.7	22
	纳塔尔实蝇 *Ceratitis rosa*、苹果异形小卷蛾 *Cryptophlebia leucotreta*	≤-0.55	22

续表4

水果	有害生物	果心温度（℃）	处理时间（天）
柚子	纳塔尔实蝇 *Ceratitis rosa*	≤1.11	14
		≤1.67	16
		≤2.22	18
	地中海实蝇 *Ceratitis capitata*	≤0.6	18
		≤1.1	20
		≤1.7	22
圆佛手柑	墨西哥按实蝇 *Anastrepha ludens*	≤0.56	18
		≤1.11	20
		≤1.67	22

为了确保冷处理过程符合技术指标，对冷处理设备的要求非常严格。冷处理通常是在冷藏库或冷藏集装箱内进行。

冷藏库一般分为陆地冷藏库和船舱冷藏库。冷处理之前要确保制冷设备符合处理温度的要求，并保证温度的稳定性。冷藏库应配备足够数量的温度记录传感器，使用的温度自动记录仪应精密准确同时配置空气循环系统，使库内各部位温度相对一致。

使用冷藏集装箱是为了在运输过程中对某些检疫对象进行冷处理，可以在集装箱内配置制冷设备，并要求制冷设备能够自动控制箱内温度。同冷藏库一样，应具备足够数量的温度记录传感器，并确保箱内各部位温度相对一致。

四、常用水果冷处理方法

（一）冷藏处理

冷藏处理是应用持续的不低于冰点（在低温条件下，水果中的水分开始冻结时所需要达到的临界温度）的低温冷藏处理水果及其可能携带的有害生物，超过有害生物所能忍耐的临界温度，从而导致有害生物死亡。冷藏处理作为控制害虫的一种安全有效的检疫处理方法，已在实践中应用，常用于对水果中携带的实蝇类害虫进行除害处理。

冷藏处理的要求包括严格控制处理的温度和处理的时间，这是冷处理有效性的根本条件。处理时间长短取决于冷藏的温度。冷藏处理对制冷设备性能有严格的要求，库内应有空气循环系统，使库内温度一致。

冷藏处理的缺点在于处理周期较长，但由于处理温度相对较高，对水果造成的冷害相对较轻，因此可以直接处理包括热带水果在内的货物，加之冷藏集装箱的推广使用，使漫长的处理时间可以“消化”在随船运输过程中，使得冷藏处理成为应用最为广泛的冷处理方法。

（二）速冻处理

速冻处理是在-17℃或更低的温度下急速冰冻被处理的水果，对防治许多害虫有效，常常用于处理由于害虫的原因而不能进口的产品。这种处理方法包括在-17℃或更低的温度下预冻，接着按规定在-17℃或更低温度下保持一定时间，然后在不能高于-6℃温度下保藏。速冻处理需具备满足上述温度处理的冷冻仓和贮藏仓，在冷冻仓内必须设置自动温度记录仪，记录速冻过程中温度变化动态和持续处理时间。

五、水果冷处理一般程序

（一）运输途中冷处理

1. 处理设施要求

运输途中冷处理应在冷藏集装箱（俗称冷柜）中进行。冷藏集装箱应是自身（整体）制冷的运输集装箱，具有能达到和保持所需温度的制冷设备。

2. 温度记录仪要求

温度探针和温度记录仪的组合应符合相关标准要求，能容纳所需的探针数。

能够记录并贮存处理过程的数据，应至少每小时记录所有探针一次，且达到对探针所要求的精度。

能下载并打印包含每个探针号码、时间、温度及记录仪和集装箱的识别号等信息。

3. 温度探针的校正

将标准温度计（经国家标准机构校正）与待校正的探针同时插入冰水

混合物中，并不断搅动冰水，当标准温度计显示的温度达到0℃时，记录探针显示的温度。按此方法，重复校正3次。

探针读数的精确度需达到0.1℃；同一探针应至少2次连续的重复校正读数一致，并以该读数作为校正值，任何读数超出0℃±0.3℃的探针都应更换。

4. 装柜

货物装入冷藏集装箱之前，要低温保存。果肉温度要求在4℃或以下。整个柜内货物包装箱堆放高度要尽可能保持同一水平状态，且不能超出冷柜内标志的红色警戒线，装货时需确保托盘底部与托盘间有等同的气流，包装箱堆叠应松散。

5. 温度探针的安插

每个冷藏集装箱至少应安插3个果温探针和2个空间温度探针。

一个果温探针（1号）安在集装箱内货物首排顶层中央位置（见图9-2）。

图9-2　1号果温探针安插位置

（图片来源：上海海关）

一个果温探针（2号）安在距冷藏集装箱门1.5m（40英尺[①]标准集装箱）或1m（20英尺标准集装箱）的中央，并在所装货物高度一半的位置；一个果温探针（3号）安在距集装箱门1.5m（40英尺标准集装箱）或1m

① 1英尺=30.48厘米。

（20 英尺标准集装箱）的左侧，并在所装货物高度一半的位置；果温探针应按要求插入货物的中心，并全部插入，不能裸露在空气中（见图 9-3）。

图 9-3　2、3 号果温探针安插位置

（图片来源：上海海关）

两个空间温度探针分别安置在集装箱的入风口和回风口处。

6. 处理的启动

上述工作完成后，即可封柜，按照相应的技术指标开始冷处理（见图 9-4、图 9-5）。当所有果温探针都达到指定的温度时，正式开始计算处理时间。计时后，至少每小时记录一次所有探针的温度。处理结束后打印出温度记录，温度记录包括每个探针记录的时间、温度，并注明记录仪和集装箱号。

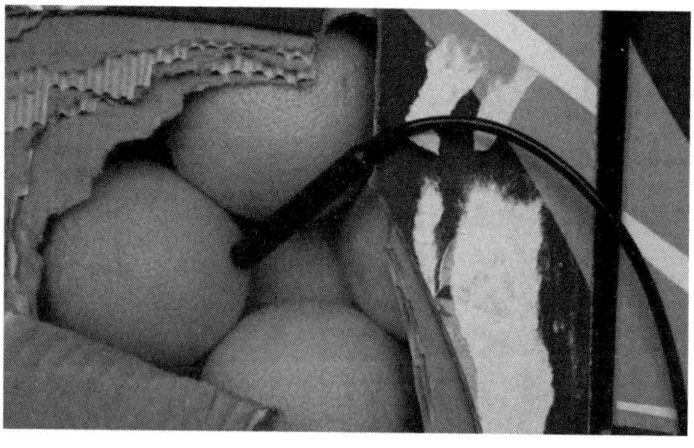

图 9-4　插入果温探针的橙

（图片来源：深圳海关）

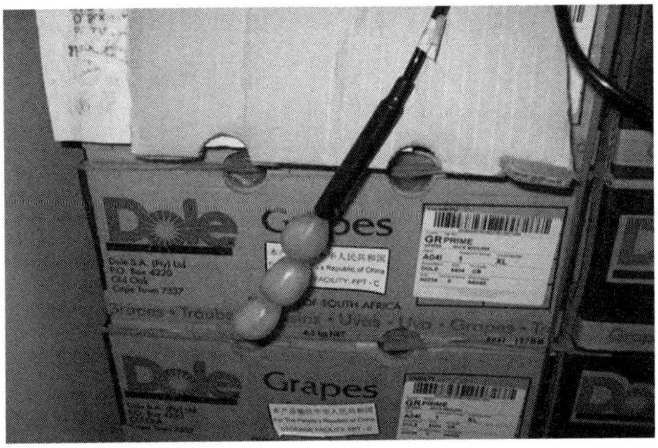

图 9-5　插入果温探针的葡萄

（图片来源：上海海关）

7. 结果判定

经核查，符合相应的处理技术指标要求和操作要求，加之处理后现场检疫和样品检测结果符合要求的，判定为冷处理有效；不符合上述要求的，判定为冷处理无效。

（二）设施内冷处理

1. 处理设施要求

冷处理室（冷库）必须装有制冷、密封、恒温控制调节装置，已确保可以预冷，在整个冷处理过程中保持水果温度达到 0.5℃或更低，并确保冷空气均匀分布。

2. 温度记录仪要求

同运输途中冷处理。

3. 温度探针的校正

同运输途中冷处理。

4. 货物装入

货物应按相关要求包装好，装入冷库时应松散堆叠，并确保托盘底部与托盘间有充足的气流。

5. 温度探针的安插

每个冷库至少应安插 4 个果温探针和 2 个空间温度探针。

一个果温探针位于冷处理室中部所装货物的中心；一个果温探针位于

冷处理室中部所装货物顶层的角落；一个果温探针位于所装货物中部近回风口处；一个果温探针位于所装货物顶层近回风口处；两个空间温度探针分别安置在入风口和回风口附近处。

6. 处理的启动

同运输途中冷处理。

7. 结果判定

同运输途中冷处理。

六、常见水果冷处理技术标准

（一）《橙子中昆士兰实蝇的冷处理》（ISPM 28 Annex 16）。

（二）《柑橘与橙子杂交种中昆士兰实蝇的冷处理》（ISPM 28 Annex 17）。

（三）《柠檬中昆士兰实蝇的冷处理》（ISPM 28 Annex 18）。

（四）《橙子中地中海实蝇的冷处理》（ISPM 28 Annex 24）。

（五）《柑橘与橙子杂交种中地中海实蝇的冷处理》（ISPM 28 Annex 25）。

（六）《柠檬中地中海实蝇的冷处理》（ISPM 28 Annex 26）。

（七）《葡萄柚中地中海实蝇的冷处理》（ISPM 28 Annex 27）。

（八）《柑橘中地中海实蝇的冷处理》（ISPM 28 Annex 28）。

（九）《克里曼丁橘中地中海实蝇的冷处理》（ISPM 28 Annex 29）。

（十）《樱桃、李、桃中地中海实蝇的冷处理》（ISPM 28 Annex 34）。

（十一）《樱桃、李、桃中昆士兰实蝇的冷处理》（ISPM 28 Annex 35）。

（十二）《葡萄中地中海实蝇的冷处理》（ISPM 28 Annex 36）。

（十三）《葡萄中昆士兰实蝇的冷处理》（ISPM 28 Annex 37）。

（十四）《按实蝇属除害处理技术指标》（SN/T 2590—2010）。

（十五）《水果蔬菜和繁殖材料处理技术指标》（SN/T 2960—2011）。

（十六）《进境水果检疫处理一般要求》（SN/T 4330—2015）。

小贴士 水果冷处理主要对象是什么?

水果冷处理的主要对象是钻蛀性有害生物，目前主要包括各种实蝇（fruit fly）。实蝇为双翅目（Diptera）实蝇科（*Tephritidae*）昆虫的统称，是双翅目昆虫中种类最多、形态变化最大的类群。目前，世界上已知实蝇约500个属，4500余种。实蝇几乎遍布世界各地，其雌成虫利用产卵器将卵产于寄主植物果实表皮下，幼虫在果内蛀食果肉为害，卵和幼虫极易随着果品运输而造成长距离的传播扩散。大多数种类的实蝇具有很强的飞翔能力，可以进行长距离的飞行，繁殖和扩散能力极强，约250种实蝇直接危害商业种植或野生的水果蔬菜，是国际公认的危险性害虫。

案例 进口阿根廷鲜食柑橘运输途中冷处理

依据《进口阿根廷鲜食柑橘植物检疫要求》（海关总署公告2020年第3号）。

1. 集装箱类型

集装箱必须是自身制冷的运输集装箱，且具有能达到和保持所需处理温度的制冷设备。

2. 温度记录仪类型

阿根廷共和国农牧渔业部下属的国家农业食品卫生质量局（以下简称SENASA）或SENASA授权人员应确保采用适当的温度记录仪和探针。

探针温度应在-3.0℃到+3.0℃之间，精确到±0.15℃。

有足够数量的探针。

系统能够记录并贮存处理数据。

每小时至少记录一次所有探针的温度，记录显示应满足探针要求的精度。

打印输出的温度记录，应对应每个探针记录的时间、温度，并注明记录仪和集装箱号。

3. 探针的校正

校正必须用经 SENASA 或 SENASA 授权人员批准的标准温度计，在蒸馏水和碎冰混合物中进行。

任何读数超出0℃±0.3℃的探针都必须更换。

必须对每个集装箱出具一份由 SENASA 官员签字的"果温探针校正记录"，正本须作为植物检疫证书的随附文件。

水果运抵中国入境口岸时，中国海关关员对果温探针进行校正检查。

4. 探针的安插

预冷后的柑橘应在 SENASA 或 SENASA 授权人员监管下装入集装箱中，包装箱堆放应留有足够的空间，以便于空气循环。

每个集装箱至少应安插3个测量果肉温度的探针和2个测量空气温度的探针。具体位置如下：

1号果温探针安插在集装箱内货物首排顶层中央位置；2号果温探针安插在距集装箱门1.5米（40英尺集装箱）或1米（20英尺集装箱）的中央，并在货物高度一半的位置；3号果温探针安插在距集装箱门1.5米（40英尺集装箱）或1米（20英尺集装箱）的左侧，并在货物高度一半的位置；2个空气温度探针分别安插在集装箱的进风口和回风口处。

所有探针必须在 SENASA 官员或授权人员的监督下安插。

货物需在预冷室中预冷，且装箱前果肉温度需降低至处理温度或以下。

5. 集装箱的封识

装载货物的集装箱必须由 SENASA 官员或 SENASA 授权人员进行封识。

封识只能在中国入境口岸由中国海关关员开启。

6. 处理结果验证

如果处理记录显示技术指标符合要求（见表9-3），中国海关关员应授权处理结束，如探针符合第3款要求，则可认定处理有效。

在水果被移出集装箱之前，探针需进行校准。

表 9-3　进口阿根廷鲜食柑橘运输途中冷处理技术指标

柑橘种类	处理温度	持续处理天数（天）
葡萄柚	2.3℃或以下	21
橙	2.2℃或以下	21
柠檬	3℃或以下	24
橘及其杂交种	1.1℃或以下	15
	1.67℃或以下	17

7. 温度记录及处理确认

运输途中的冷处理可以在离开阿根廷口岸前开始，在运输途中、到达中国口岸前或者持续到抵达中国口岸结束。

可以任何时间启动处理记录，然而只有所有的果温探针都达到要求的温度时，处理时间才能开始计算。

船运公司应下载冷处理温度记录，并将其提交入境口岸海关。

一些海上航行可能使得冷处理在船到达中国口岸之前就已完成，可允许在途中下载处理记录并传送到海关以便审核。

中国海关关员将核实处理记录是否符合有关处理要求，根据探针的校正结果，判定处理是否有效。

8. 植物检疫证书

冷处理的温度、处理时间及处理开始的时间以及集装箱号码及封识号必须在植物检疫证书中注明。

水果入境时，需向中国海关提供植物检疫证书、冷处理报告、果温探针校正记录。

第五节
水果检疫辐照处理

进出境水果检疫除害处理技术和方法，如前所述常用熏蒸处理、热处理、冷处理等，且溴甲烷熏蒸处理是进出境水果检疫除害处理最为常用的方法。但是由于溴甲烷会消耗地球大气臭氧层，因此已被列入《关于消耗臭氧层物质的蒙特利尔协定书》受控物质名单。面对溴甲烷的逐步淘汰使用和外来物种入侵的巨大压力，我国和发达国家（地区）都加大对检疫处理新技术、新方法、新标准的研发和应用。其中，辐照处理技术在进出境水果检疫除害处理方面已逐渐显露出广阔的应用前景。

一、水果辐照处理的概念

辐照处理，又称辐照加工，是指利用放射性同位素（Cs-137 或Co-60）产生的γ射线、X 射线、电子加速器产生的电子束对物质进行照射，并通过控制辐照条件，使之发生一系列物理、化学或生物学变化，达到人们所需要的目标的一种加工方式。例如，辐照抑制或刺激生物生长、导致昆虫死亡或不育、杀灭病原菌等，达到灭菌、保鲜、延长货架期、育种、检疫等目的；或对工业产品进行辐照，使被辐照物质的物理性能和化学组成发生变化，达到改良产品性能的目的。辐照技术在食品、包装材料、医疗器械、医药卫生用品、宠物食品、动物饲料、商品改性、诱变育种等领域有成熟的商业化应用。

根据《辐照处理作为检疫措施的准则》（ISPM 18）中的定义：检疫辐照处理就是利用γ射线或电子加速器产生的高能电子束或 X 射线直接照射被处理货物，使其携带的害虫不能完成发育周期或病原菌完全死亡，从而达到防止危险性有害生物在一个新的地方定殖、传播或扩散的目的。

二、水果检疫辐照处理的发展起源

检疫辐照处理技术的发展源于口岸最常用的熏蒸剂溴甲烷面临的淘汰趋势和食品辐照技术的成熟发展。首先是溴甲烷面临淘汰。自从溴甲烷被列为受控物质后，以美国为首的发达国家率先应用辐照处理技术，《国际植物保护公约》（IPPC）、国际原子能机构（IAEA）等国际组织也积极推动，检疫辐照处理技术进入快速发展期。其次是食品辐照技术的成熟发展。1980 年，FAO/IAEA/世界卫生组织（WHO）组成的专家委员会作出结论："用 10 kGy 以下剂量辐照任何食品，在毒理学、营养学及微生物学上都丝毫不存在问题，而且今后无须再对经低于此剂量辐照的各种食品进行毒性试验。"由此消除了辐照食品的安全顾虑，技术成熟。1999 年，FAO/IAEA/WHO 高剂量研究小组宣布超过 10 kGy 的辐照食品也是安全的结论，但国际辐照食品咨询组（ICGFI）明确提出"对任何食品的辐照，应在规定的剂量范围内进行，其最低剂量应大于达到工艺目的所需的最低有效剂量，最大剂量应低于综合考虑食品的卫生安全，结构完整性，功能特性和食用品质所确定的最高耐受剂量"。此后，食品辐照技术蓬勃发展。

而检疫辐照处理是以阻止有害生物繁殖和发育为目的，其辐照剂量一般<1 kGy，因此，相比 10 kGy（甚至更高剂量）的辐照食品而言，不存在毒理学上的安全问题，但针对新鲜水果和蔬菜等鲜活农产品，应评估其最高耐受剂量。

三、检疫辐照处理的应用

（一）检疫辐照处理商业化应用国际现状

国际上最早应用检疫辐照处理技术的国家是美国，早在 20 世纪 80 年代，美国动植物卫生检疫局（APHIS）就批准了将辐照技术用于美国国内鲜活农产品的检疫处理。直到 1995 年，夏威夷首次实现了检疫辐照处理技术的商业化应用；2000 年夏威夷建立了一套 X 射线辐照设施。

2003 年，IPPC 发布了《辐照处理作为检疫措施的准则》（ISPM 18），之后从 2006 年开始，美国先后与一些国家如泰国、越南、菲律宾、马来西亚、澳大利亚、墨西哥、南非等签订了进口检疫辐照处理水果的协议，认可了输出国的检疫辐照处理设施，诸如芒果、山竹、火龙果、荔枝、龙眼等水果经 400 Gy 辐照处理后可出口至美国。

澳大利亚于 2004 年首次实现了将检疫辐照处理水果输往新西兰后，与新西兰两国之间互认水果的检疫辐照处理。

（二）我国检疫辐照处理应用现状

我国从 20 世纪 90 年代开始，开展了粮食害虫、水果害虫、林木害虫的检疫辐照处理研究，也积极参与 IAEA 的国际合作研究项目。进入 21 世纪以来，我国加快了检疫辐照处理技术的研究步伐，在技术研究、法规标准制定、设施建设、技术培训等方面开展了大量的工作，特别是对于水果辐照处理的可行性和安全性进行了全面研究和评估，积极推动了检疫辐照处理技术在我国的应用（见图 9-6、图 9-7），如制定实施了《植物检疫措施准则 辐照处理》（GB/T 21659—2008）、《进境水果检疫辐照处理基本技术要求》（SN/T 4331—2015）等检疫辐照处理相关的标准。

图 9-6 （未辐照）新菠萝灰粉蚧成虫产 1 龄若虫

（图片来源：天津海关检疫处理与评价实验室）

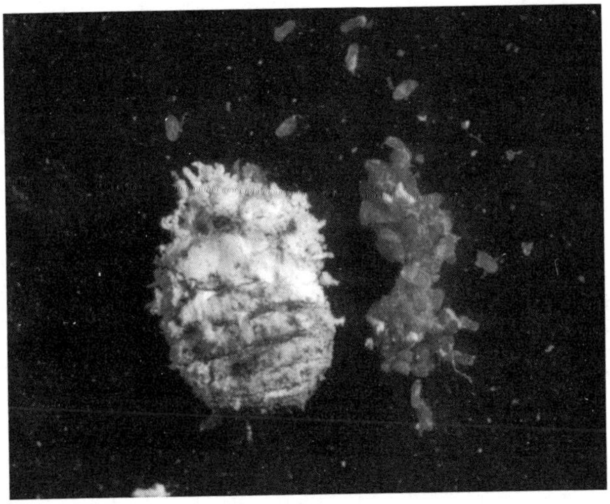

图 9-7　150 Gy 辐照后成虫仍然是活的，成虫产 1 龄若虫已死亡

（图片来源：天津海关检疫处理与评价实验室）

2021 年 4 月 16 日，《国际植物保护公约》（IPPC）发布了 ISPM 28 附属的 7 项检疫处理技术标准。其中，PT33-橘小实蝇辐照处理技术指标和 PT38-桃小食心虫辐照处理技术指标主要采纳了我国科技工作者的研究成果。这是 IPPC 自 2009 年发布实蝇等昆虫辐照检疫处理指标类国际标准以来，首次以我国的研究成果作为国际检疫处理技术指标类标准的主要参考依据，标志着我国辐照检疫处理技术研究能力达到了国际水平。

目前，尽管检疫辐照处理技术在水果的国际贸易中已有商业化应用，但受制于辐照处理成本高、处理货物以及有害生物最低吸收剂量精确检测难、消费者对辐照食品的接受度等，辐照处理技术的大范围推广仍然需要继续努力。

小贴士　能否鉴定水果是否经过辐照处理？

一般经过检疫辐照处理后的水果在外观上没有明显变化，很难用肉眼进行区分和判断，但是依据辐照处理原理以及在处理过程中发生的化学、物理、生物学变化，可以鉴定出水果是否经过辐照处理。鉴定方法主要依据辐照食品的国家标准，包括热释光法、光释光法、气相色谱—质谱联用法、电子自旋共振法、微生物法和 DNA 彗星法等。

附 录

附录 1
获得我国检验检疫准入的新鲜水果种类及输出国家/地区名录①

分布	输出国家/地区	水果种类
亚洲	巴基斯坦	芒果（*Mangifera indica*；Mango）、柑橘类［橘（*Citrus reticulata*；Mandarin）、橙（*Citrus sinensis*；Orange）］
	朝鲜	蓝靛果（*Lonicera caerulea* L. var. *edulis* Turcz. ex Herd.；Sweetberry honeysuckle）、越橘（*Vaccinium* sp.；Lingonberry）（仅限加工使用）
	菲律宾	菠萝（*Ananas comosus*；Pineapple）、香蕉（*Musa* sp.；Banana）、芒果（*Mangifera indica*；Mango）、番木瓜（*Carica papaya*；Papaya）、椰子（*Cocos nucifera* L.；Fresh Young Coconut）、鳄梨（*Persea americana* Mills.；Avocado）
	韩国	葡萄（*Vitis vinifera*；Grape）
	吉尔吉斯斯坦	樱桃（*Prunus avium*；Cherry）、甜瓜（*Cucumis melo*；Melon）
	柬埔寨	香蕉（*Musa supientum*；Banana）、芒果（*Mangifera indica*；Mango）
	老挝	香蕉（*Musa supientum*；Banana）、西瓜（*Citrullus lanatus*；Watermelon）
	马来西亚	龙眼（*Dimocarpus longan*；longan）、山竹（*Garcinia mangostana*；Mangosteen）、荔枝（*Litchi chinensis*；Litchi）、椰子（*Cocos nucifera*；Coconut）、西瓜（*Citrullus lanatus*；Watermelon）、木瓜（*Chaenomeles sinensis*；Pawpaw）、红毛丹（*Nephelium lappaceum*；Rambutan）、菠萝（*Ananas comosus*；Pineapple）
	缅甸	龙眼（*Dimocarpus longan*；Longan）、山竹（*Garcinia mangostana*；Mangosteen）、红毛丹（*Nephelium lappaceum*；Rambutan）、荔枝（*Litchi chinensis*；Litchi）、芒果（*Mangifera indica*；Mango）、西瓜（*Citrullus lanatus*；Watermelon）、甜瓜（*Cucumis melo*；Melon）、毛叶枣（*Ziziphus mauritiana*；Indian jujube）

① 本表统计时间截至 2022 年 11 月，最新更新名单可登录海关总署网站查询。

续表1

分布	输出国家/地区	水果种类
亚洲	日本	苹果（*Malus domestica*；Apple）、梨（*Pyrus pyrifolia*；Pear）
	斯里兰卡	香蕉（*Musa supientum*；Banana）
	塔吉克斯坦	樱桃（*Prunus avium*；Cherry）、柠檬（*Citrus limon*；Lemon）
	泰国	罗望子（*Tamarindus indica*；Tamarind）、番荔枝（*Annona squamosa*；Sugarapple）、番木瓜（*Carica papaya*；Papaya）、杨桃（*Averrhoa carambola*；Carambola）、番石榴（*Psidium guajava*；Guava）、红毛丹（*Nephelium lappaceum*；Rambutan）、莲雾（*Syzygium samarangense*；Rose apple）、菠萝蜜（*Artocarpus heterophyllus*；Jackfruit）、椰色果（*Lansium parasiticum*；Long kong）、菠萝（*Ananas comosus*；Pineapple）、人心果（*Manilkara zapota*；Sapodilla）、香蕉（*Musa* sp.；Banana）、西番莲（*Passiflora caerulea*；Passion fruit）、椰子（*Cocos nucifera*；Coconut）、龙眼（*Dimocarpus longan*；Longan）、榴莲（*Durio zibethinus*；Durian）、芒果（*Mangifera indica*；Mango）、荔枝（*Litchi chinensis*；Litchi）、山竹（*Garcinia mangostana*；Mangosteen）、柑橘［橘（*Citrus reticulata*；Mandarin orange）、橙（*Citrus sinensis*；Orange）、柚（*Citrus maxima*；Pomelo）］
	土耳其	樱桃（*Prunus avium*；Cherry）（暂停进口）
	文莱	甜瓜（*Cucumis melo*；Melon）
	乌兹别克斯坦	樱桃（*Prunus avium*；Cherry）、甜瓜（*Cucumis melo*；Melon）、石榴（*Punica granatum*；Pomegranate）
	以色列	柑橘，包括橙（*Citrus sinensis*；Orange）、柚［*Citrus maxima*；Pomelo（= *Citrus grandis*，议定书异名）］、桔子（*Citrus reticulata*；Mandarin）、柠檬（*Citrus limon*；Lemon）、葡萄柚［*Citrus paradisi*；Grapefruit（= *Citrus paradise*，议定书异名）］（均为试进口）
	印度	芒果（*Mangifera indica*；Mango）、葡萄（*Vitis vinifera*；Grape）
	印度尼西亚	香蕉（*Musa nana*；Banana）、龙眼（*Dimocarpus longan*；longan）、山竹（*Garcinia mangostana*；Mangosteen）、蛇皮果（*Salacca zalacca*；Salacca）、火龙果（*Hylocereus costaricensis*、*Hylocereus polyrhizus*、*Hylocereus undatus*；Purple or super Red dragon fruit/ Red dragon fruit/ White dragon fruit）

续表2

分布	输出国家/地区	水果种类
亚洲	越南	芒果（*Mangifera indica*；Mango）、龙眼（*Dimocarpus longan*；longan）、香蕉（*Musa* sp.；Banana）、荔枝（*Litchi chinensis*；Litchi）、西瓜（*Citrullus lanatus*；Watermelon）、红毛丹（*Nephelium lappaceum*；Rambutan）、菠萝蜜（*Artocarpus heterophyllus*；Jackfruit）、火龙果（*Hylocereus undulatus*；Dragon Fruit/Pitahaya/Pitaya）、山竹（*Garcinia mangostana*；Mangosteen）
	中国台湾	香蕉（*Musa* sp.；Banana）、椰子（*Cocos nucifera*；Coconut）、木瓜（*Chaenomeles sinensis*；Pawpaw）、番木瓜（*Carica papaya*；Papaya）、杨桃（*Averrhoa carambola*；Fruit of Carambola）、芒果（*Mangifera indica*；Mango）、番石榴（*Psidium guajava*；Guava）、槟榔（*Areca catechu*；Betel nut）、李（*Prunus salicina*；Plum）、枇杷（*Eriobotrya japonica*；Loguat）、柿子（*Diospyros kaki*；Persimmon）、桃（*Prunus persica*；Peach）、毛叶枣（*Ziziphus mauritiana*；Indian jujube）、梅（*Prunus mume*；Japanese apricot，Mei）、火龙果（*Hylocereus undulatus*、*Hylocereus polyrhizus*、*Hylocereus costaricensis*；Dragon Fruit/ Pitahaya/ Pitaya）、哈密瓜（*Cucunmis melo*；Melon，Cantaloupe）、梨（*Pyrus pyrifolia*；Pear）、葡萄（*Vitis vinifera*、*Vitis labrusca* 及其杂交种，主要是巨峰葡萄 *Vitis vinifera* × *Vitis labrusca* na Bailey cv. Kyoho；Grape）、柑橘 [（橘（*Citrus reticulata*；Mandarin）及其杂交种、柚（*Citrus maxima*；Pomelo）、葡萄柚（*Citrus paradisi*；Grapefruit）、柠檬（*Citrus limon*；Lemon）、橙（*Citrus sinensis*；Orange）]
非洲	埃及	柑橘类（*Citrus* spp.）；葡萄（*Vitis vinifera*；Grape）；椰枣（*Phoenix dactylifera*；Dates palm）
	摩洛哥	柑橘 [橙（*Citrus sinensis*；Orange）、橘（*Citrus reticulata*；Mandarin）、克里曼丁橘（*Citrus clementina*；Clementine）、葡萄柚（*Citrus paradisi*；Grapefruit）]
	南非	柑橘 [橘（*Citrus reticulata*；Mandarin）、橙（*Citrus sinensis*；Orange）、葡萄柚（*Citrus paradisi*；Grapefruit）、柠檬（*Citrus limon*；Lemon）]、葡萄（*Vitis vinifera*；Grape）、苹果（*Malus domestica*；Apple）
	赞比亚	蓝莓（*Vaccinium* spp.；Blueberry）

续表3

分布	输出国家/地区	水果种类
欧洲	比利时	梨（*Pyrus communis*；Pear）
	波兰	苹果（*Malus domestica*；Apple）
	法国	苹果（*Malus domestica*；Apple）、猕猴桃（*Actinidia chinensis*，*Actinidia deliciosa*；Kiwi fruit）
	荷兰	梨（*Pyrus communis*；Pear）
	葡萄牙	葡萄（*Vitis vinifera*；Grape）
	塞浦路斯	柑橘［橙（*Citrus sinensis*；Orange）、柠檬（*Citrus limon*；Lemon）、葡萄柚（*Citrus paradisi*；Grapefruit）、桔橙（*Citrus sinensis* × *Citrus reticulata*；Mandora）］
	西班牙	柑橘［橘（*Citrus reticulata*；Mandarin）、橙（*Citrus sinensis*；Orange）、葡萄柚（*Citrus paradisi*；Grapefruit）、柠檬（*Citrus limon*；Lemon）］、桃（*Prunus persica*；Peach）、李（*Prunus salicina*，*Prunus domoestica*；Plum）、葡萄（*Vitis vinifera*；Grape）
	希腊	猕猴桃（*Actinidia chinensis*、*Actinidia deliciosa*；Kiwi fruit）
	意大利	猕猴桃（*Actinidia chinensis*，*Actinidia deliciosa*；Kiwi fruit）；柑橘［橙（*Citrus sinensis* cv. *Tarocco*，cv. *Sanguinello*，cv. *Moro*）；Orange）、柠檬（*Citrus limon* cv. *Femminello comune*；Lemon）］
北美洲	巴拿马	香蕉（*Musa* sp.；Banana）、菠萝（*Ananas comosus*；Pineapple）
	哥斯达黎加	香蕉（*Musa* AAA；Banana）、菠萝（*Ananas comosus*；Pineapple）
	加拿大	樱桃（*Prunus avium*；Cherry。不列颠哥伦比亚省）、蓝莓（*Vaccinium* spp.；Blueberry；不列颠哥伦比亚省）
	美国	李（*Prunus salicina*、*Prunus domestica*；Plum；加利福尼亚州）、樱桃（*Prunus avium*；Cherry；华盛顿州、俄勒冈州、加利福尼亚州、爱达荷州）、葡萄（*Vitis vinifera*；Grape；加利福尼亚州）、苹果（*Malus domestica*；Apple）、柑橘类（*Citrus* spp.；加利福尼亚州、佛罗里达州、亚利桑那州、得克萨斯州）、梨（*Pyrus communis*；Pear；加利福尼亚州、华盛顿州、俄勒冈州）、草莓（*Fragaria ananassa*；Strawberry；加利福尼亚州）、油桃（*Prunus persica* var. *nucipersica*；Nectarine；加利福尼亚州）、鳄梨（*Persea americana*；Avocado；加利福尼亚州）、蓝莓（*Vaccinium corymbosum*、*V. virgatum* 及其杂交种；Blueberry）

续表4

分布	输出国家/地区	水果种类
北美洲	墨西哥	鳄梨（*Persea americana* var. Hass；Avocado）、葡萄（*Vitis vinifera*；Grape）、黑莓（*Rubus ulmifo-lius*；Blackberry）和树莓（*Rubus idaeus*；Raspberry）、蓝莓（*Vaccinium* spp.；Blueberry）、香蕉（*Musa* spp.；Banana）
南美洲	阿根廷	柑橘［橙（*Citrus sinensis*；Orange）、葡萄柚（*Citrus paradisi*；Grapefruit）、橘（*Citrus reticulata*；Mandarin）及其杂交种）、柠檬（*Citrus limon*；Lemon）］、苹果（*Malus domestica*；Apple）、梨（*Pyrus communis*；Pear）、蓝莓（*Vaccinium* spp.；Blueberry）、樱桃（*Prunus avium*；Cherry）、葡萄（*Vitis vinifera* L.；Table grapes）
	巴西	甜瓜（*Cucumis melo* L.；Melon）
	秘鲁	葡萄（*Vitis vinifera*；Grape）、芒果（*Mangifera indica*；Mango）、柑橘｛葡萄柚［*Citrus paradisi*；Grapefruit（= *Citrus × paradisii*，议定书异名）］，橘［*Citrus reticulata*；Mandarin（= *Citrus re-ticulate*，议定书异名）］及其杂交种，橙（*Citrus sinensis*），莱檬（*Citrus aurantifolia*）和塔西提莱檬（*Citrus latifolia*）｝、鳄梨（*Persea americana*；Avocado）、蓝莓（*Vaccinium* spp.；Blueberry）
	厄瓜多尔	香蕉（*Musa* sp.；Banana）、芒果（*Mangifera indica*；Mango）
	哥伦比亚	香蕉（*Musa* sp.；Banana）、鳄梨（*Persea americana*；Avocado）
	乌拉圭	柑橘类（*Citrus* spp.，柠檬除外）、蓝莓（*Vaccinium* spp.；Blueberry）
	智利	猕猴桃（*Actinidia chinensis*、*Actinidia deliciosa*；Kiwi fruit）、苹果（*Malus domestica*；Apple）、葡萄（*Vitis vinifera*；Grape）、李（*Prunus salicina*，*Prunus domoestica*；Plum）、樱桃（*Prunus avi-um*；Cherry）、蓝莓（*Vaccinium* spp.；Blueberry）、鳄梨（*Persea americana*；Avocado）、油桃（*Prunus persica* var. *nectarine*；Nectarine）、梨（*Pyrus communis* L.；Pear）、柑橘［橘（*Citrus reticulata* 及其杂交种；Mandarin）、葡萄柚（*Cit-rusparadisi*；Grapefruit）、橙（*Citrus sinensis*；Orange）和柠檬（*Citrus limon*；Lemon）］

续表5

分布	输出国家/地区	水果种类
大洋洲	澳大利亚	柑橘［橙（*Citrus sinensis*；Orange）、橘（*Citrus reticulata*；Mandarin）、柠檬（*Citrus limon*；Lemon）、葡萄柚（*Citrus paradisi*；Grapefruit）、酸橙（*Citrus aurantifolia*、*Citrus latifolia*、*Citrus limonia*；Lime）、橘柚（*Citrus tangelo*）、甜葡萄柚（*Citrus grandis* × *Citrus paradisi*）］、芒果（*Mangifera indica*；Mango）、苹果（*Malus domestica*；Apple，塔斯马尼亚州）、葡萄（*Vitis vinifera*；Grape）、樱桃（*Prunus avium*；Cherry）、核果［油桃（*Prunus persica* var. *nectarine*；Nectarine）、桃（*Prunus persica*；Peach）、李（*Prunus domestica*、*Prunus salicina*；Plum）、杏（*Prunus armeniaca*；Apricot）］
	新西兰	柑橘［橘（*Citrus reticulata*、*Citrus deliciosa*、*Citrus unshiu*；Mandarin）、橙（*Citrus sinensis*；Orange）、柠檬（*Citrus limon*、*Citrus meyeri*；Lemon）］、苹果（*Malus domestica*；Apple）、樱桃（*Prunus avium*；Cherry）、葡萄（*Vitis vinifera*；Grape）、猕猴桃（*Actinidia chinensis*、*Actinidia deliciosa*、*Actinidia deliciosa* × *Actinidia chinensis*；Kiwi fruit）、李（*Prunus salicina*、*Prunus domestica*；Plum）、梨（*Pyrus pyrifolia*、*Pyrus communis*；Pear）、梅（*Prunus mume*；Japanese apricot，Mei）、柿子（*Diospyros kaki*；Persimmon）、鳄梨（*Persea americana*；Avocado）

附录 2
进境水果检验检疫监督管理办法

（2005 年 1 月 5 日国家质量监督检验检疫总局令第 68 号公布　根据 2018 年 4 月 28 日海关总署令第 238 号《海关总署关于修改部分规章的决定》第一次修正　根据 2018 年 11 月 23 日海关总署第 243 号令《海关总署关于修改部分规章的决定》第二次修正）

第一条　为了防止进境水果传带检疫性有害生物和有毒有害物质，保护我国农业生产、生态安全和人体健康，根据《中华人民共和国进出境动植物检疫法》及其实施条例、《中华人民共和国进出口商品检验法》及其实施条例和《中华人民共和国食品安全法》及其他有关法律法规的规定，制定本办法。

第二条 本办法适用于我国进境新鲜水果（以下简称水果）的检验检疫和监督管理。

第三条 海关总署统一管理全国进境水果检疫监督管理工作。主管海关负责所辖地区进境水果检疫监督管理工作。

第四条 禁止携带、邮寄水果进境，法律法规另有规定的除外。

第五条 在签订进境水果贸易合同或协议前，应当按照有关规定向海关总署申请办理进境水果检疫审批手续，并取得《中华人民共和国进境动植物检疫许可证》(以下简称《检疫许可证》)。

第六条 输出国家（地区）官方检验检疫部门出具的植物检疫证书(以下简称植物检疫证书)（正本），应当在报检时由货主或其代理人向海关提供。

第七条 植物检疫证书应当符合以下要求：

(一) 植物检疫证书的内容与格式应当符合国际植物检疫措施标准ISPM 第 12 号《植物检疫证书准则》的要求；

(二) 用集装箱运输进境的，植物检疫证书上应注明集装箱号码；

(三) 已与我国签订协定（含协议、议定书、备忘录等，下同）的，还应符合相关协定中有关植物检疫证书的要求。

第八条 海关根据以下规定对进境水果实施检验检疫：

(一) 中国有关检验检疫的法律法规、标准及相关规定；

(二) 中国政府与输出国家（地区）政府签订的双边协定；

(三) 海关总署与输出国家（地区）检验检疫部门签订的议定书；

(四)《检疫许可证》列明的有关要求。

第九条 进境水果应当符合以下检验检疫要求：

(一) 不得混装或夹带植物检疫证书上未列明的其他水果；

(二) 包装箱上须用中文或英文注明水果名称、产地、包装厂名称或代码；

(三) 不带有中国禁止进境的检疫性有害生物、土壤及枝、叶等植物残体；

（四）有毒有害物质检出量不得超过中国相关安全卫生标准的规定；

（五）输出国家（地区）与中国签订有协定或议定书的，还须符合协定或议定书的有关要求。

第十条 海关依照相关工作程序和标准对进境水果实施现场检验检疫：

（一）核查货证是否相符；

（二）按第七条和第九条的要求核对植物检疫证书和包装箱上的相关信息及官方检疫标志；

（三）检查水果是否带虫体、病征、枝叶、土壤和病虫为害状；现场检疫发现可疑疫情的，应送实验室检疫鉴定；

（四）根据有关规定和标准抽取样品送实验室检测。

第十一条 海关应当按照相关工作程序和标准实施实验室检验检疫。

对在现场或实验室检疫中发现的虫体、病菌、杂草等有害生物进行鉴定，对现场抽取的样品进行有毒有害物质检测，并出具检验检疫结果单。

第十二条 根据检验检疫结果，海关对进境水果分别作以下处理：

（一）经检验检疫合格的，签发入境货物检验检疫证明，准予放行；

（二）发现检疫性有害生物或其他有检疫意义的有害生物，须实施除害处理，签发检验检疫处理通知书；经除害处理合格的，准予放行；

（三）不符合本办法第九条所列要求之一的、货证不符的或经检验检疫不合格又无有效除害处理方法的，签发检验检疫处理通知书，在海关的监督下作退运或销毁处理。

需对外索赔的，签发相关检验检疫证书。

第十三条 进境水果有下列情形之一的，海关总署将视情况暂停该种水果进口或暂停从相关水果产区、果园、包装厂进口：

（一）进境水果果园、加工厂地区或周边地区爆发严重植物疫情的；

（二）经检验检疫发现中方关注的进境检疫性有害生物的；

（三）经检验检疫发现有毒有害物质含量超过中国相关安全卫生标准规定的；

（四）不符合中国有关检验检疫法律法规、双边协定或相关国际标准的。

前款规定的暂停进口的水果需恢复进口的，应当经海关总署依照有关规定进行确认。

第十四条 经香港、澳门特别行政区（以下简称港澳地区）中转进境的水果，应当以集装箱运输，按照原箱、原包装和原植物检疫证书（简称“三原”）进境。进境前，应当经海关总署认可的港澳地区检验机构对是否属允许进境的水果种类及“三原”进行确认。经确认合格的，经海关总署认可的港澳地区检验机构对集装箱加施封识，出具相应的确认证明文件，并注明所加封识号、原证书号、原封识号，同时将确认证明文件及时传送给入境口岸海关。对于一批含多个集装箱的，可附有一份植物检疫证书，但应当同时由海关总署认可的港澳地区检验机构进行确认。

第十五条 海关总署根据工作需要，并商输出国家（地区）政府检验检疫机构同意，可以派海关人员到产地进行预检、监装或调查产地疫情和化学品使用情况。

第十六条 未完成检验检疫的进境水果，应当存放在海关指定的场所，不得擅自移动、销售、使用。

进境水果存放场所由所在地海关依法实施监督管理，并应符合以下条件：

（一）有足够的独立存放空间；

（二）具备保质、保鲜的必要设施；

（三）符合检疫、防疫要求；

（四）具备除害处理条件。

第十七条 因科研、赠送、展览等特殊用途需要进口国家禁止进境水果的，货主或其代理人须事先向海关总署或海关总署授权的海关申请办理特许检疫审批手续；进境时，应向入境口岸海关报检，并接受检疫。

对于展览用水果，在展览期间，应当接受海关的监督管理，未经海关许可，不得擅自调离、销售、使用；展览结束后，应当在海关的监督下作退回或销毁处理。

第十八条 违反本办法规定的，海关依照《中华人民共和国进出境动植物检疫法》及其实施条例、《中华人民共和国进出口商品检验法》、《中华人民共和国食品卫生法》及相关法律法规的规定予以处罚。

第十九条 本办法由海关总署负责解释。

第二十条 本办法自2005年7月5日起施行。原国家出入境检验检疫局1999年12月9日发布的《进境水果检疫管理办法》同时废止。

附录3
出境水果检验检疫监督管理办法

（2006年12月25日国家质量监督检验总局令第91号公布 根据2018年4月28日海关总署令第238号《海关总署关于修改部分规章的决定》第一次修正 根据2018年5月29日海关总署令《海关总署关于修改部分规章的决定》第二次修正 根据2018年11月23日海关总署第243号令《海关总署关于修改部分规章的决定》第三次修正）

第一章 总 则

第一条 为规范出境水果检疫和监督管理工作，提高出境水果质量和安全，根据《中华人民共和国进出境动植物检疫法》及其实施条例、《中华人民共和国进出口商品检验法》及其实施条例和《中华人民共和国食品安全法》等有关法律法规规定，制定本办法。

第二条 本办法适用于我国出境新鲜水果（含冷冻水果，以下简称水果）的检验检疫与监督管理工作。

第三条 海关总署统一管理全国出境水果检疫与监督管理工作。主管海关负责所辖地区出境水果检疫与监督管理工作。

第四条 我国与输入国家或者地区签定的双边协议、议定书等明确规定，或者输入国家或者地区法律法规要求对输入该国家的水果果园和包装厂实施注册登记的，海关应当按照规定对输往该国家或者地区的出境水果果园和包装厂实行注册登记。

我国与输入国家或地区签定的双边协议、议定书未有明确规定，且输入国家或者地区法律法规未明确要求的，出境水果果园、包装厂可以向海关申请注册登记。

第二章 注册登记

第五条 申请注册登记的出境水果果园应当具备以下条件：

（一）连片种植，面积在 100 亩以上；

（二）周围无影响水果生产的污染源；

（三）有专职或者兼职植保员，负责果园有害生物监测防治等工作；

（四）建立完善的质量管理体系。质量管理体系文件包括组织机构、人员培训、有害生物监测与控制、农用化学品使用管理、良好农业操作规范等有关资料；

（五）近两年未发生重大植物疫情；

（六）双边协议、议定书或者输入国家或者地区法律法规对注册登记有特别规定的，还须符合其规定。

第六条 申请注册登记的出境水果包装厂应当具备以下条件：

（一）厂区整洁卫生，有满足水果贮存要求的原料场、成品库；

（二）水果存放、加工、处理、储藏等功能区相对独立、布局合理，且与生活区采取隔离措施并有适当的距离；

（三）具有符合检疫要求的清洗、加工、防虫防病及除害处理设施；

（四）加工水果所使用的水源及使用的农用化学品均须符合有关食品卫生要求及输入国家或地区的要求；

（五）有完善的卫生质量管理体系，包括对水果供货、加工、包装、储运等环节的管理；对水果溯源信息、防疫监控措施、有害生物及有毒有害物质检测等信息有详细记录；

（六）配备专职或者兼职植保员，负责原料水果验收、加工、包装、存放等环节防疫措施的落实、有毒有害物质的控制、弃果处理和成品水果自检等工作；

（七）有与其加工能力相适应的提供水果货源的果园，或者与供货果园建有固定的供货关系；

（八）双边协议、议定书或者输入国家或者地区法律法规对注册登记有特别规定的，还须符合其规定。

第七条 申请注册登记的果园，应当向所在地海关提出书面申请，并提交以下材料：

（一）《出境水果果园注册登记申请表》；

（二）果园示意图、平面图。

第八条 申请注册登记的包装厂，应当向所在地海关提出书面申请，并提交以下材料：

（一）《出境水果包装厂注册登记申请表》；

（二）包装厂厂区平面图，包装厂工艺流程及简要说明；

（三）提供水果货源的果园名单及包装厂与果园签订的有关水果生产、收购合约复印件。

第九条 海关按照规定对申请材料进行审核，确定材料是否齐全、是否符合有关规定要求，作出受理或者不受理的决定，并出具书面凭证。提交的材料不齐全或者不规范的，应当当场或者在接到申请后 5 个工作日内一次告知申请人补正。逾期不告知的，自收到申请材料之日起即为受理。

受理申请后，海关应当对申请注册登记的出境水果果园和包装厂提交的申请资料进行审核，并组织专家组进行现场考核。

第十条 海关应当自受理申请之日起 20 个工作日内，作出准予注册登记或者不予注册登记的决定。隶属海关受理的，应当自受理之日起 10 个工作日内，完成对申请资料的初审工作；初审合格后，提交直属海关，直属海关应当在 10 个工作日内作出准予注册登记或者不予注册登记的决定。

直属海关应当将注册登记的果园、包装厂名单报海关总署备案。

第十一条 注册登记证书有效期为 3 年，注册登记证书有效期满前 3 个月，果园、包装厂应当向所在地海关申请换证。

第十二条 注册登记的果园、包装厂出现以下情况之一的，应当向海关办理申请变更手续：

（一）果园种植面积扩大；

（二）果园承包者或者负责人、植保员发生变化；

（三）包装厂法人代表或者负责人发生变化；

（四）向包装厂提供水果货源的注册登记果园发生改变；

（五）包装厂加工水果种类改变；

（六）其他较大变更情况。

第十三条 注册登记的果园、包装厂出现以下情况之一的，应当向海关重新申请注册登记：

（一）果园位置及种植水果种类发生变化；

（二）包装厂改建、扩建、迁址；

（三）其他重大变更情况。

第十四条 我国与输入国家或者地区签定的双边协议、议定书等明确规定，或者输入国家或者地区法律法规要求对输入该国家或者地区的水果果园和包装厂实施注册登记的，出境水果果园、包装厂应当经海关总署集中组织推荐，获得输入国家或地区检验检疫部门认可后，方可向有关国家输出水果。

第三章 监督管理

第十五条 海关对所辖地区出境水果果园、包装厂进行有害生物监测、有毒有害物质监控和监督管理。监测结果及监管情况作为出境水果检疫分类管理的重要依据。

第十六条 出境水果果园、包装厂应当采取有效的有害生物监测、预防和综合管理措施，避免和控制输入国家或者地区关注的检疫性有害生物发生。出境水果果园和包装厂应当遵守相关法规标准，安全合理使用农用化学品，不得购买、存放和使用我国或者输入国家或者地区禁止在水果上使用的化学品。

出境水果包装材料应当干净卫生、未使用过，并符合有关卫生质量标准。输入国家或者地区有特殊要求的，水果包装箱应当按照要求，标明水果种类、产地以及果园、包装厂名称或者代码等相关信息。

第十七条 海关对出境水果果园实施监督管理内容包括：

（一）果园周围环境、水果生长状况、管理人员情况；

（二）果园有害生物发生、监测、防治情况及有关记录；

（三）果园农用化学品存放状况，购买、领取及使用记录；

（四）果园水果有毒有害物质检测记录；

（五）双边协议、议定书或者输入国家或者地区法律法规相关规定的落实情况。

第十八条 海关对出境水果包装厂实施监督管理内容包括：

（一）包装厂区环境及卫生状况、生产设施及包装材料的使用情况，管理人员情况；

（二）化学品存放状况，购买、领取及使用记录；

（三）水果的来源、加工、自检、存储、出口等有关记录；

（四）水果有毒有害物质检测控制记录；

（五）冷藏设施使用及防疫卫生情况、温湿度控制记录；

（六）双边协议、议定书或者输入国家或者地区法律法规相关规定的落实情况。

第十九条 出境果园和包装厂出现下列情况之一的，海关应责令其限期整改，并暂停受理报检，直至整改符合要求：

（一）不按规定使用农用化学品的；

（二）周围有环境污染源的；

（三）包装厂的水果来源不明；

（四）包装厂内来源不同的水果混放，没有隔离防疫措施，难以区分；

（五）未按规定在包装上标明有关信息或者加施标识的；

（六）包装厂检疫处理设施出现较大技术问题的；

（七）海关检出国外关注的有害生物或者有毒有害物质超标的；

（八）输入国家或者地区检出检疫性有害生物或者有毒有害物质超标的。

第二十条 海关在每年水果采收季节前对注册登记的出境水果果园、包装厂进行年度审核，对年审考核不合格的果园、包装厂限期整改。

第二十一条 已注册登记的出境水果果园、包装厂出现以下情况之一的，取消其注册登记资格：

（一）限期整改不符合要求的；

（二）隐瞒或者瞒报质量和安全问题的；

（三）拒不接受海关监督管理的；

（四）未按第十三条规定重新申请注册登记的。

第二十二条 出境水果果园、包装厂应当建立稳定的供货与协作关系。包装厂应当要求果园加强疫情、有毒有害物质监测与防控工作，确保提供优质安全的水果货源。

注册登记果园向包装厂提供出境水果时，应当随附产地供货证明，注明水果名称、数量及果园名称或者注册登记编号等信息。

第四章　出境检验检疫

第二十三条　出境水果应当向包装厂所在地海关报检，按报检规定提供有关单证及产地供货证明；出境水果来源不清楚的，不予受理报检。

第二十四条　根据输入国家或者地区进境水果检疫规定和果园、包装厂的注册登记情况，结合日常监督管理，海关实施相应的出境检验检疫措施。

第二十五条　海关根据下列要求对出境水果实施检验检疫：

（一）我国与输入国家或者地区签订的双边检疫协议（含协定、议定书、备忘录等）；

（二）输入国家或者地区进境水果检疫规定或者要求；

（三）国际植物检疫措施标准；

（四）我国出境水果检疫规定；

（五）贸易合同和信用证等订明的检验检疫要求。

第二十六条　海关依照相关工作程序和技术标准实施现场检验检疫和实验室检测：

（一）核查货证是否相符；

（二）植物检疫证书和包装箱的相关信息是否符合输入国或者地区的要求；

（三）检查水果是否带虫体、病症、枝叶、土壤和病虫为害状，发现可疑疫情的，应及时按有关规定和要求将相关样品和病虫体送实验室检疫鉴定。

第二十七条　海关对出境水果实施出境检验检疫及日常监督管理。出境水果经检验检疫合格的，按照有关规定签发检验检疫证书、出境货物换证凭单等有关检验检疫证单。未经检验检疫或者检验检疫不合格的，不准出境。

出境水果经检验检疫不合格的，海关应当向出境水果果园、包装厂反馈有关信息，并协助调查原因，采取改进措施。出境水果果园、包装厂不在本辖区的，实施检验检疫的海关应当将有关情况及时通知出境水果果园、包装厂所在地海关。

第五章　附　则

第二十八条　本办法下列用语含义：

（一）“果园”，是指没有被障碍物（如道路、沟渠和高速公路）隔离开的单一水果的连续种植地。

（二）“包装厂”，是指水果采收后，进行挑选、分级、加工、包装、储藏等一系列操作的固定场所，一般包括初选区、加工包装区、储藏库等。

（三）“冷冻水果”，是指加工后，在-18℃以下储存、运输的水果。

第二十九条　有关单位和个人违反《中华人民共和国进出境动植物检疫法》及其实施条例、《中华人民共和国进出口商品检验法》及其实施条例和《中华人民共和国食品安全法》的，海关将按有关规定予以处罚。

第三十条　有以下情况之一的，海关处以3万元以下罚款：

（一）来自注册果园、包装厂的水果混有非注册果园、包装厂水果的；

（二）盗用果园、包装厂注册登记编号的；

（三）伪造或变造产地供货证明的；

（四）经检验检疫合格后的水果被调换的；

（五）其他违反本办法规定导致严重安全、卫生质量事故的。

第三十一条　海关人员徇私舞弊、滥用职权、玩忽职守，违反相关法律法规和本办法规定的，依法给予行政处分；情节严重，构成犯罪的，依法追究刑事责任。

第三十二条　本办法由海关总署负责解释。

第三十三条　本办法自2007年2月1日起施行。

参考文献

［1］任晶晶．我国果树栽培技术的发展特点［J］．现代农业科技，2020（17）：81.

［2］邓秀新，王力荣，李绍华，等．果树育种40年回顾与展望[J]．果树学报，2019，36（4）：514-520.

［3］邓秀新，束怀瑞，郝玉金，等．果树学科百年发展回顾［J］．农学学报，2018，8（1）：24-34.

［4］蒋跃明，陈芳．热带和亚热带水果特点及防腐保鲜技术［J］．广西热作科技，1991（3）：18-22.

［5］何冰．水果，这样吃就对了［M］．北京：中国农业大学出版社，2011：3-5.

［6］Wu G，Terol J，Ibanez V，et al. Genomics of the origin and evolution of *Citrus*［J］. Nature，2018，554：311-316.

［7］王田利．我国油桃产业现状及高效栽培技术［J］．中国果业信息，2014，31（10）：21-24.

［8］张志慧．《本草纲目》水果养生全书［M］．天津：天津出版社，2013：69.

［9］陈裕，罗小飞．健康果实家用图典［M］．北京：农村读物出版社，2014：72.

［10］王岩．学会吃水果 营养又健康［J］．中国食品，2020，（20）：122-123.

［11］巴勒江·马迪尼也提．中国水果出口贸易的比较优势及影响因素分析［J］．世界农业，2019，7：57.

［12］祁春节．大陆水果进出口贸易现状及发展趋势［C］．加入世贸组织与提高园艺业竞争力——海峡两岸园艺论坛论文集，2004：111.

［13］刘李峰，武拉平，白晶．我国水果贸易基本特征及发展趋势分析［J］．中国果业信息，2006，6：1.

[14] 刘李峰，张照新，张晴．加入 WTO 后中国水果贸易的发展特征及趋势［J］．农业展望，2006，9：9.

[15] 周艳．我国水果生产状况分析［J］．南方农业，2015，10：146.

[16] 周艳．我国水果进出口贸易分析［J］．农村经济与科技，2015，10：100.

[17] 章文才．中国柑桔果树历史研究序［J］．农业考古，1992：1.

[18] 陈洪俊．PRA 与进出境水果检疫［J］．植物检疫，2004，18（2）：105-108.

[19] 陈乃中．水果贸易中的检疫：地位、作用与展望［C］．中国植物保护学会第八届全国会员代表大会暨21 世纪植物保护发展战略学术研讨会，2001.

[20] 段勇鹏，李卫民．水果出口应对 TBT 的几项措施［J］．植物检疫，2005，19（2）：112-114.

[21] 郝丽，可恩．我国水果出口遭受技术性贸易壁垒的情况研究［J］．国际贸易，2009.

[22] 霍尚．中国水果出口贸易影响因素的实证分析［D］．杭州：浙江大学，2008.

[23] 贾春枫，刘爱华．进境水果携带病虫害的潜在风险［J］．植物检疫，2009，23（6）：51-52.

[24] 郎洁．浅谈对我国农产品贸易技术壁垒的战略研究［J］．魅力中国，2011（15）：45.

[25] 李靖波．主要发达国家农产品技术性贸易壁垒的比较及对我国的启示［J］．黑龙江对外经贸，2011，（5）：14-16.

[26] 李宁，辛毅．从防御到进攻：发达国家农产品技术性贸易壁垒发展的新趋势分析［J］．商场现代化，2008，10（554）：7-8.

[27] 李伟丰．外来有害生物对生物多样性的影响［J］．安徽农学通报，2007，13（2）：81-83.

[28] 梁照文，王美玲，郑炜，等．完善国门生物安全防御体系建设工作的思考［J］．植物检疫，2017，31（1）：13-15.

[29] 刘汉成．现阶段我国水果出口受阻的现状、原因及建议［J］．

北方园艺，2009（1）：227-230.

［30］刘明航，冯黎霞，赵明，等．我国进境水果携带病毒及类病毒情况分析［J］．植物检疫，2020，34（2）：73-76.

［31］楼军文．中国水果进出口检验检疫技术性贸易措施研究［D］．北京：中国农业大学，2005.

［32］马源，汪长江．我国农产品贸易应对国际技术贸易壁垒的措施和出路［J］．农村经济与科技，2016，27（9）：127-128，181.

［33］谢岚．《实施卫生与动植物检疫措施协定》及其相关争端解决案例浅析［J］．山西农业大学学报，2007，6（3）：315-317.

［34］叶菁，吕俊峰，廖辉．2011—2016 年广东口岸进境水果截获疫情分析与对策［J］．植物检疫，31（4）：81-84.

［35］于正尉，杨兰．非关税壁垒下我国农产品出口对策研究［J］．科教文汇，2014，8（288）：217-218.

［36］钟勇，刘若思，周国辉，等．中国进境水果携带粉蚧疫情分析（2013—2016）［J］．生物安全学报，2019，28（3）：208-212.

［37］周明华，吴新华，杨万风，等．“五位一体”视角下国门生物安全工作的作用与价值［J］．口岸卫生控制，2020，25（3）：43-48.

［38］周明华，游忠明，吴新华，等．“国门生物安全”概念辨析［J］．植物检疫，2016，30（6）：6-12.

［39］周艳．我国水果进出口贸易分析［J］．农村经济与科技，2015，26（10）：100-101，235.

［40］朱丽芹，袁丁鸿，缪应琪．中国水果出口贸易发展趋势及思考［J］．Economic & Trade Update，2013，（12）：2-3.

［41］余国新. 中国与世界主要水果出口国水果产业国际竞争力比较分析［J］. 江西农业学报，2009，21（5）：154-157.

［42］詹柴，徐志豪，李佳丹，等．“一带一路”背景下中国-东盟水果贸易结构与发展机遇分析［J］. 台湾农业探索，2016，（6）：28-33.

［43］张复宏. 基于 CMS 模型的中国水果对俄罗斯出口变动分析［J］. 农业技术经济，2011，（9）：100-108.

［44］简爱. 论“一带一路”背景下我国与中亚国家农产品贸易的前景［J］. 科技经济市场，2018（1）：76-78.

[45] 周文礀，何敏．“一带一路”背景下东盟十国农产品生产与贸易分析及展望［J］．农业展望，2017，13（12）：79-86.

[46] 李豫新，孙培蕾．丝绸之路经济带核心区农产品贸易潜力研究［J］．江西财经大学学报，2017（6）：87-96.

[47] 孙洁．“一带一路”沿线国家农产品贸易合作发展的布局［J］．农业经济，2017（11）：125-127.

[48] 顾忠盈，周明华，吴新华．建立“有中国特色动植物检疫体系”的思考［J］．植物检疫，2009，23（2）：50-53.

[49] 陈孟裕，詹开瑞，黄新民，等．中国特色进出境动植物检疫工作体系框架结构研究［J］．植物检疫，2012，26（4）：72-76.

[50] 黄冠胜．国际植物检疫规则与中国进出境动植物检疫［M］．北京：中国标准出版社，2014.

[51] 李尉民．国门生物安全［M］．北京：科学出版社，2020.

[52]《海关检验检疫业务指导手册》编委会．海关检验检疫业务手册：植物检疫篇［M］．北京：中国海关出版社有限公司，2020.

[53] 陈诚．美国市场产品准入规则及对我国出口贸易的影响［D］．重庆：西南农业大学，2006.

[54] 荆亚玲，闫立江．国际市场水果检疫准入与促进我国水果出口的对策［J］．金融经济，2006（14）：141-142.

[55] 卢厚林，黄亚军．中国进出境水果检疫准入现状与展望［J］．中国热带农业，2006（2）：26-27.

[56] 沈红宇，王大风，朱子煜．出口欧盟水果检疫法规新要求［J］．中国海关，2020（8）：24-25.

[57] 孙玉刚，樊圣华，曹恒房．加拿大水果生产与进出口状况［J］．落叶果树，2003（1）：53-54.

[58] 王跃进．进出口水果检疫性有害昆虫除害处理技术研究（一）［Z］．北京市：中国检验检疫科学研究院，2013-11-13.

[59] 任荔荔，朱飞，詹国平，等．中国动植物检疫除害处理体系的现状分析及建议［J］．植物检疫，2013，27（2）：38-40.

[60] 黄冠胜，吴新华，顾杰，等．浅议动植物检疫除害处理体系的建设［J］．植物检疫，2014，28（1）：6-10.

［61］王吉腾，颜显辉，刘晓静，等．浅谈国际植物检疫措施对我国进境植检工作的启示［J］．中国植保导刊，2017，37（4）：77-80.

［62］张峰，李世强，关晓媛，等．库尔勒香梨出口注册果园制度的发展现状及展望［J］．新疆农业科技，2011（1）：49.

［63］郭琼霞．出口植物产品的分类检疫管理研究［Z］．福州：福建出入境检验检疫局检验检疫技术中心，2006-01-01.

［64］黄可辉，郭琼霞．出口植物产品生产加工企业分类检疫管理模式的探讨［J］．植物检疫，2004（1）：42-44.

［65］楼军文．中国水果进出口检验检疫技术性贸易措施研究［D］．北京：中国农业大学，2005.

［66］赵汗青，李建光．进境新鲜水果检疫查验手册［M］．北京：中国质检出版社，2016.

［67］倪兴武，郑万里．你想知道的台湾水果［M］．福州：福建科学技术出版社，2020.

［68］刚明慧．库尔勒香梨宿萼果和粗皮果防治技术研究［D］．乌鲁木齐：新疆农业大学，2010.

［69］陈乃中．中国进境植物检疫性有害生物：昆虫卷［M］．北京：中国农业出版社，2009.

［70］严进，吴品珊．中国进境植物检疫性有害生物：菌物卷［M］．北京：中国农业出版社，2013.

［71］赵文军，冯建军．中国进境植物检疫性有害生物：细菌卷［M］．北京：中国农业出版社，2013.

［72］赵汗青，李建光．进境新鲜水果口岸检验检疫查验手册［M］．北京：中国标准出版社，2016.

［73］顾渝娟，刘海军，何日荣，等．东盟输华水果携带检疫性蚧类害虫疫情分析［J］．植物检疫，2013（5）：95-99.

［74］王卫芳，胡佳，温庆秋，等．进境美国苹果牛眼果腐病病原真菌（*Neofabraea perennans*）的鉴定［J］．果树学报，2016，33（4）：457-465.

［75］罗加凤，刘跃庭，廖芳，等．进境美国加州脐橙中丁香疫霉 *Phytophthora syringae* 的截获［J］．菌物学报，2012，31（1）：24-30.

［76］吴品珊，严进，国立耘．美澳型核果褐腐病菌的检疫鉴定方法

[J]. 植物检疫, 2007, 21 (4): 215-216.

[77] 黄庆林. 动植物检疫除害处理原理与应用技术 [M]. 天津: 天津科学技术出版社, 2008.

[78] 王跃进. 中国植物检疫处理手册 [M]. 北京: 科学出版社, 2014.

[79] 周贤. 美国农业部建立进口商品审批程序查询网站 [J]. 植物检疫, 2012 (5): 99.

[80] 吴晓峰. 美国农业部推出新的水果和蔬菜进口要求检索数据库 [J]. 植物检疫, 2009, 23 (3): 64.

[81] 黄冠胜. 新西兰植物检疫法律法规 [M]. 北京: 中国农业出版社, 2009.

[82] 尹尚武. 美国对水果进口的植物检疫规定 [J]. 植物检疫, 1990 (1): 63.

[83] 叶祖融. 美国对外植物检疫法规: 水果与蔬菜部分 [J]. 植物检疫, 1979, 1 (11): 3-19.

[84] 富民. 澳大利亚植物检疫要求概述 [J]. 植物检疫, 1993, 7 (1): 75-77.

[85] 童彤. 欧盟: 加强对进口果蔬的植物检疫 [J]. 中国果业信息, 2020, 37 (1): 34.

[86] 陈乃中. 美国进口果蔬检疫基本要求 [J]. 植物检疫, 2004, 4: 254-255.

[87] 孙双艳, 黄静. 澳大利亚植物检疫机构及相关法律法规 [J]. 植物检疫, 2018, 32 (4): 82-84.

[88] 张红, 聂燕, 王玉涛, 等. 国内外植物检疫体系研究及对中国的启示 [J]. 中国农学通报, 2016, 32 (26): 65-70.

[89] 丁三寅, 卢广. 新西兰出口苹果的有害生物监控及检疫监管体系 [J]. 植物检疫, 2012, 26 (2): 89-92.

[90] 胡振华. 新西兰的植物检疫 [J]. 植物检疫, 1989, 3 (4): 308-311.

[91] 关少枫. 新西兰的植物检疫 [J]. 世界农业, 1996 (11): 25-26.

［92］夏红民．主要贸易国家植物检疫法律法规［M］．北京：中国农业出版社，2003.

［93］黄冠胜．国际植物检疫规则与中国进出境植物检疫［M］．北京：中国质检出版社，2014.

［94］蒲民．中外动植物检疫法律法规体系研究［M］．北京：中国农业出版社，2009.

致　谢

本书的顺利完成，不仅是各位编委团结努力的结果，更得到许多幕后英雄的支持和帮助。

本书的出版还得到了上海海关学院刘厚荣，上海海关孙超、谢敏、舒劲、冯雨娟、戴翰，广州海关赵菊鹏、陈永青、陈晓路，武汉海关王琴、徐雪，深圳海关吴晓燕、高瑞芳、徐浪，西安海关孟娟娟、王巧玲，乌鲁木齐海关史博、高云、方艳、华鹏、尹晓燕、韩晓路，南宁海关钟勇、杜智欣、陈展册、彭人凯、赖思燕、李佳赛等同志的大力支持。

特此致谢！